普通高等院校机电工程类规划教材

计算机辅助绘图
原理与实践

肖刚　李俊源　王文奎　编著

清华大学出版社

北京

内 容 简 介

本书是一本融计算机绘图基本原理与应用实践于一体的实用教材。全书共 17 章，分别对图形生成、图形变换、图形显示、图形几何运算、常见交互技术、数据交换技术、常用数据结构等辅助绘图技术的基础原理方法以及 AutoCAD 相关命令功能作了系统性阐述，对 AutoCAD 工程数据的数据库管理方法、各种参数化绘图方法和原理作了详细介绍，并对 AutoCAD 尺寸标注命令、图层、线型与块技术、新推出的 Visual LISP 语言、对话框设计技术、AutoCAD 设计中心和网络功能、基于 AutoCAD 二次开发作了详细描述。

本书既可作为高等院校工科各专业高年级学生和研究生的教学用书，也可作为工程技术人员计算机辅助绘图和辅助设计知识培训与继续教育的参考用书。

图书在版编目（CIP）数据

计算机辅助绘图原理与实践 / 肖刚，李俊源，王文奎编著 . —北京：清华大学出版社，2009.1

ISBN 978-7-302-18761-5

Ⅰ. 计…　Ⅱ. ①肖…②李…③王…　Ⅲ. 自动绘图—教材　Ⅳ. TP391.72

中国版本图书馆 CIP 数据核字（2008）第 161819 号

责任编辑：庄红权　洪　英
责任校对：王淑云
责任印制：王秀菊

出版发行：清华大学出版社　　　　　　　　地　　　址：北京清华大学学研大厦 A 座
　　　　　http://www.tup.com.cn　　　　邮　　　编：100084
　　　　　社　总　机：010-62770175　　　邮　　　购：010-62786544
　　　　　投稿与读者服务：010-62776969，c-service@tup.tsinghua.edu.cn
　　　　　质　量　反　馈：010-62772015，zhiliang@tup.tsinghua.edu.cn
印　刷　者：北京密云胶印厂
装　订　者：三河市金元印装有限公司
经　　销：全国新华书店
开　　本：185×260　印　张：20　　　　字　　数：482 千字
版　　次：2009 年 1 月第 1 版　　　　　印　　次：2009 年 1 月第 1 次印刷
印　　数：1～4000
定　　价：34.00 元

本书如存在文字不清、漏印、缺页、倒页、脱页等印装质量问题，请与清华大学出版社出版部联系调换。
联系电话：010-62770177 转 3103　　产品编号：029912-01

前　言

计算机辅助绘图作为计算机辅助设计的技术基础,已在我国得到全面推广和普及,很多大中小型企业通过应用这一新技术,提高了企业整体的产品设计水平和企业自身的技术素质,增强了产品在国内外市场的竞争能力。"十一五"期间,随着国家制造业信息化发展战略的进一步深入,制造业设计人员的设计理论和设计能力还需要不断加强和提高。制造业信息化还需要大批具有计算机辅助绘图和设计理论基础、掌握计算机绘图新技术和新方法的工程技术人才,这是制造业信息化顺利发展的关键。为培养更多掌握计算机辅助绘图基本原理和实用技能的应用人才,推进数字化产品设计,提高企业的产品设计水平,我们在长期教学和科研实践基础上,组织编写了这本关于计算机辅助绘图原理和实践的教材,希望能为我国制造业信息化工作做一点贡献。

本书将计算机辅助绘图基本原理与绘图系统实践有机融合在一起,编写上力求做到以下几点。第一,系统性。计算机绘图是一门新兴学科,具有独立的理论体系,全书自始至终从内容组织、章节规划、实例安排上力求教材体系安排的系统性,既保证内容的前后呼应,又有利于教学过程的实施。第二,融合性。计算机绘图是一种原理与实践密切结合的高技术,只学理论、懂原理,不进行大量的实践不行;反之,只会操作使用,不懂基本原理也不行。本书把计算机绘图基本原理与绘图系统操作实践有机结合起来,既有利于对绘图基本原理的理解,又有利于快速掌握绘图系统的操作。第三,实用性。计算机绘图是一种实用性很强的新方法,计算机绘图获得如此巨大发展的关键在于其实用性,因此本书在内容的选择上力求理论和方法的实用性。同时考虑到 AutoCAD 系统应用的广泛性,采用 AutoCAD 2008 作为绘图系统的实践平台,以便读者了解和掌握最新绘图方法和绘图软件。

全书共 17 章,第 1 章介绍了计算机绘图技术的发展概况、绘图系统的软硬件组成及其主要应用领域;第 2 章简要介绍了 AutoCAD 绘图软件环境及功能;第 3 章介绍了计算机图形的生成原理和 AutoCAD 的基本绘图命令;第 4 章介绍了计算机图形变换的矩阵方法以及 AutoCAD 的图形编辑命令;第 5 章介绍了计算机图形显示的数学方法,以及 AutoCAD 的显示控制命令;第 6 章介绍了计算机绘图系统中常见的交互技术与辅助绘图工具;第 7 章介绍了计算机图形处理过程中常用的几何运算方法和 AutoCAD 的相关命令;第 8 章介绍了 AutoCAD 图形软件中图层与图块技术的应用;第 9 章介绍了计算机绘图系统中工程图的尺寸标注方法及 AutoCAD 的尺寸标注命令;第 10 章简要介绍了数据交换技术;第 11 章介绍了工程数据的数据库管理方法;第 12 章介绍了各种参数化设计方法和原理;第 13 章介绍了 AutoCAD 的系统定制方法;第 14 章介绍了 AutoCAD 内嵌的 Visual LISP 语言;第 15 章介绍了 AutoCAD 的对话框设计技术;第 16 章详细介绍了 AutoCAD 的设计中心和网络功能;第 17 章给出几个基于 AutoCAD 的二次开发实例。

本书内容新颖,原理与实践融合,既可作为高等院校工科各专业高年级学生和研究生的教学用书,也可作为绘图系统软件开发人员和工程技术人员进行绘图系统原理知识培训与自学的参考用书。

　　本书第 1、2、3、17 章由浙江工业大学肖刚编写,第 4、13、14、16 章由浙江工业大学李俊源编写,第 5、6、10、12 章由肖刚、李俊源编写,第 7～9 章由绍兴文理学院王文奎编写,第 11、15 章由肖刚、王文奎编写。全书由肖刚、李俊源负责汇总和定稿。书中内容均为作者多年从事计算机辅助绘图技术、计算机辅助设计技术教学与科研工作的总结和体会,但难免存在不足之处,敬请读者批评指正(E-mail:xg@zjut.edu.cn)。

作　者

2008 年 12 月

目 录

第1章 绪 论

1.1 计算机绘图技术概况

计算机绘图技术是随着计算机技术的发展而逐步完善起来的一门新兴学科,主要研究计算机图形生成、处理和输出的原理与方法,是计算机辅助设计(computer aided design, CAD)的技术基础。

计算机绘图的研究始于 20 世纪 50 年代,第一台绘图机于 1958 年研制成功,从此,计算机除了能处理和输出数字、字符外,也能处理和输出图形了。20 世纪 60 年代初期,Ivan Sutherland 在麻省理工学院(MIT)进行了一项名为 Sketchpad 的研究,并在 1963 年完成了他的博士论文《Sketchpad:一个人机通信的图形系统》,首次提出并实现了一个人机交互绘图系统,开创了交互式计算机绘图的新局面,同时也是计算机辅助设计技术发展的里程碑。

40 多年来,随着计算机技术的飞速发展,软硬件性能价格比的不断提高,计算机绘图技术得到了快速发展和广泛应用,在产品设计中带来了明显的经济效益。如波音公司在采用计算机绘图技术以前,仅飞机维修手册叠在一起就有 3 米多厚,1990 年在设计和制造 777 型飞机时,全面采用计算机辅助绘图设计技术,机上全部零件(13 万多种,300 多万件)采用数字化设计,实现了人们多年来追求的理想——无图化设计。

我国计算机绘图技术的研究、开发和应用工作起步相对较晚,20 世纪 80 年代初才引入了计算机绘图这一概念,并在高校和科研院所进行理论研究。经过 20 多年的发展,国内计算机绘图技术的研究也取得了一定的成绩,大量自主版权的计算机绘图系统软件相继问世。通过多方面的努力,计算机绘图技术已经在机械制造、建筑工程、轻工化纺、船舶汽车、航空航天、影视广告等各个领域广泛应用。

1.2 计算机绘图与 CAD

计算机辅助设计是随着计算机绘图技术的产生而发展起来的,它充分运用计算机高速运算和快速绘图的强大功能为工程分析、产品设计服务,目前已获得了广泛应用。

通常,产品设计的过程包含产品方案和结构设计、工程分析和计算、产品方案审核和评价、产品设计图纸绘制四方面内容,这些工作都离不开计算机绘图技术,因此,计算机辅助设计系统的核心内容是计算机辅助绘图。

早期的 CAD 系统也就是计算机绘图系统,以完成图形的设计与绘制工作为主。经过 40 多年的研究与应用,CAD 的概念已发生了本质的飞跃,它不仅包括图形处理,还包括概念设计、造型设计和原理样机设计等内容。它吸收和运用了更多的与设计技术相关联的科学技术和理论(如数学、物理、力学等),以及优化设计、可靠性设计、有限元分析、价值分析和系统工程等知识。与传统设计方法比较,CAD 彻底改变了设计的方式,提出了新的设计理念,把设计人员从繁琐、机械的设计工作中解脱出来,将精力和聪明才智转移到创造性的设计过程中,大大提高了产品设计的精度和可靠性,缩短了产品设计周期,降低了产品的成本。

在竞争日趋激烈的今天,加快产品的更新换代、提高产品设计速度和设计质量是企业求取生存和发展的先决条件,大量 CAD 技术应用的事例充分显示了这一新技术在设计生产领域中的优势和广阔的应用前景。美国的波音 747 飞机比英国的三叉戟飞机晚开工,但由于波音公司采用了 CAD 技术,比英国早一年完成;美国的 GM 公司在汽车设计中应用 CAD 技术,使新型汽车的设计周期由 5 年缩短到 3 年,新产品的可信度由 20% 提高到 60%;日本东洋运搬机株式会社生产叉车设备,用户有新要求,需要更改设计,因为采用 CAD 技术,在 15 天内即可交货,工作效率比一般企业高出近 100 倍;美国一家医疗仪器公司,采用 CAD 技术,把一个本来需要两个月以上的复杂电子心脏定调器的设计周期缩短到两周内完成;美国、法国、日本等国家利用 CAD 技术进行车辆运输中的冲撞分析研究,帮助设计人员选择车辆的材料及结构,以确保乘客的安全,获得很好的效果。如此种种事例,都是应用 CAD 技术的结果,其中大部分工作离不开计算机绘图技术的支持,可以说现代 CAD 系统无一不具备图形系统的功能。

同时,CAD 技术在各个领域的广泛深入应用,也为计算机绘图技术提供了更新、更丰富的研究课题,两者相辅相成,已成为电子信息技术的重要组成部分,共同推动着计算机绘图技术和 CAD 技术的发展。

1.3　绘图系统的构成与分类

计算机绘图系统由硬件和软件两大子系统构成。硬件系统是计算机绘图系统的物质基础和技术保证,软件系统是它的核心和灵魂,决定了系统所具有的功能。从某种意义上说,绘图系统的构成与分类也就是 CAD 系统的构成与分类。

1.3.1　绘图系统构成

计算机绘图系统一般由计算机硬件、计算机系统软件和绘图软件三部分组成。计算机硬件由主机、常用外围设备和专用外围设备组成,专用外围设备是从事计算机绘图工作必须配置的图形输入和输出设备,它种类繁多,可根据需要选配。

绘图系统必须具有计算、存储、交互、输入、输出等五方面基本功能。计算功能负责点、线、面、文字等基本图形元素的表达以及各类几何运算、几何变换等操作;存储功能负责图形数据的存放和管理,包括图形各类几何和非几何属性信息,以及软件系统的各类环境参数,其中图形数据库的结构设计是绘图软件的关键,决定着绘图系统软件的整体性能;交互功能负责人机对话操作,现代计算机绘图系统都是交互系统,用户通过与系统的交互操作实现预期的设计目标;输入功能负责把设计参数和操作命令输入计算机;输出功能负责把设计结果输出到各类介质,以便保存和管理。图 1-1 表示了一个计算机绘图硬件系统的基本组成。

1.3.2　绘图系统分类

计算机绘图系统作为计算机应用的一个重要分支,其结构形式也经历了三个不同的阶段,即单机式系统、集中式系统和工作站网络系统。

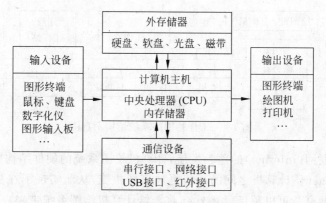

图 1-1 计算机绘图硬件系统基本组成

1. 单机式系统

单机式系统结构模式如图 1-2 所示，系统为单用户、单任务环境。通常主机采用 PC 机，并配置一个图形终端——高分辨率图形显示器，以保证对操作命令的快速响应。近来随着微机性能的不断提高，尤其是高性能 CPU 的问世，使微机的速度、精度等各方面指标得到了极大提升，已完全能满足计算机绘图应用的要求，且价格越来越低。其次，丰富的基于微机的软

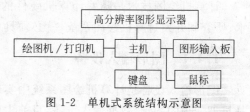

图 1-2 单机式系统结构示意图

件资源为用户从事计算机绘图工作提供了强有力的技术支持。因此，微机系统在中小型企业中得到了广泛的应用。

2. 集中式系统

集中式系统结构模式如图 1-3 所示，这种系统采用功能较强的一台计算机，配置多个图形终端，供多用户使用，用户之间可实现资源共享。但这种系统使用极不方便，因此现在已不常采用。

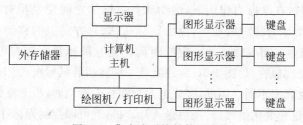

图 1-3 集中式系统结构示意图

3. 工作站网络系统

自工作站问世以后，绝大多数用户都趋向采用工作站网络系统来代替集中式计算机绘图系统。工作站网络系统以开放式标准化的功能向用户提供有效的网络接口，操作系统也包含了完整的网络功能，因此，工作站能与各类计算机连接工作。图 1-4 是工作站网络系统结构示意图。

建立企业网络系统，可以摆脱机器实际位置的束缚，无论用户在什么地方，都可以使用网络中的程序、数据和设备，实现了网络资源共享，既方便使用又节省投资。

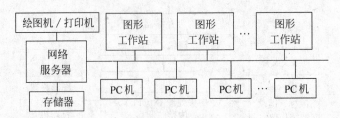

图 1-4　工作站网络系统结构示意图

随着国际互联网(Internet)的蓬勃发展,计算机绘图系统的硬件结构也跨入了一个新的阶段。通过 Internet 使计算机之间的通信更加简便快捷,从而实现了在更广阔时空范围内的计算机资源的共享。可以预见,Internet 将会给计算机绘图系统带来一场新的变革。

1.4　绘图系统的硬件知识

计算机绘图技术是随着计算机硬件的发展而发展的,因此,了解和掌握计算机绘图技术、研究和开发计算机绘图系统,就必须具备一定的硬件知识。

1.4.1　图形输入设备

图形输入设备是计算机绘图系统中实现人机交互的重要工具。光笔、操纵杆和跟踪球是早期使用的图形、数据输入设备,目前主要使用的输入设备有鼠标、数字化仪、扫描仪等。下面简要介绍目前常用的几种图形输入设备的工作原理。

1. 鼠标器(mouse)

鼠标是计算机系统中的定位设备,显示器屏幕上的光标跟随鼠标一起运动,用于拾取坐标点和选择菜单命令等。它是计算机绘图系统中最常用的图形输入设备。

鼠标是一种手持式的可移动装置,普通鼠标正面有 2～3 个按键,按其结构形式分为机械鼠标和光电鼠标。图 1-5 所示为鼠标结构示意图。机械鼠标背面装有滚动球,见图 1-5(a),当鼠标在平面上移动时,在摩擦力作用下,滚动球与鼠标体之间发生相对滚动,与滚动球啮合的机械装置根据滚动球的相对滚动量,测出鼠标在 X、Y 方向上的移动量,将该信息输入计算机后,屏幕上的光标也相应地移动一定的距离。光电鼠标背面装有可发送和接收光信息的光电二极管和感光二极管,见图 1-5(c),并配有一块特制的鼠标板,板上有栅格网线,网线的反光率与非网线的反光率不同。因此,当光电鼠标在板上滑动时,板上反射的光的强度交替变化,感光二极管测得这一变化量,经转换后送入计算机,就可以控制光标在屏幕上的移动。

随着技术的发展,已出现了各种各样的新型鼠标,如无线鼠标、滚轮鼠标等。图 1-6 是Genius 旋风轮鼠标,具有全球独有的滚轮设计专利技术,特别适合上网操作,独特的滚动轮可"上下"、"左右"卷动各视窗应用软件页面,而不需要移动鼠标。

鼠标结构简单,价格低廉,使用方便,是计算机操作中使用频率较高的外部设备。

2. 数字化仪(digitizer)

将图纸上的图形输入计算机中是一件极其繁琐的工作,人工读取图纸上的坐标点时又极易出错,因此用数字化仪来拾取图形坐标和输入图形,可大大简化这项工作。

数字化仪是一种图形数据采集装置,它由一块平板和游标定位器组成,游标也可用感应

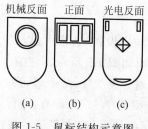

机械反面　　正面　　光电反面

(a)　　(b)　　(c)

图 1-5　鼠标结构示意图

图 1-6　Genius 旋风轮鼠标

触笔替代。目前使用的数字化仪都是电磁感应式的,平板下覆盖了一层网状金属线,构成感应阵列。游标上有一检测线圈,当游标在平板上移动时,平板下的金属网线在游标线圈产生的磁场的作用下,将产生感应电压,由于不同的金属线代表了各自 X、Y 坐标位置,当金属线上的感应电压信号输入到计算机系统,就获得了相应游标所在的精确位置,同时对应地将光标显示在屏幕上。将游标在数字化仪平板上移动,对准图纸的某一个位置,按动游标的按钮,则可将该点的坐标送入计算机或选择该位置的功能菜单。

数字化仪在一般的计算机绘图系统中都不配置,因为鼠标就可实现它的大部分功能。除非需要对光标实行精确定位时,才用它来代替鼠标。如图 1-7 所示为胜马(SummaSketch III)数字化仪。

3. 扫描仪(scanner)

扫描仪是新一代输入设备,它将图形(如工程图样)或图像(如照片、画片)经扫描进行光电转换后输入计算机中得到光栅图像。

扫描仪的主要技术指标有:①扫描幅面;②分辨率,指在原稿上每英寸上取样点数(dots per inch,dpi),目前市面上销售的扫描仪的光学分辨率一般在 600~1200 dpi,对于专业级图像扫描仪的光学分辨率可达 2400 dpi;③图像的颜色数量与灰度等级,一般以描述一个像素点所需的位数或字节数来定义,如 32 bit 或 4 字节;④扫描速度,指最大幅面、最大分辨率时扫描一页所需的时间。

扫描仪分单色和彩色扫描仪,一般彩色扫描仪都可进行单色扫描。按扫描仪的结构和操作方式可分为滚筒式、平板式和手持式三种。滚筒式扫描仪的扫描幅面可达 A0 加长,平板式扫描仪的幅面一般为 A3、A4。如图 1-8 所示为 A4 平板式扫描仪。

图 1-7　胜马数字化仪

图 1-8　A4 平板式扫描仪

由于扫描仪得到的是光栅图像,因此扫描工程图样时,还必须将光栅图像矢量化,得到矢量图形,以便绘图软件对它进行编辑和修改,矢量化工作由专门的软件来完成。

1.4.2　图形显示设备

图形显示设备是计算机绘图系统中必备的图形输入输出设备,通常由显示器和图形适配器(简称显示卡)这两个设备单元构成。显示系统的组成如图 1-9 所示。它的基本工作原理是将显示屏按预先规定的分辨率在水平和垂直方向上划分成点阵,每个单元称为像素,每个像素都有自己的 x,y 屏幕地址。假如显示屏的像素阵列为 $N \times M$,即有 M 行及 N 列的像素,每一行代表一条扫描线。矢量光栅转换器将要显示的图形(在内存显示文件中获取)也按此方式离散成像素,每个像素除了它的 x,y 地址,还有表示明暗或颜色的属性值。光栅化后的像素与屏幕像素阵列是一一对应的,将光栅化后的像素信息存入帧缓冲存储器,供显示控制器读取。

图 1-9　显示系统组成

目前最常见的显示器是阴极射线管(CRT)显示器,除此之外,还有种类繁多的平面显示器,其中包括受光型的液晶显示器(LCD)、发光型的等离子显示器(PDP)、场致发射显示器(FED)、投影机等。下面对 CRT 显示器以及几种目前发展已经比较成熟的显示器进行详细介绍。

1. CRT 显示器

图 1-10 是 CRT 的结构示意图。其基本工作原理是电子枪沿显像管轴线方向发射电子束,经聚焦系统将电子束聚集成非常细小的圆点,再经过偏转线圈的作用向正确目标偏离,穿越荫罩的小孔或栅栏后,轰击显示屏。显示屏内侧涂有荧光材料,在电子束的轰击下便发出光点(称为屏幕像素点)。显示控制器控制偏转系统,使电子束按恒定的速度从上到下,从左向右扫描显示屏。与此同时,显示器控制器控制电子枪发射电子束的强度,于是被

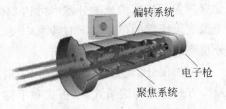

图 1-10　CRT 结构示意图

电子束轰击的荧光材料便发出不同亮度的光点。例如,在屏幕上显示一条直线,当电子束要扫描位于直线上的点时,便打开电子枪发射电子,直线上的点就被点亮,而扫描其余点时,则关闭电子枪,使这些点不发光,于是屏幕上的发光点就构成了一条直线。

要显示一幅稳定的图形或图像,电子束就要不停地扫描整幅屏幕,每秒钟扫描整幅屏幕的次数,称为帧频,要想获得不闪烁的图像,帧频不得小于 50 Hz。

彩色光栅扫描显示器是在屏幕内侧的每一个像素点处都涂上三种不同的荧光材料,它们被电子束激励后分别发出红、绿、蓝三种颜色的光。每种荧光材料被激励所需电子束强度范围差别必须很大,因而采用三支电子枪分别发射强度在一定范围内的电子束,在一定范围内改变三束电子束的强度,三种荧光材料便发出不同强度的红、绿、蓝光,混合后就产生了不同颜色的光。

显示器的主要技术指标有分辨率、帧频、点距和有效显示范围。分辨率、帧频只有与显示卡匹配时,才能发挥其最大性能。而点距指 CRT 上两个颜色相同的磷光点之间的距离,图 1-11 所示显示器的点距是 0.28 mm。事实上点距也就是像素点的大小,点距越小显示的图像越精细、越逼真。

CRT 显示器按屏幕表面曲度,可以分为球面、平面直角、柱面、完全平面四种,目前球面管的显示器已淘汰,平面直角显示器是现在最普遍的显示器,而以采用索尼的特丽珑显像管和三菱的钻石珑显像管为代表的柱面显示器,由于更清晰、失真更小,成为了高档机型,但上述这些显像管,依旧没有达到完完全全的平面,因此,所显示的画面或多或少都会有一点变形和扭曲,依然不够令人满意。完全平面显示器采用特殊的栅条网,如图 1-12 所示,使传统 CRT 显示器终于走上了完全平面的道路,将成为未来市场的热点。

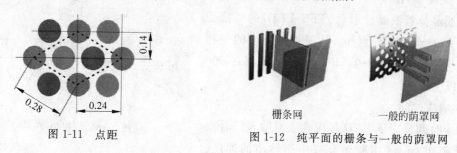

图 1-11　点距

栅条网　　　　一般的荫罩网

图 1-12　纯平面的栅条与一般的荫罩网

2. LCD

LCD 是一种非发光性的显示器件,它不像 CRT 靠器件本身发光来实现显示,而是依赖对环境光的反射或是对外加光源加以控制来实现显示。LCD 由 6 层薄板组成,如图 1-13 所示。

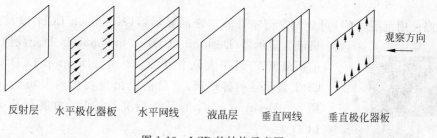

反射层　　水平极化器板　　水平网线　　液晶层　　垂直网线　　垂直极化器板

图 1-13　LCD 的结构示意图

液晶材料是由长晶线分子构成,所有晶粒以螺旋形式排列。如果液晶层厚度适当(约 0.177 mm),便可将穿过它的光线的极化方向旋转 90°。这样,被垂直极化器板极化为垂直方向的光线穿过液晶层后,其极化方向就改变成水平方向,这种光线可以通过水平极化器板到达反射层,并以相同的过程返回,屏幕上的这些有光线返回的点就是亮点。

在电场的作用下,液晶层的晶体将排列成行,且方向相同。此时,液晶层的晶体不再改变穿透光的极化方向。具有垂直极化方向的光线穿过液晶层后,由于其极化方向不变,也就不能通过水平极化器板,于是屏幕上的这些点就呈暗点。

若将垂直网线层的第 x 根导线加正电压(＋V),将水平网线层的第 y 根导线加负电压(－V)。点(x,y)处的电压差已经达到了液晶的触发电压,而使该点的液晶排列成行,于是屏幕上点(x,y)就呈暗点。但是位于第 x 和第 y 根导线上的其余液晶所加电压还没有达到液晶的触发电压,因此这些点呈亮点。通过给垂直网线和水平网线上的某些导线加电压,屏幕上将得到预期的一些暗点——像素点,从而实现字符、图形和图像的显示。

LCD 的主要技术参数如下所述。

1) 可视角度

一般而言,LCD 的可视角度都是左右对称的,但上下可就不一定了,常常是上下角度小于左右角度,如图 1-14 所示。当可视角是 80°时,表示站在屏幕法线 80°的位置时仍可清晰看见屏幕图像。

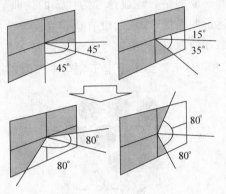

2) 亮度、对比度

薄膜晶体管液晶显示器(TFT LCD)的可接受亮度为 150 cd/m² 以上(cd/m² 是衡量亮度的一种单位)。目前国内使用的 TFT LCD 亮度都在 500 cd/m² 以上。

3) 响应时间

图 1-14　可视角度

响应时间反应了 LCD 各像素点对输入信号反应的速度,即 pixel 由暗转亮或由亮转暗的速度。响应时间越小则使用者在看运动画面时不会出现尾影拖拽的感觉。响应时间愈小愈好。

4) 显示色素

几乎所有 15 in LCD 都只能显示高彩(256K),因此许多厂商使用了所谓的 FRC(frame rate control)技术以仿真的方式来表现出全彩的画面,但此全彩画面必须依赖显示卡的显存。

图 1-15　Desktop LCD

按照使用范围,LCD 可分为笔记本计算机液晶显示器(Notebook LCD)以及桌面计算机液晶显示器(Desktop LCD)。Notebook LCD 是我们在国内目前所最常见到的大众化 LCD 产品。Desktop LCD 则是传统 CRT 显示器的替代产品,目前已出现在国内市场上,如图 1-15 所示。Desktop LCD 的可接受亮度、可视角度都比 Notebook LCD 大。

按照物理结构,LCD 可分为 DSTN 双扫描扭曲阵列和 TFT 薄膜晶体管。前者的对比度和亮度较差、可视角度小、色彩欠丰富,但是它结构简单、价格低廉,因此仍然存在市场。后者的每一液晶像素点都有集成在其后的薄膜晶体管来驱动,与前者相比,TFT-LCD 具有屏幕反应速度快、对比度和亮度高、可视角度大、色彩丰富等特点,克服了前者固有的许多弱点,是当前 Desktop LCD 和 Notebook LCD 的主流显示设备。

3. PDP

PDP 是继 CRT、LCD 后的新一代显示器,其特点是厚度极小,分辨率佳,可以作为家庭壁挂电视使用,占用极少的空间,代表了未来显示器的发展趋势。

PDP 的技术原理是利用惰性气体(Ne、He、Xe 等)放电时所产生的紫外线来激发彩色荧光粉发光,然后将这种光转换成人眼可见的光。PDP 采用等离子管作为发光元件,大量的等离子管排列在一起构成屏幕,每个等离子对应的每个小室内都充有氖、氙气体。在等离子管电极间加上高压后,封在两层玻璃之间的等离子管小室中的气体会产生紫外光,激励平板显示屏上的红绿蓝三基色荧光粉发出可见光。每个等离子管作为一个像素,由这些像素的明暗和颜色变化组合使之产生各种灰度和色彩的图像,与显像管发光很相似。

根据电流工作方式的不同,PDP 可以分为直流型(DC)和交流型(AC)两种,而目前研究的多以交流型为主,并可依照电极的安排区分为二电极对向放电(column discharge)和三电极表面放电(surface discharge)两种结构。

等离子技术同其他显示方式相比存在明显的差别,具有体积小、重量轻、无 X 射线辐射的特点,由于各个发光单元的结构完全相同,因此不会出现 CRT 显像管常见的图像几何畸变。PDP 屏幕亮度非常均匀,没有亮区和暗区,不像显像管的亮度,屏幕中心比四周亮度要高一些,而且,PDP 不会受磁场的影响,具有更好的环境适应能力。表面平直也使大屏幕边角处的失真和色纯度变化得到彻底改善。同时,其高亮度、大视角、全彩色和高对比度,意味着 PDP 图像更加清晰,色彩更加鲜艳,感受更加舒适,效果更加理想。与 LCD 相比,PDP 有亮度高、色彩还原性好、灰度丰富、对迅速变化的画面响应速度快等优点。由于屏幕亮度高达 150 Lux,因此可以在明亮的环境之下使用。另外,PDP 视野开阔,视角宽广(高达 160°),能提供格外亮丽、均匀平滑的画面和前所未有的更大观赏角度。另外,等离子显示设备最突出的特点是可做到超薄,并轻易做到 40 in 以上的完全平面大屏幕,而厚度不到 100 mm。如图 1-16 所示。

图 1-16 PDP

当然,由于 PDP 的结构特殊也带来一些弱点。譬如由于 PDP 是平面设计,而且显示屏上的玻璃极薄,所以它的表面不能承受太大或太小的大气压力,更不能承受意外的重压。PDP 的每一像素都是独立地自行发光,相比于 CRT 显示器使用的电子枪而言,耗电量自然大增,一般 PDP 的耗电量高于 300 V · A。由于发热量大,所以 PDP 背板上装有多组风扇用于散热。另外,价格也较高,但随着 PDP 的大规模生产,其价格将会大幅度下降。

4. FED

FED 技术将成为液晶显示技术的替代品,在显示技术舞台上成为主角。

FED 的工作原理是:使用电场使发射阴极放出电子,而非使用热能,使得场发射电子束的能量分布范围较传统热电子束窄而且具有较高亮度,用场发射技术作为电子来源以取代传统 CRT 显像管中的热电子枪,因而可以用于平面显示器,并带来了很多优秀特色。FED 非常薄、轻,并且节省能源,与 LCD 阻挡光线的受光型工作方式不同,FED 采用了类似传统 CRT 的方法,CRT 显像管用电子束轰击屏幕上的荧光粉,激活荧光粉而发光,为了使电子束获得足够的偏离还不得不把显像管做得有一定的长度,因此 CRT 显示器又大又厚又重。FED 在每一个荧光点后面不到 3 mm 处都放置了成千上万个极小的电子发射器,这使得 FED 显示技术能把 CRT 阴极射线管的明亮清晰与液晶显示的轻、薄结合起来,结果是既有

LCD的厚度,又有CRT显示器般快速的响应速度和比LCD高得多的亮度。因此,FED将在很多方面具有比LCD更显著的优点,也不会出现LCD一个晶体管损坏便会很明显地显露出来的情况。

5. 投影机

投影机也属显示设备,已经在政府、学校、公司等很多领域成了标准的配备之一。

投影机主要有两项参数:亮度和分辨率。按照现有国际标准认为,亮度在500 ANSI流明以上的投影机才可以在白天正常光线下使用而不影响效果。投影机按显示技术可分为CRT投影机、LCD投影机、DLP投影机。

CRT投影机就是由CRT管和光学系统组成的投影机,通常所说的三枪投影机就是指由三个投影管组成的投影机。由于使用内光源,也叫主动投影方式,是出现最早、应用最广的一种投影显示技术。

LCD投影机利用的是液晶的光电效应成像,现分为液晶板和液晶光阀两种,由于利用外光源,又称被动投影方式。液晶板投影机是目前市面上最流行的投影机,以液晶板作为成像器件,多为单片设计。液晶光阀投影机采用CRT管和液晶光阀作为成像器件,是目前亮度和分辨率最高的投影机,图1-17所示。

图1-17　LCD投影机

DLP(digital light processor)投影机以DMD(digital micromirror device)数字微反射器作为光阀的成像器件,采用数字光处理技术调制视频信号,驱动DMD光路系统,通过投影透镜获取大屏幕图像。DLP技术是投影机未来的发展方向。

1.4.3　图形输出设备

图形显示设备只能在屏幕上显示图形,但工程中往往需要的是图纸,因此还必须将图形绘制在图纸上,完成这一工作的设备称为图形输出设备。图形输出设备的种类很多,最初使用的笔式绘图机只能绘制矢量图形,后来研制的喷墨绘图机不仅可以绘制矢量图形,还可以绘制光栅图像。事实上,传统意义所指的打印机和绘图机的界限现在已越来越模糊了,它们都能完成相同的工作,惟一的差别也许只有打印幅面了。由于目前在计算机绘图中,大量广泛使用的输出设备是彩色喷墨打印机/绘图机,而激光打印机、针式打印机、笔式绘图仪在计算机绘图中已很少使用,因此,下面主要介绍喷墨打印机的工作原理。

目前喷墨打印机按打印头的工作方式可以分为压电喷墨技术和热喷墨技术两大类型。按照喷墨的材料性质又可以分为水质料、固态油墨和液态油墨等类型的打印机。

1. 压电喷墨

将许多小的压电陶瓷放置到喷墨打印机的打印头喷嘴附近,利用压电陶瓷在电压作用下会发生形变的原理,在工作中,适时地把电压加到压电陶瓷上,压电陶瓷随之产生的伸缩使喷嘴中的墨被喷出,在输出介质表面形成图案或字符,如图1-18所示。用压电喷墨技术制作的喷墨打印头成本比较

压电

墨滴

喷嘴

墨仓

图1-18　压电喷墨打印原理

高,但可以通过合理的结构和便于控制的电压来有效地控制墨滴的大小及调和方式,从而获得较高的打印精度和较好的打印效果。

由于压电喷头的制作成本比较高,所以为了降低用户的使用成本,一般都将打印喷头和墨盒做成分离的结构,更换墨水时是不更换打印头的。采用压电喷墨技术的产品主要是Epson公司的喷墨打印机。

2. 热喷墨

热喷墨技术是靠电能产生的热,将喷头管道中的一部分液体汽化,形成一个气泡,并将喷嘴处的墨水顶出喷到输出介质表面,形成图案或字符,如图1-19所示。这种喷墨打印机有时又被称为气泡打印机。

图 1-19 热喷墨打印原理

用热喷墨技术制作的喷头成本比较低,喷头中的电极因受到电解和腐蚀的作用,而不能具有很长的寿命。所以采用这种技术的打印喷头通常都与墨盒做在一起,更换墨盒时即同时更新打印头,用户不必对喷头的堵塞问题太担心,因为更换墨盒就可以解决喷头堵塞的问题。但这种墨盒总体上还是要比没有喷头的墨盒贵一些,所以加注墨水也应运而生。在打印头刚刚打完墨水后,立即加注专用的墨水,只要方法得当,还是能取得较好效果的。

采用热喷墨技术的产品比较多,主要为佳能(Canon)和惠普(HP)等公司所使用。目前热喷墨技术在墨滴控制方面比压电喷墨技术还是要差一点,所以多数产品的打印分辨率还不如压电技术产品。

采用固态油墨的打印机一般是在工作时将蜡质的颜料块先加温溶化成液体,然后再按前面所述的喷墨方法工作。这类打印机的优点是颜料的耐水性能比较好,并且不存在打印头因墨水干涸而造成的堵塞问题。但采用固态油墨的打印机目前因生产成本比较高,产品比较少。

喷墨打印头上的喷孔越多,越有利于提高打印速度。而喷孔越细,越有利于提高打印分辨率指标。一个打印头上的喷孔因受加工工艺等因素限制,不可能做得太多。所以,有些打印机的黑色墨盒喷头具有较高的打印分辨率,而彩色墨盒上的喷头因为要安排给三种颜色的墨水盒使用,每种墨水只能使用三分之一的喷孔,因此造成彩色打印分辨率和速度都低于黑白打印的指标。

喷墨打印机主要技术指标有以下几种。

1) 分辨率

喷墨打印机的输出分辨率一般用每英寸可打印的最高点数——dpi来衡量。dpi值越高打印质量越好。但彩色打印时,色彩的调和能力对打印效果的影响也很大,所以要追求好的彩色照片打印效果就不能只看分辨率,而还要注意色彩调和能力。

2）色彩调和能力

对于要打印彩色照片的用户，特别要注意喷墨打印机的色彩调和能力，或者说是色彩的表达能力。传统的喷墨打印机在打印彩色照片时，若遇到过渡色，就会在三种基本颜色的组合中选取一种接近的组合来打印，即使加上黑色，这种组合一般也不能超过 16 种，对色阶的表达能力是难以令人满意的。为了解决这个问题，早期的喷墨打印机又采用了调整喷点疏密程度的方法来表达色阶。但对于当时彩色分辨率只有 300 dpi 左右的产品，调整疏密程度的结果是在过渡色中充满了麻子点。现在的彩色喷墨打印机，一方面通过提高打印密度（分辨率）来使打印出来的点变细，从而使图变得更为细腻；另一方面，现在的照片级彩色喷墨打印机都在色彩调和方面改进技术，主要有以下几种：①增加色彩数量。目前通常是采用五色的彩色墨盒，加上原来的黑色墨盒，形成所谓的六色打印。一下子使色彩的组合数提高了几倍，再加上提高打印密度，效果自然有明显的改善。②改变喷出墨滴的大小。在打印中需要色彩浓度较高的地方用标准大小的墨滴喷出，而在需要色彩浓度较低的地方使用减小的小墨滴喷出，从而形成了更多的色阶，也能有效地改善打印照片的效果。③降低墨盒的基本色彩浓度。将墨水的浓度降低，在需要高浓度的地方采用重复喷墨的方法提高浓度，这样也能形成更多的色阶，但缺点是墨盒更不耐用了。

3）打印速度

一般来说黑白字符的处理比较简单，特别是英文字符，有些打印机已经带有字库，所以打印的速度就比较快。而包括汉字打印的图形打印，特别是彩色图形打印，需要的打印数据处理比较多，打印速度就要慢一些。

4）打印介质和宽度

目前喷墨打印机都可以打印多种介质，包括复印纸、喷墨专用纸、喷墨专用胶片、信封、

图 1-20　HP 绘图仪

卡片、热转印纸、办公用纸等。打印的宽度指标通常用可以打印的某种纸型来表示，例如 A4 幅面、A3 幅面、A2 幅面、A1 幅面、A0 幅面等。具有 A2 或 A3 幅面打印能力的打印机被称为宽行打印机，具有 A1 或 A0 幅面打印能力的打印机就是绘图仪，如图 1-20 所示为 HP 绘图仪。

5）内部缓存

内部缓存对打印的速度有一些影响，对网络共享的打印机有比较重要的意义，但对一般用户来说，此项指标关系不大。

1.5　绘图系统的软件形式

软件是指使用和发挥计算机效率、功能的各种程序，整个计算机系统的工作过程是由软件来控制和实现的，软件的水平是决定计算机系统性能优劣、功能强弱和方便适用的关键因素。同样，绘图软件作为绘图系统的核心，它的配置水平决定整个图形系统性能的优劣。因为绘图系统只有绘图软件的支持，才能实现图形的生成、编辑、输入输出等各种处理功能，才能完成各种设计工作。经常使用的绘图软件，一般可以分为以下三种形式。

1. 图形程序包

图形程序包是根据图形标准或规范推出的、供用户程序调用的底层的图形子程序包或函数库。用户可以使用某种高级程序语言调用其中的图形子程序,生成各种图形、实现图形的编辑和输入输出等操作。

这种形式的绘图软件在研制和使用方面非常简单方便,只要具有编程能力,就可以掌握使用。其中使用较为广泛的图形标准化程序包有 GKS、PHIGS、GL 等,由于这些软件包是按标准规范研制的,因此与硬件无关,利用它们编制的程序可以在任何计算机上运行,具有良好的可移植性。

2. 具有图形功能的程序语言

这种类型的绘图软件是在某种程序设计语言中,扩充加入了图形生成和控制的语句或函数,使其具有图形生成和处理功能,如 Visual Basic、Visual C、AutoLISP 等。使用这种类型的语言编写图形程序,就可以实现绘图功能。

3. 交互式绘图软件

交互式绘图软件是目前使用最广泛的绘图软件,它是在图形程序包基础上,增加一个友好的用户界面,为用户提供实时交互式处理图形能力的绘图软件。用户界面通常用各类菜单、对话框、命令行和光标等形式为用户提供交互操作手段,以实现用户对图形的生成、编辑、输入、输出等各种操作,使用直观方便,深受用户欢迎。例如 AutoCAD 绘图软件、3DS MAX 三维动画制作软件、SolidWorks 三维设计软件等,其中 Autodesk 公司的 AutoCAD 已成为目前在微机上使用最广泛的交互式绘图软件。

1.6　绘图系统的应用领域

随着计算机技术的发展,计算机绘图技术的研究与应用领域也在不断地延伸,新的分支相应产生,计算机绘图技术的应用领域也有了新的发展。目前,计算机绘图技术主要应用领域有以下几方面。

1. 计算机辅助设计与制造

CAD/CAM 是计算机绘图技术应用最广泛、最活跃和发展最快的应用领域。目前 CAD/CAM 已广泛应用于数值计算、工程绘图、工程信息管理、生产控制等设计生产的全过程中,它的应用行业已遍及电子、机械、造船、航空、汽车、建筑、纺织、轻工及工程建设等。

由于 CAD/CAM 技术对传统产业的改造、新兴产业的发展、劳动生产率的提高以及市场竞争能力的增强产生巨大的影响,CAD/CAM 技术的发展与应用水平已成为衡量一个国家科学技术现代化和工业现代化的重要标志之一。所有这一切,都离不开计算机绘图技术,如图 1-21 和图 1-22 所示机械产品的结构设计、三维造型、运动仿真、受力分析等,计算机绘图技术的水平直接影响着 CAD/CAM 技术的发展与应用水平。

2. 虚拟现实

虚拟现实(virtual reality,VR)是 20 世纪末发展起来的一种高新技术,它是一种由计算机生成的看似真实的模拟环境,通过多种传感设备,用户可以用自然技能与之直接交互,同时提供直观而又自然的实时感知,并使参与者“沉浸”于模拟环境中。虚拟现实技术已成为绘图技术发展的重要领域之一,同时也为计算机绘图技术的发展增添了一个更强有力的手段。

图 1-21　中药材截片机三维造型

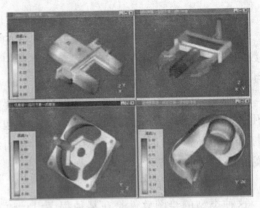

图 1-22　工程分析计算

利用虚拟现实技术,并结合数据手套、头盔、跟踪器、立体眼镜等虚拟外设,设计人员可在虚拟世界中创造虚拟产品,进行操作模拟,移动部件和进行各种试验,可以进行零件的虚拟加工和虚拟装配,及早发现产品结构空间布局中的干涉及运动机构的碰撞等问题。

图 1-23 所示是利用虚拟现实技术创建、校验和仿真人体行为,进行装配工艺规划、装配可视化和仿真校验,确定产品装配过程中最优的装配、拆卸和重组顺序。也可以构建一个虚拟的城市(如图 1-24 所示 E 都市)和建筑物,人可以自由地在虚拟环境中漫游,并与虚拟实体进行实时交互,从而帮助用户作出正确的决策,避免造成许多不必要的浪费。例如借助头盔显示器,用户可以进入一幢虚拟建筑物内,头盔显示器可以让用户从不同的角度观察内部空间,借助数据手套

图 1-23　虚拟装配空间分析

用户可以修改窗户的位置、柜台的高低,以及其他虚拟物体的参数等。

图 1-24　E 都市数字城市

3. 动漫制作

艺术、电影、动画、广告和娱乐等领域的计算机技术的应用也是绘图技术应用的延伸,这些领域由于数字化的实现过程,使作品在造型、色彩及构图方法上呈现出造型准确、色彩丰富、变化灵活、真实感突出。特别是其变幻莫测、有惊无险的制作,令人耳目一新,与传统方式相比,其价值在于信息的生成、存储与传播方式等方面的根本性突破,特别是虚拟现实技术的发展,使这一领域计算机作品的感染力充分体现,并直接导致一个新兴产业——动漫产业的诞生并快速崛起。

传统的动画制作过程是一个非常复杂而费时的过程,比如我国的 52 集动画连续剧《西游记》就绘制了 100 多万张原画、近 2 万张背景,共耗纸 30 吨、耗时整整 5 年。而在迪斯尼的动画大片《花木兰》(剧照见图 1-25)中,一场匈奴大军厮杀的戏仅用了 5 张手绘士兵的图,电脑就变化出三、四千个不同表情士兵作战的模样。《花木兰》人物设计总监表示,这部影片如果用传统的手绘方式来完成,以动画制片小组的人力,完成整部影片的时间可能由 5 年延长至 20 年,而且要拍摄出片中千军万马奔腾厮杀的场面是不可能的。

图 1-25　花木兰剧照

4. 科学计算可视化

科学计算可视化(visualization in scientific computing,ViSC)是利用计算机图形学、图像处理技术,将科学计算过程中产生的数据及计算结果转换为图形图像在屏幕上显示出来,并进行交互处理的理论、方法和技术。它涉及计算机图形学、图像处理、计算机辅助设计、计算机视觉及人机交互技术等多个领域。

1987 年 2 月,美国国家科学基金会在华盛顿召开了有关科学计算可视化的首次会议。会议认为,"将图形和图像技术应用于科学计算是一个全新的领域","科学家们不仅需要分析由计算机得出的计算数据,而且需要了解在计算过程中数据的变化情况,而这些都需要借助于计算机图形学及图像处理技术"。会议将这一涉及多个学科的领域定名为 Visualization in Scientific Computing,简称为 Scientific Visualization。

由于科学计算可视化可以将计算结果用图形或图像形象直观地显示出来,极大地提高科学计算的速度和质量,实现科学计算工具和环境的进一步现代化,从而使科学研究工作的面貌发生根本性的变化。因此,科学计算可视化几乎可以应用于自然科学、工程技术、军事、金融、通信和商业等一切领域。目前已在医学、地质勘探、气象预报、分子模型构造、计算流体力学、有限元分析等领域广泛应用。图 1-26 是美国 ADAC 实验室给出的多种模态的融合图像,图 1-27 是美国国家海洋和大气局预报的北克拉罗多的天气数据的三维图像。

计算机绘图技术还有许多其他领域的应用。例如:在学校教学中,为使教学过程变得形象、直观和生动,常常需要使用大量图形,以提高学生的学习兴趣和注意力,便于学生理解和掌握教学内容,利用计算机绘图技术实现计算机辅助教学;在建筑装饰行业,利用计算机绘图技术进行新住宅的方案结构设计和装修效果制作等;在刑事侦破领域,利用计算机绘图技术进行犯罪嫌疑人相貌的模拟绘制和识别等;在服装行业,利用计算机绘图技术进行服装花色和式样设计、试穿效果模拟等。可以说,绘图技术几乎已经应用于一切设计领域。

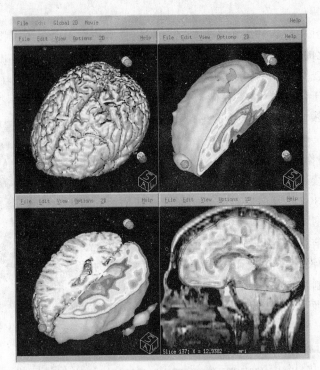

图 1-26　多种模态融合图像

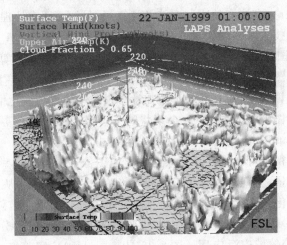

图 1-27　天气数据三维图像

第2章　交互绘图软件 AutoCAD

　　AutoCAD 是美国 Autodesk 公司开发的通用计算机辅助绘图和设计软件,是我国目前在微机上应用最广泛的 CAD 软件。AutoCAD 2008 是 Autodesk 公司于 2008 年推出的最新版本。

　　自从 1982 年 12 月 Autodesk 公司推出 AutoCAD 的 R1.0 以来,就一直得到广大工程设计人员的欢迎。随着计算机软硬件技术的不断发展,AutoCAD 自身的功能也日趋完善,性能不断提高,至今,Autodesk 公司已对 AutoCAD 进行了 10 多次升级。同时,由于 Auto-CAD 采用开放体系结构,为用户提供了功能强大的二次开发平台,因此被广泛应用于机械、电子、汽车、造船、建筑、航天航空、轻工等工程设计领域,已有众多的企业在应用与开发 AutoCAD 方面取得了丰硕的成果。

2.1　系统工作界面

　　AutoCAD 2008 工作界面有比较大的变化,工作界面主要由绘图窗口、命令提示窗口、菜单栏和下拉菜单、面板、标题栏、状态栏、工具栏、滚动条和十字光标等组成,如图 2-1 所示。

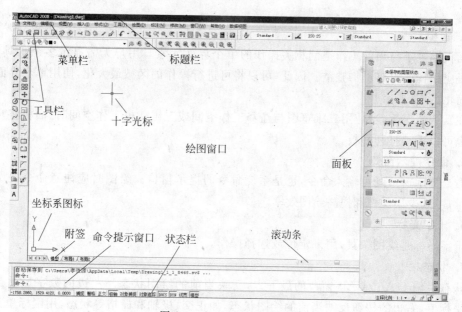

图 2-1　AutoCAD 工作界面

1. 标题栏

　　标题栏在窗口的最上方,当前绘制图形的文件名显示在方括号内。单击标题栏左边的图标会出现一个控制框,其上有"还原"、"最小化"、"关闭"等窗口操作命令。标题栏右边有三个控制按钮,可实现窗口的"最小化"、"最大化或还原"和"关闭"。

2. 菜单栏

菜单栏在标题栏的下方,用鼠标单击菜单栏标题,会弹出该菜单的下拉菜单,移动光标可选取某个菜单项。

有些菜单项右边有黑三角形符号,表示该菜单项有下一级子菜单,将光标指向该菜单项,就会显示下一级子菜单。有些菜单项后面有"…"符号,表示选取该菜单项将弹出一个对话框。如果某菜单项是暗灰色,表明在当前条件下该菜单项不能操作。

3. 工具栏

工具栏实际上是一种浮动工具箱,由一系列图标按钮构成,每一个图标按钮用图形形象地表示了一条 AutoCAD 命令,单击某一按钮即可调用相应的命令。如果把光标停留在某一按钮上,屏幕就会显示出该按钮的名称(称为工具提示),并在状态行中给出该按钮的简要说明。

图 2-1 所示的 4 个工具栏是系统的默认配置,通常安放在绘图区的上方和左侧,菜单栏下方的第一个工具栏是"标准"工具栏,标准工具栏下面是"对象特性"工具栏,左侧竖放的第一个工具栏是"绘图"工具栏,第二个是"编辑"工具栏。

除以上 4 个工具栏外,系统还提供了尺寸标注、插入、视窗、对象捕捉等工具栏。选择"视图"→"工具栏",可弹出"工具栏"对话框,用户可根据需要在工具栏对话框中选择工具栏。

AutoCAD 还提供了打开工具栏的更简捷的方法。将鼠标移到已有工具栏的区域,然后单击鼠标右键,弹出光标菜单,再将鼠标移到其上的"ACAD"菜单项,将显示全部工具栏选项。

4. 面板

面板提供了与当前工作空间相关操作的单个界面元素。用户无需显示多个工具栏,从而使得应用程序窗口更加整洁。因此,可以将可进行操作的区域最大化,使用单个界面来加快和简化工作。

在默认情况下,当使用二维草图与注释工作空间或三维建模工作空间时,面板将自动打开。也可以手动打开面板。

5. 命令提示窗口

命令提示窗口既可输入命令,也是系统命令的提示窗口。绘图时应注意命令提示窗口的提示,可减少误操作和提高绘图效率。

6. 十字光标

十字光标是绘图工具,用来定位或选择操作。

7. 状态栏

状态栏位于 AutoCAD 窗口的最下方,反映当前的绘图状态。左边的数字显示当前光标的坐标值,右边的按钮反映当前的绘图状态,如正交、极轴和栅格等状态,用鼠标单击按钮可进行状态的切换。

8. 滚动条

图形窗口的水平和垂直滚动条可让用户在这两个方向上移动,以观察视图的不同部分。单击上下左右箭头可将窗口移动一个固定的增量,拖动滚动条可平滑地移动窗口。

9. 光标菜单

右击鼠标,系统弹出光标菜单,也称快捷菜单。光标菜单提供的是当前状态下用户可选择的操作,因此,当光标位于工作界面的不同区域或 AutoCAD 处于不同状态时,光标菜单的内容是不同的。

10. 坐标系图标

在 AutoCAD 中坐标系图标有两种:一种为世界坐标系(WCS)图标,另一种为用户坐标系(UCS)图标,如图 2-2 所示。

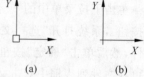

当开始一个新图时,系统的默认状态是世界坐标系。它由水平的 X 坐标轴、铅垂的 Y 坐标轴和垂直于 XY 坐标面的 Z 轴组成,世界坐标系是固定不变的。用户坐标系是用户定义的坐标系,用户坐标系可平移和旋转。

图 2-2　坐标系图标
(a)世界坐标系;(b)用户坐标系

11. 工作界面设置

用户可根据需要或个人习惯设置工作界面。执行“工具”→“选项”,打开“选项”对话框,在“显示”标签下可对颜色、字体、图形窗口显示方式以及命令行的行数等进行设置。

2.2　系统启动与退出

2.2.1　启动 AutoCAD

双击桌面上 AutoCAD 2008 图标,或执行“开始”菜单中 AutoCAD 2008 命令启动 AutoCAD 2008。系统自动新建一个绘图文件,并进入如图 2-1 所示的工作界面,开始绘制新图。

1. 新建图形命令 new

单击下拉菜单中的“文件”→“新建”,或单击工具栏中的新建按钮(标准工具栏上的第一个按钮),系统打开“选择样板”对话框,如图 2-3 所示。选取所需样板文件后单击“确定”按钮,AutoCAD 将按所选择样板的设置进入绘图状态。

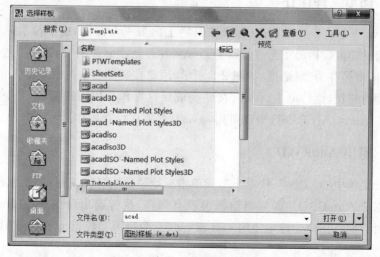

图 2-3　“选择样板”对话框

　　AutoCAD 2008 允许将绘图时要用到的设置(如绘图单位、图幅、辅助绘图工具模式、图层、图框、标题栏和图块等)以图形文件的方式加以存储,在需要时可以像 Word 的模板一样多次调用。这种文件称为样板文件,也称为原形文件,扩展名为.DWT。

　　AutoCAD 内设的样板图形文件中所带的图框、标题栏只在图纸空间中显示,在模型空间中不显示。用户可根据需要创建样板文件。

2. 打开图形命令 open

　　单击下拉菜单中的"文件"→"打开",或单击工具栏中的打开按钮(标准工具栏上的第二个按钮),系统打开"选择文件"对话框,如图 2-4 所示。在选择文件列表框中选取要打开的文件,然后单击"确定"按钮,系统进入工作界面,并将该图形显示在工作界面的绘图区中。也可在文件列表框中双击文件名直接进入系统工作界面。

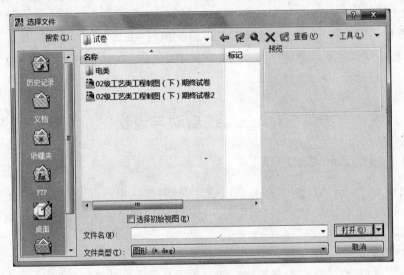

图 2-4　"选择文件"对话框

2.2.2　图形文件保存

　　使用 qsave 命令或工具栏按钮(标准工具栏上的第三个按钮)或下拉菜单"文件"→"保存",可将当前活动窗口内的图形存盘保存。如果在开始绘制新图时,第一次进行保存操作,则系统打开"图形另存为"对话框,如图 2-5 所示,用户在文件名输入框中输入该图形的文件名并设置文件的路径,然后单击"保存"按钮完成保存操作。使用快捷键 Ctrl+S 也可进行保存操作。在 AutoCAD 命令行中也可用 save 命令完成保存操作。

2.2.3　退出 AutoCAD

　　单击下拉菜单中的"文件"→"退出",或单击标题栏上"关闭"按钮,则系统将所有打开的文件保存后退出 AutoCAD。如果当前图形没有保存,执行退出命令时,AutoCAD 会弹出"退出警告"对话框。在命令行中使用 exit 或 quit 命令也可完成退出 AutoCAD 的操作。

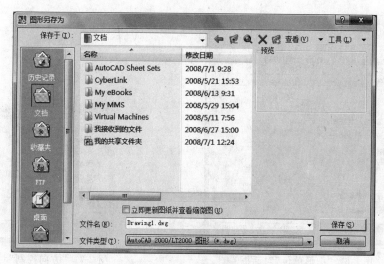

图 2-5　"图形另存为"对话框

2.3　绘图范围与单位设置

　　开始一幅新图的绘制时,AutoCAD 自动设置了绘图范围和绘图单位,如果用户所需的绘图范围与绘图单位与其不同,就必须进行设置。设置的途径有两个,一是在启动 Auto-CAD 时,使用向导新建一张图,在随后的操作中,用户可设置需要的绘图范围和绘图单位;另一途径是进入工作界面后,使用 limits 和 units 命令设置绘图范围与单位。下面介绍这两个命令的使用方法。

1. 设置绘图界限命令 limits

　　单击下拉菜单中的"格式"→"图形界限",或在命令行中输入 limits 命令,在命令提示窗口内出现如下提示:

命令:_limits↙　　(_limits 是用菜单激活命令时系统自动回显的字符)
重新设置模型空间界限:
指定左下角点或[开(ON)/关(OFF)]<0,0>:(输入坐标或选项)
指定右上角点<420.0,297.0>:(输入坐标)

　　ON 选项是打开图形界限校核功能,此后系统只允许用户在边界内绘制图形,如果所绘图形超过边界,系统将提出警告,并拒绝绘制该图形。OFF 选项的功能是关闭图形界限校核功能,用户既可在边界内绘制图形,也可在边界外绘制图形。

2. 设置绘图单位命令 units

　　选择"格式"→"单位"选项,系统弹出"图形单位"对话框,如图 2-6 所示。用户可在该对话框内进行长度类型、角度类型以及精度的设置。单击"方向"按钮,弹出"方向控制"对话框,如图 2-7 所示,在该对话框内可设置角度基准。图形单位和角度基准的设置与"使用向导新建图形"中的设置方法一样。

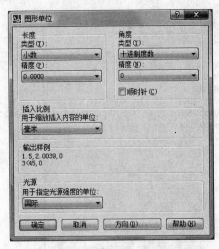

图 2-6 "图形单位"对话框

图 2-7 "方向控制"对话框

2.4 系统总体结构

从 AutoCAD 菜单用户可了解到 AutoCAD 的总体结构。按其功能进行分类，Auto-CAD 2008 由下列模块组成：文件模块、编辑模块、视图模块、插入模块、格式模块、工具模块、绘制模块、尺寸标注模块、修改模块、窗口模块、帮助模块。

1. 文件模块

该模块提供图形文件管理、输入、输出和打印等功能。

2. 编辑模块

该模块提供图形剪切、复制、粘贴、查找和清除、撤消与重复功能，以及进行 OLE 链接。

3. 视图模块

该模块提供多种显示与观察图形的方法，包括重画或重新生成图形；缩放与平移视图；视口的操作；消隐、着色和渲染；图标、属性、文本窗口的显示；工具栏的选择与显示等。

4. 插入模块

该模块提供图块、外部引用、图像文件、DXB 文件等的插入功能，设置图形布局、设置超链接，以及设置外部参照管理器和图像管理器。

5. 格式模块

该模块提供图层、颜色、线型和线宽的设置功能，进行文字样式、尺寸标注样式、点样式和多线样式的选择，以及绘图单位和绘图范围设置。

6. 工具模块

该模块提供了捕捉模式、栅格、极轴和对象捕捉追踪的设置，用户坐标系的建立，二次开发环境（如 Visual LISP、VBA 等），与外部设备和对象的交流，状态查询等功能。AutoCAD 提供了一个功能强大的图形文件管理器——AutoCAD 设计中心，它可以使用户轻松地查找和组织图形数据或向图形中插入块、图层等。

7. 绘制模块

该模块提供了绘制直线、参照线、射线、圆弧、圆、圆环、椭圆、矩形、正多边形、点、二维多义线、样条曲线、多线和图案填充等命令。

8. 尺寸标注模块

该模块提供各种形式的尺寸标注和编辑,以及使用标注样式管理器设定与选择标注样式。

9. 修改模块

该模块提供了很强的图形编辑功能,如删除、恢复、复制、阵列、倒角、倒圆角、切断、修剪、二维多义线的编辑、夹持点的编辑、文本编辑等。

10. 窗口模块

该模块对打开的多窗口进行不同排列方式的操作。

11. 帮助模块

该模块显示联机帮助文本、AutoCAD 2008 的新特性等。

2.5　系统的开放性

AutoCAD 最显著的特点是其具有开放的结构体系,用户几乎可对 AutoCAD 的各个方面进行定制或开发,包括从工作界面设置、菜单定制到增加命令、建立各种标准库文件和开发应用程序来扩充系统的功能等,很容易根据需要将 AutoCAD 用户化。

1. 菜单定制

在 AutoCAD 中扩展名为.MNU 的文件是它的菜单源文件,它是一个文本文件,可用文本编辑软件来编写,用户可根据需要对系统提供的标准菜单文件进行扩充或开发自己定义的菜单。

2. 图形交换文件

AutoCAD 图形交换文件,是一个扩展名为.DXF 的 ASCII 码的文本文件。使用该文件可以实现不同应用程序之间的图形数据交换。可将用户的图形数据传送到其他专用程序中去分析、计算和修改,或者将其他非绘图程序产生的数据传到 AutoCAD 中建立图形。

3. dbconnect

AutoCAD 给用户提供了一个数据库连接管理器(dbconnect manager),通过它可实现 AutoCAD 对象同外部数据文件的连接。

4. Visual LISP

Visual LISP 是 AutoLISP 语言的扩展,它提供了完整的、功能强大的可视化编程环境,该环境提供了括号匹配、跟踪调试、源代码和语法检查等功能,使用户创建和调试 LISP 程序更加方便。

5. VBA

VBA 是 AutoCAD 提供的程序开发环境,提供了编辑和调试 VBA 代码的工具。VBA 的应用程序可直接访问 AutoCAD 的图形数据库。

第3章　计算机图形生成原理

所有复杂图形都是由许多点、直线、圆、圆弧等基本图形元素组成的,现有的图形显示设备和图形输出设备都有各自的图形生成功能,生成这些基本图形元素的算法质量直接影响计算机图形的生成效率和质量,了解基本图形生成的基本原理是非常必要的。本章将介绍生成直线和圆的几种常用算法,以及 AutoCAD 中常用的基本绘图命令。

3.1　图形生成原理

不同类形的图形显示设备和图形输出设备的工作原理不同,图形生成的方法也不尽相同。本节以最常用的光栅扫描显示器为背景,介绍图形生成的基本原理。

3.1.1　直线的生成

光栅扫描显示器是通过屏幕上的二维像素的"点亮"与否来实现图形的显示,因此,显示

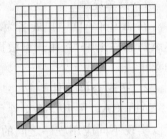

直线时,并非像我们所习惯的那样在直线的两端点之间画一条直线,而是通过一种特定的算法——插补,找出屏幕上最靠近理论直线的像素点并将它"点亮"。当然,所显示的直线也只能是理论直线的近似,如图 3-1 所示。

在插补算法中为了便于计算,将屏幕上的每个像素点用坐标来表示,像素的坐标值只能取整数,例如分辨率为 1024×768 的显示器,其 X 坐标(水平方向)的取值范围是 $0\sim1023$,Y 坐标(铅垂方向)的取值范围是 $0\sim767$。一般常

图 3-1　屏幕上直线的近似表示

用的算法大多采用增量法插补直线的中间点,即首先"点亮"直线的一个端点所在的像素点,然后判断与该像素点相邻的像素点中,哪一个更靠近理论直线并将其"点亮",再由该点偏离直线的情况寻求要"点亮"的下一个像素点,直到将直线的另一端点所在像素点"点亮"为止。为叙述方便,约定"点亮"X 方向上相邻的点称为在 X 方向走一步,"点亮"Y 方向上相邻的点称为在 Y 方向上走一步。

直线插补算法有很多种,常用的有逐点比较法、正负法、数值微分法、Bresenham 法、最小偏差法等。下面介绍逐点比较法的算法原理。

逐点比较法就是在直线生成过程中,每走一步就与理论直线进行比较,计算当前点与理论直线间的偏差,然后根据偏差决定下一步的走向,用步步逼近的方法最终生成直线。

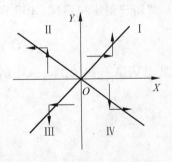

图 3-2　各象限插补的走向

如果把直线的起点设在坐标原点,则规定直线在四个不同的象限中,插补的走向如图 3-2 所示。

1. 偏差计算

首先以第一象限内的直线为例推导偏差的计算公式。

如图 3-3 所示,设要生成的理论直线 OA 的起点为坐标原点,终点坐标为 $A(x_A, y_A)$,当前"点亮"点的位置是 $M(x_M, y_M)$,直线 OA 和 OM 与 X 轴的夹角分别是 α 和 β,于是偏差函数可构造为

$$\delta = \tan\beta - \tan\alpha = \frac{y_M}{x_M} - \frac{y_A}{x_A} = \frac{y_M x_A - y_A x_M}{x_M x_A}$$

如果 $\delta < 0$,则表示当前点 M 在 OA 的下方,应该向 $+Y$ 方向走一步;如果 $\delta \geqslant 0$,则表示当前点 M 在 OA 的上方或在 OA 直线上,此时应向 $+X$ 方向走一步。

这种算法只需判别偏差值 δ 的正负,与偏差值 δ 的大小无关。由于直线 OA 在第一象限内,偏差函数的分母 $x_M x_A$ 恒为正,所以只需判别分子项的正负即可。因此,偏差函数可改写为

$$F_M = y_M x_A - y_A x_M \tag{3-1}$$

用式(3-1)来计算偏差时,每次都要计算两次乘法、一次减法,计算工作量较大。为了减少计算工作量,应设法用前一点的偏差及走步方向来推算走步后的偏差。

如图 3-4 所示,设当前位置为 $M_1(x_1, y_1)$,此时,$F_1 = y_1 x_A - y_A x_1 < 0$,应向 $+Y$ 方向走一步到 $M_2(x_2, y_2)$,即

$$\begin{cases} x_2 = x_1 \\ y_2 = y_1 + 1 \end{cases}$$

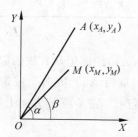

图 3-3　线段的偏差判别

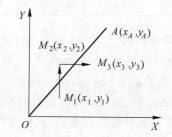

图 3-4　第一象限线段的递推过程

则在 M_2 处的偏差为

$$F_2 = y_2 x_A - y_A x_2 = y_1 x_A - y_A x_1 + x_A = F_1 + x_A \tag{3-2}$$

若此时 $F_2 \geqslant 0$,应向 $+X$ 方向走一步到 $M_3(x_3, y_3)$,即

$$\begin{cases} x_3 = x_2 + 1 \\ y_3 = y_2 \end{cases}$$

M_3 处的偏差为

$$F_3 = y_3 x_A - y_A x_3 = y_2 x_2 - y_A x_2 - y_A = F_2 - y_A \tag{3-3}$$

这样递推下去,就可得到第 i 步的计算结果:

若 $F_i \geqslant 0$,则向 $+X$ 方向走一步,此时 $F_{i+1} = F_i - y_A$;

若 $F_i < 0$,则向 $+Y$ 方向走一步,此时 $F_{i+1} = F_i + x_A$。

起始时,设 $F_1 = 0$,即此时当前点位于直线的起点。由于偏差 F_i 的计算只用到了直线的终点坐标值 x_A、y_A,且只需进行加减运算,于是大大减少了计算量。

当直线位于其他象限时,规定 α 和 β 角的含义如图 3-5 所示。对于第二象限有

$$\begin{cases} \tan \alpha = \dfrac{|x_A|}{y_A} \\[2mm] \tan \beta = \dfrac{|x_M|}{y_M} \end{cases}$$

偏差判别式:

$$F = |x_M|\,y_A - |x_A|\,y_M$$

如果 $F_i \geqslant 0$,则向 $+Y$ 方向走一步,$x_{i+1}=x_i$,$y_{i+1}=y_i$ $+1$,$F_{i+1}=F_i-|x_A|$;

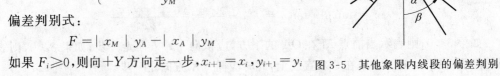

图 3-5　其他象限内线段的偏差判别

如果 $F_i < 0$,则向 $-X$ 方向走一步,$|x_{i+1}|=|x_i-1|=|x_i|+1$,$y_{i+1}=y_i$,$F_{i+1}=F_i+|y_A|$。

同理,可得第三、第四象限的偏差计算式。现将各象限偏差计算式归纳如表 3-1 所示。

表 3-1　各象限的偏差计算及判别式

象　限	$F_i \geqslant 0$	$F_i < 0$
一	向 $+X$ 方向走一步　$F_{i+1}=F_i-|y_A|$	向 $+Y$ 方向走一步　$F_{i+1}=F_i+|x_A|$
二	向 $+Y$ 方向走一步　$F_{i+1}=F_i-|x_A|$	向 $-X$ 方向走一步　$F_{i+1}=F_i+|y_A|$
三	向 $-X$ 方向走一步　$F_{i+1}=F_i-|y_A|$	向 $-Y$ 方向走一步　$F_{i+1}=F_i+|x_A|$
四	向 $-Y$ 方向走一步　$F_{i+1}=F_i-|x_A|$	向 $+X$ 方向走一步　$F_{i+1}=F_i+|y_A|$

2. 终点判别

设绘图步距为 Δt,直线在 X、Y 方向增量分别为 Δx 和 Δy,绘图笔从直线的起点画到终点,在 X 方向应走 $|\Delta x/\Delta t|$ 步,在 Y 方向应走 $|\Delta y/\Delta t|$ 步。取沿 X、Y 方向上应走的总步数 $n=|\Delta x/\Delta t|+|\Delta y/\Delta t|$ 作为终点判别的控制数存入计数器内。在 X 或 Y 方向上每走一步,计数器减 1,当计数器减至 0 时,作图停止。

事实上,在屏幕上的绘图步距 $\Delta t=1$,而直线的端点坐标是用像素坐标来表示的一个整数值,因此总走步数 $n=|\Delta x|+|\Delta y|$。

3.1.2　圆的生成

圆也是最重要的图形元素之一,它的生成方法有多边形逼近法、数值微分法、逐点比较法、正负法、最小偏差法、Bresenham 法等。在此介绍正负法生成圆的算法原理。

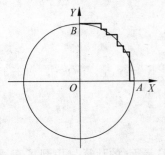

图 3-6　正负法生成圆

设要生成的圆的圆心位于坐标原点,半径为 R,如图 3-6 所示,则圆可表示为

$$F(x,y) = x^2 + y^2 - R^2 = 0$$

此时对于平面上任意一点 (x,y),若 $F(x,y)<0$,则该点在圆内;若 $F(x,y)>0$,则该点在圆外;若 $F(x,y)=0$,则该点正好落在圆上。

下面推导如图 3-6 所示的沿逆时针方向生成圆弧 AB 的

算法。

设当前点为 $M_1(x_i, y_i)$，确定下一走步点 $M_2(x_{i+1}, y_{i+1})$ 的原则如下。

当 $F(x_i, y_i) \geqslant 0$ 时，即当前点 $M_1(x_i, y_i)$ 在圆弧外或在圆弧上，应向 $-X$ 方向走一步，于是有 $x_{i+1} = x_i - 1, y_{i+1} = y_i$；

当 $F(x_i, y_i) < 0$ 时，即当前点 $M_1(x_i, y_i)$ 位于圆弧内，应向 $+Y$ 方向走一步，于是有 $x_{i+1} = x_i, y_{i+1} = y_i + 1$。

每走一步都要计算偏差 $F(x, y)$ 的值，为了提高计算速度，必须对偏差函数加以改造，得出递推表达式。

当 $F(x_i, y_i) \geqslant 0$ 时，有 $x_{i+1} = x_i - 1, y_{i+1} = y_i$，则

$$F(x_{i+1}, y_{i+1}) = x_{i+1}^2 + y_{i+1}^2 - R^2 = (x_i - 1)^2 + y_i^2 - R^2$$
$$= x_i^2 + y_i^2 - R^2 - 2x_i + 1 = F(x_i, y_i) - 2x_i + 1$$

当 $F(x_i, y_i) < 0$ 时，有 $x_{i+1} = x_i, y_{i+1} = y_i + 1$，则

$$F(x_{i+1}, y_{i+1}) = x_{i+1}^2 + y_{i+1}^2 - R^2 = x_i^2 + (y_i + 1)^2 - R^2$$
$$= x_i^2 + y_i^2 - R^2 + 2y_i + 1 = F(x_i, y_i) + 2y_i + 1$$

于是得到生成第一象限内圆弧的递推公式：

$$F(x_{i+1}, y_{i+1}) = \begin{cases} F(x_i, y_i) - 2x_i + 1, & F(x_i, y_i) \geqslant 0 \\ F(x_i, y_i) + 2y_i + 1, & F(x_i, y_i) < 0 \end{cases} \tag{3-4}$$

对于第二象限内的圆弧的走步规则规定为：如果 $F(x_i, y_i) \geqslant 0$，则应向 $-Y$ 方向走一步，否则应向 $-X$ 方向走一步。而位于第三象限内的圆弧的走步规则是：当 $F(x_i, y_i) \geqslant 0$，则向 $+X$ 方向走一步，否则向 $-Y$ 方向走一步。第四象限内的圆弧的走步规则是：当 $F(x_i, y_i) \geqslant 0$ 时，则向 $+Y$ 方向走一步，否则向 $+X$ 方向走一步。于是不难得出这些象限内生成圆弧的递推公式如下。

第二象限：

$$F(x_{i+1}, y_{i+1}) = \begin{cases} F(x_i, y_i) - 2y_i + 1, & F(x_i, y_i) \geqslant 0 \\ F(x_i, y_i) - 2x_i + 1, & F(x_i, y_i) < 0 \end{cases} \tag{3-5}$$

第三象限：

$$F(x_{i+1}, y_{i+1}) = \begin{cases} F(x_i, y_i) + 2x_i + 1, & F(x_i, y_i) \geqslant 0 \\ F(x_i, y_i) - 2y_i + 1, & F(x_i, y_i) < 0 \end{cases} \tag{3-6}$$

第四象限：

$$F(x_{i+1}, y_{i+1}) = \begin{cases} F(x_i, y_i) + 2y_i + 1, & F(x_i, y_i) \geqslant 0 \\ F(x_i, y_i) + 2x_i + 1, & F(x_i, y_i) < 0 \end{cases} \tag{3-7}$$

3.2　AutoCAD 基本绘图命令

复杂图形都是由各种简单的图形组成的。AutoCAD 提供了丰富的绘图命令，利用这些命令可以绘出各种基本图素，本节主要介绍 AutoCAD 的基本绘图命令，这些绘图命令都包含在"绘图"下拉菜单中，也可使用"绘图"工具栏中相应的图标按钮，如图 3-7 所示。

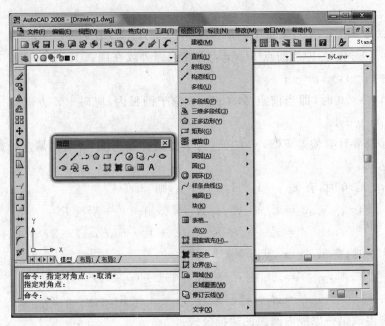

图 3-7　"绘图"下拉菜单与工具栏

3.2.1　点的输入方式

用 AutoCAD 绘图时,是靠给出一个个点的位置来实现的。如线段的端点、圆的圆心、圆弧的起点、终点和圆心等。在 AutoCAD 中,点的输入方法有以下几种。

1. 移动鼠标选点

移动鼠标,屏幕上的十字光标也随之移动,与此同时,状态栏中也动态地显示当前光标的坐标值,当光标位于屏幕上某一点时,单击鼠标,便将当前光标点的坐标输入给系统。

在 AutoCAD 中,坐标的显示有动态直角坐标、动态极坐标、静态直角坐标三种显示模式。

(1) 动态直角坐标

显示光标的绝对坐标值,即相对坐标系原点的坐标值,随着光标的移动坐标的显示连续更新,随时指示当前光标位置的坐标值。这种方式是 AutoCAD 的默认方式,如图 3-8(a)所示,三个数字依次表示当前点的 x、y 和 z 坐标,坐标值之间由逗号隔开。

(a)　　　　　　　　　　　　　　　　(b)

图 3-8　坐标显示

(a) 动态直角坐标显示;(b) 动态相对极坐标显示

(2) 动态极坐标

显示光标相对于上一个点的距离和角度(当前光标点和上一点连线对 X 轴正向的夹角),且坐标值随时更新。这种方式显示的是相对极坐标,如图 3-8(b)所示,前两个数字依次表示距离和角度,它们之间由符号"<"隔开,第三个数字表示当前点的 z 坐标,在绘制二维图形时,该坐标值始终为 0。事实上在三维绘图中,这种坐标方式又称为柱面坐标。

(3) 静态直角坐标

显示上一个选取点的坐标,只有在新的点被选取时,坐标显示的值才被更新。该方式下坐标显示区域是灰色的,表示动态显示被关闭。

用功能键 F6 可切换坐标显示模式。但当系统在"命令:"提示下时,是不支持动态极坐标显示的。此时,只能在动态直角坐标和静态直角坐标之间切换。

2. 输入点的绝对坐标

用键盘输入点的绝对坐标(指相对于当前坐标系原点的坐标)"x,y,z",按回车键确定输入。注意坐标之间应用逗号分隔。如果只输入两个坐标值,则系统自动确定该点的 z 坐标为 0,在绘制二维图形时都是采用这种输入方法。

3. 输入点的相对坐标

用键盘输入相对坐标,即相对于前一点的坐标。相对坐标的输入格式有两种,即相对直角坐标"$@x,y$"和相对极坐标"@距离<角度"。

4. 直接距离

用鼠标导向,用键盘直接输入相对于前一点的距离,按回车键确定。这种输入方式是相对极坐标的一种简化形式,系统自动测算当前十字光标与前一点连线相对于 X 轴正向的夹角作为极坐标输入中的角度值,而距离值通过键盘输入。

5. 捕捉

利用目标捕捉功能,在要求输入点的位置时捕捉图形的几何特征点(如圆心、交点、切点等),而不必输入该点的坐标。

3.2.2　画直线命令 line

该命令用于绘制二维或三维直线段。可以用以下方式激活:

(1) 下拉菜单"绘图"→"直线";

(2) 工具栏命令图标 ;

(3) 命令行命令 line。

单击相应的菜单项、工具栏按钮或在命令行输入命令后,该命令被激活,出现以下提示:

命令:line↙
指定第一点:(用鼠标给第 1 点)
指定下一点或[放弃(U)]:250,50↙　　(绝对直角坐标给第 2 点)
指定下一点或[放弃(U)]:@0,150↙　　(相对直角坐标给第 3 点)
指定下一点或[闭合(C)/放弃(U)]:@200<180↙　　(相对极坐标给第 4 点)
指定下一点或[闭合(C)/放弃(U)]:C↙　　(从 4 点画线到 1 点,封闭图形)

图 3-9 是完成以上操作后所得的图形。

输入 U 选项,则取消前一个输入的点,该选项可连续使用直到取消折线的起点。如果输入空格或回车,则结束命令;如果右击鼠标,则弹出如图 3-10 所示的光标菜单,选择"确认"选项,结束命令。

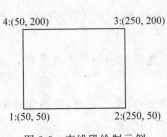

图 3-9 直线段绘制示例   图 3-10 光标菜单

有关事项说明如下：

（1）本书举例中，符号"↙"表示回车，提示行中带下划线的文字表示用户的输入或响应，括号内的文字是注解。

（2）用 line 命令所绘出的折线中的每一条直线段都是一个独立的实体，即可以对每一条直线段进行单独的编辑等操作。

（3）当在"指定第一点："提示下回车时，将以上次最后绘出的直线或圆弧的终点作为当前所绘直线的起点。

（4）若给出三维点的坐标，则可绘出三维直线段。

（5）当系统在执行命令过程中等待用户输入选项时，用户可右击鼠标，弹出光标菜单，在其上提供了各种选择项。后面介绍的命令中将不再讲述光标菜单的内容。

（6）如果完成一个命令后，按回车键或空格键，则重复执行该命令。

（7）在 AutoCAD 的操作中，绝大部分情况下，空格键与回车键是等效的，只有在输入文本时例外。

3.2.3 画构造线命令 xline

该功能用于绘制在两个方向上无限延长的二维或三维双向构造线。本节只介绍 xline 命令绘制二维双向构造线的功能。可以用以下方式激活：

（1）下拉菜单"绘图"→"构造线"；

（2）工具栏命令图标；

（3）命令行命令 xline。

激活该命令后，出现如下提示：

指定点或［水平 (H)/垂直 (V)/角度 (A)/二等分 (B)/偏移 (O)］：

各选项含义及操作如下所述。

1. 输入起点

直接给起点后，可画一条或一组穿过起点和各通过点的无穷长直线。输入一点后，出现如下提示：

指定通过点：(继续画线则输入一点，如果回车或右击鼠标便结束命令)

每输入一个通过点就通过该点画一条射线，并出现相同的提示。如果在该提示下回车或单击鼠标右键，便结束绘图。

2. H 选项

在第一提示行后输入 H，可画一条或一组穿过指定点并平行于 X 轴的构造线。

3. V 选项

在第一提示行后输入 V,可画一条或一组穿过指定点并平行于 Y 轴的构造线。操作方法与 H 选项的相同。

4. A 选项

该选项画一条或一组指定角度的构造线。选项后,按提示先输入角度,再输入通过点画线。

5. B 选项

该选项可通过给三个点画一条或一组构造线,该直线穿过第 1 点并平分第 1 点为顶点,与第 2 点和第 3 点组成的夹角。即该选项绘制角平分线。选择该项后,提示如下:

选择角的顶点：(拾取角的顶点 A)
选择角的起点：(拾取角的端点 B)
选择角的端点：(拾取角的端点 C)
选择角的端点：↙

以上操作过程如图 3-11 所示。

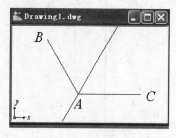

图 3-11　角平分线

6. O 选项

选择该项后,出现如下提示:

指定偏移距离或[通过(T)]<默认距离>:

在此提示下,用户可以输入构造线与线性对象之间的偏移距离,或者输入 T 选项,使构造线通过指定点。输入距离后,AutoCAD 继续提示:

选择直线对象：(拾取一条线性对象,如 line、polyline、ray 或 xline)
指定要偏移的边：(在选中对象的一侧拾取一点,以确定偏移方向)

如果选择 T 选项,AutoCAD 后续提示如下:

选择直线对象：(拾取一条线性对象,如 line、polyline、ray 或 xline)
指定通过点：(输入一点,画一条通过该点并平行于被选直线的构造线)

在绘制工程图时,需要绘制一些辅助线以完成绘图工作,因此可以使用该命令作辅助线,利用这些辅助线就可快速、准确地绘出所需的图形了。构造线一般放在单独一个图层上,当不需要它们时,将构造线所在的层关闭即可。

3.2.4　画圆命令 circle

该命令提供了 6 种画圆的方式。可以用以下方式激活:

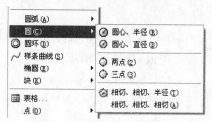

图 3-12　画圆命令下拉菜单

(1) 下拉菜单"绘图"→"圆",如图 3-12 所示;

(2) 工具栏命令图标◉;

(3) 命令行命令 circle。

AutoCAD 中的 6 种绘制圆的方式,分别与其下拉菜单中 6 个选项对应。下面介绍这 6 种画圆方式。

1. 用圆心、半径画圆

根据输入的圆心和半径画圆。输入圆心后,可用键盘输入半径值或用鼠标拾取一点来确定圆的大小,拾取点到圆心的距离就是圆的半径,AutoCAD 会依照光标位置动态显示,如图 3-13(a)所示。激活命令后,系统提示如下:

指定圆的圆心或［三点(3P)/两点(2P)/相切、相切、半径(T)］:(输入圆心点)

指定圆的半径或［直径(D)］<默认值>:(输入半径或拾取一点)

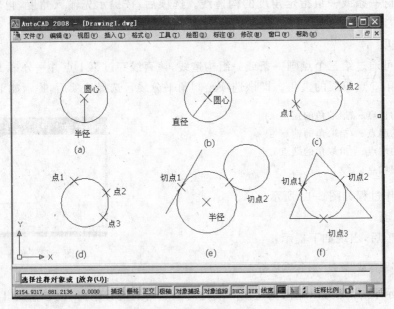

图 3-13　圆的各种绘制方式

2. 用圆心、直径画圆

根据输入的圆心和直径画圆。直径可用键盘输入也可用鼠标拾取一点来确定圆的直径,拾取点到圆心的距离就是圆的直径,如图 3-13(b)所示。用下拉菜单激活命令后,系统提示如下:

命令: circle↙

指定圆的圆心或［三点(3P)/两点(2P)/相切、相切、半径(T)］:(输入圆心点)

指定圆的半径或［直径(D)］<默认值>: _d指定圆的直径<默认值>:(输入直径或拾取一点)

如果在命令行用_circle命令或工具栏按钮激活命令,系统提示如下:

命令: circle↙

指定圆的圆心或［三点(3P)/两点(2P)/相切、相切、半径(T)］:(输入圆心点)

指定圆的半径或［直径(D)］<默认值>:(用 d 响应,选择直径方式画圆)

指定圆的直径:(输入直径或拾取一点)

由于采用不同方式激活命令,系统的提示不同。下面以命令行方式激活命令给出系统的提示内容,如果使用下拉菜单项激活命令,其操作方法与之类似,并且更简洁。

3. 用两点画圆

输入两点画圆,圆的直径是两点之间的距离,且圆通过给定的两点。如图 3-13(c)所示。

命令: circle↙

指定圆的圆心或［三点(3P)/两点(2P)/相切、相切、半径(T)］:2p↙

指定圆直径的第一个端点：(输入一点)
指定圆直径的第二个端点：(输入另一点)

4. 用三点画圆

输入三点画圆，且圆通过给定的三点。如图 3-13(d)所示。

命令：`circle`↙
指定圆的圆心或[三点(3P)/两点(2P)/相切、相切、半径(T)]：3p↙
指定圆上的第一点：(输入第一点)
指定圆上的第二点：(输入第二点)
指定圆上的第三点：(输入第三点)

5. 用相切、相切、半径画圆

绘制一个与用户选择的两个图形对象相切的圆，圆的大小由给定的半径确定。如图 3-13(e)所示。

命令：`circle`↙
指定圆的圆心或[三点(3P)/两点(2P)/相切、相切、半径(T)]：ttr↙
在对象上指定一点作圆的第一条切线：(拾取第一个被切对象)
在对象上指定一点作圆的第二条切线：(拾取第二个被切对象)
指定圆的半径<默认值>：(输入半径)

在拾取被切对象时，拾取位置的不同将决定绘制的圆的位置，因此应根据要画的圆的位置来确定拾取点的位置。

6. 用相切、相切、相切画圆

绘制一个与用户选择的三个图形对象都相切的圆。如图 3-13(f)所示。用下拉菜单激活命令后的操作过程如下：

命令：`_circle` 指定圆的圆心或 [三点(3P)/两点(2P)/相切、相切、半径(T)]：3p↙
指定圆上的第一点：`_tan` 到 (拾取第一个被切对象)
指定圆上的第二点：`_tan` 到 (拾取第二个被切对象)
指定圆上的第三点：`_tan` 到 (拾取第三个被切对象)

3.2.5 画圆弧命令 arc

该命令用于提供 11 种方式绘制圆弧。可以用以下方式激活：
(1) 下拉菜单"绘图"→"圆弧"，如图 3-14 所示；
(2) 工具栏命令图标 ；
(3) 命令行命令 arc。

下面介绍在命令行激活圆弧命令的操作方式，这些方式在下拉菜单中分别都有对应的选项。

1. 用三点画圆弧

输入圆弧上的起点、圆弧上的任意一点和圆弧的终点绘制一条圆弧。在输入圆弧终点时，AutoCAD会动态显示由当前光标所在位置确定的圆弧，用户可以在屏幕上拖动光标以预览圆弧。

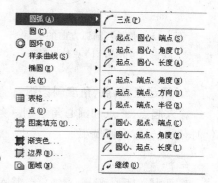

图 3-14　画圆弧命令下拉菜单

命令：arc↙
指定圆弧的起点或[圆心(CE)]：(输入圆弧的起点)
指定圆弧的第二点或[圆心(CE)/端点(EN)]：(输入圆弧上的一点)
指定圆弧的端点：(输入圆弧的终点)

2．用起点、圆心、端点画圆弧

输入圆弧的起点、圆心和终点绘制一条从起始点沿逆时针方向绘制到终点的圆弧。圆弧的半径由起点和圆心的距离确定，终点只确定所绘圆弧的弧长，因而圆弧不一定通过终点，除非终点恰好落在弧上。

命令：arc↙
指定圆弧的起点或[圆心(CE)]：(输入圆弧的起点)
指定圆弧的第二点或[圆心(CE)/端点(EN)]：ce↙　　(如果是用菜单激活 arc 命令，则系统自动选择圆心选项，而不需要用户输入"ce"字符)
指定圆弧的圆心：(输入圆弧的圆心位置)
指定圆弧的端点或[角度(A)/弦长(L)]：(输入圆弧的终点)

3．用起点、圆心、角度画圆弧

输入起点、圆心、圆心角绘制一条圆弧，圆弧的半径是起点到圆心的距离，如果圆心角为正，则从起点沿逆时针方向画弧，否则沿顺时针方向画弧。

命令：arc↙
指定圆弧的起点或[圆心(CE)]：(输入圆弧的起点)
指定圆弧的第二点或[圆心(CE)/端点(EN)]：ce↙
指定圆弧的圆心：(输入圆弧的圆心位置)
指定圆弧的端点或[角度(A)/弦长(L)]：a↙
指定包含角：(输入圆弧的圆心角)

4．用起点、圆心、长度画圆弧

输入起点、圆心和弦长绘制圆弧。弦长可以是正值，也可以是负值，如果是正值，则绘制弦线所对的小圆弧；如果是负值，则绘制弦线所对的大圆弧，如图 3-15 所示。

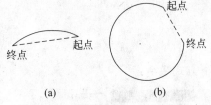

图 3-15　弦长与圆弧方向的关系
(a) 弦长为正值；(b) 弦长为负值

命令：arc↙
指定圆弧的起点或[圆心(CE)]：(输入圆弧的起点)
指定圆弧的第二点或[圆心(CE)/端点(EN)]：ce↙
指定圆弧的圆心：(输入圆弧的圆心位置)
指定圆弧的端点或[角度(A)/弦长(L)]：L↙
指定弦长：(输入圆弧的弦长)

5．用起点、端点、角度画圆弧

输入起点、终点和圆心角绘制一条圆弧。圆心角为正时，逆时针方向画圆弧；圆心角为负时，顺时针方向画圆弧。

命令：arc↙
指定圆弧的起点或[圆心(CE)]：(输入圆弧的起点)
指定圆弧的第二点或[圆心(CE)/端点(EN)]：en↙

指定圆弧的端点：(输入圆弧的终点)

指定圆弧的圆心或［角度(A)/方向(D)/半径(R)］：a↙

指定包含角：(输入圆弧的圆心角)

6. 用起点、端点、方向画圆弧

输入起点、终点和圆弧在起点处的切线方向绘制圆弧。

命令：arc↙

指定圆弧的起点或［圆心(CE)］：(输入圆弧的起点)

指定圆弧的第二点或［圆心(CE)/端点(EN)］：en↙

指定圆弧的端点：(输入圆弧的终点)

指定圆弧的圆心或［角度(A)/方向(D)/半径(R)］：d↙

指定圆弧的起点切向：(输入切线角度或输入一点以确定圆弧切线)

7. 用起点、端点、半径画圆弧

输入起点、终点和半径绘制圆弧。在这种方式下只能沿逆时针方向画圆弧，如果半径为正，则得到起点和终点间的小圆弧；如果半径为负，则得到起点和终点间的大圆弧，如图 3-16 所示。

命令：arc↙

指定圆弧的起点或［圆心(CE)］：(输入圆弧的起点)

指定圆弧的第二点或［圆心(CE)/端点(EN)］：en↙

指定圆弧的端点：(输入圆弧的终点)

指定圆弧的圆心或［角度(A)/方向(D)/半径(R)］：

r↙

指定圆弧半径：(输入圆弧的半径)

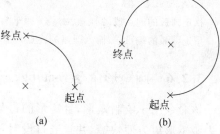

图 3-16　半径的正负对圆弧的影响

(a) 半径为正值；(b) 半径为负值

8. 用圆心、起点、端点画圆弧

输入圆心、圆弧起点和终点绘制一条从起点沿逆时针方向到终点的圆弧。

命令：arc↙

指定圆弧的起点或［圆心(CE)］：c↙

指定圆弧的圆心：(输入圆弧的圆心位置)

指定圆弧的起点：(输入圆弧的起点)

指定圆弧的端点或［角度(A)/弦长(L)］：(输入圆弧的终点)

9. 用圆心、起点、角度画圆弧

输入圆心、圆弧起点和圆心角绘制一条圆弧。如输入角度为正，则沿逆时针画弧；输入角度为负，则沿顺时针方向画弧。

命令：arc↙

指定圆弧的起点或［圆心(CE)］：c↙

指定圆弧的圆心：(输入圆弧的圆心位置)

指定圆弧的起点：(输入圆弧的起点)

指定圆弧的端点或［角度(A)/弦长(L)］：a↙

指定包含角：(输入圆弧的圆心角)

10. 用圆心、起点、长度画圆弧

输入圆心、圆弧的起点和弦长画一条圆弧。输入弦长的值可正可负。为正时,画小圆弧;为负时则画大圆弧,如图 3-15 所示。

命令：arc↙
指定圆弧的起点或［圆心 (CE)］: c↙
指定圆弧的圆心：(输入圆弧的圆心位置)
指定圆弧的起点：(输入圆弧的起点)
指定圆弧的端点或［角度 (A) /弦长 (L)］: L↙
指定弦长：(输入圆弧的弦长)

11. 用连续方式画弧

在这种方式下,可以从先前画的一段圆弧或直线的终点开始继续画下段圆弧。该圆弧与前一段圆弧或直线相切。命令激活后,系统要求输入圆弧的起点时回车响应,然后输入圆弧的终点便完成圆弧的绘制。

命令：arc↙
指定圆弧的起点或［圆心 (CE)］:(回车响应即可)
指定圆弧的端点：(输入圆弧的终点)

3.2.6　画矩形命令 rectang

该命令用于绘制矩形,且矩形的边分别平行于当前坐标系的 X 轴和 Y 轴,这样比用直线去画矩形更方便快捷,并且通过设置还可将矩形绘制成倒圆、倒角的图形。该命令可用以下方式激活:

(1) 下拉菜单"绘图"→"矩形";
(2) 工具栏命令图标□;
(3) 命令行命令 rectang。
在下拉菜单、工具栏按钮或命令行中激活该命令后,出现如下提示:

命令：rectang↙
指定第一个角点或［倒角 (C) /标高 (E) /圆角 (F) /厚度 (T) /宽度 (W)］:(输入一个点)
指定另一个角点：(输入另一个点)

完成如上操作,便绘制出一个完整的矩形,如图 3-17 所示。如果要绘制倒角的矩形,则在提示行中用"C"响应,系统的后续提示如下:

指定矩形的第一角倒角距离<默认值>：(给定一个值)
指定矩形的第二角倒角距离<默认值>：(给定一个值)
指定第一个角点或［倒角 (C) /标高 (E) /圆角 (F) /厚度 (T) /宽度 (W)］:

此时输入两个点便绘制一个倒角的矩形,如图 3-17 所示。经过以上设置,绘图时再执行此命令都将按给定的值绘制倒角的矩形,除非重新设置参

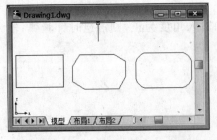

图 3-17　绘制矩形的示例

数。至于矩形的边是按哪一个倒角距离倒角,与矩形两输入角点的相对位置和输入的先后次序有关。

如果用 F 响应,则后续提示如下:

　　指定矩形的圆角半径<默认值>: (输入一个值)
　　指定第一个角点或[倒角(C)/标高(E)/圆角(F)/厚度(T)/宽度(W)]:

此时给定两个点后,将绘制一个倒圆的矩形,如图 3-17 所示。重复执行该命令绘制的矩形都是按设定值倒圆的矩形。

W 选项可设置矩形的线宽,其默认值为 0。厚度(T)和标高(E)选项用于三维绘图中的参数设定,此处不再赘述。

3.2.7　画正多边形命令 polygon

该命令用于绘制正多边形。可以用以下方式激活:
(1) 下拉菜单:“绘图”→“正多边形”;
(2) 工具栏命令图标 ⬡;
(3) 命令行命令 polygon。

该命令提供了已知边长绘制正多边形、已知外接圆绘制正多边形和已知内切圆绘制正多边形三种方式。操作方法如下。

1. 已知边长绘制正多边形

命令: polygon↙
输入边的数目<默认值>: (输入多边形的边数)
指定多边形的中心点或[边(E)]: e↙
指定边的第一个端点: (输入一个边长的起点)
指定边的第二个端点: (输入该边长的终点)

起点和终点的距离决定正多边形的边长,两点的相对位置决定正多边形的位置,正多边形总是按逆时针方向绘制,如图 3-18(a) 所示。

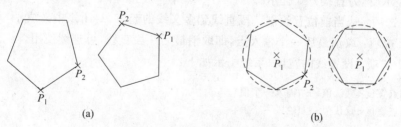

图 3-18　绘制正多边形示例

(a) 边长方式绘制正多边形; (b) 外接圆方式绘制正多边形

2. 已知正多边形的外接圆绘制正多边形

命令: polygon↙
输入边的数目<默认值>: (输入多边形的边数)
指定多边形的中心点或[边(E)]: (输入外接圆的圆心)
输入选项[内接于圆(I)/外切于圆(C)]<默认值>: I↙

指定圆的半径：(输入外接圆的半径或一点)

如果输入为半径值，则正多边形的一边为水平方向；若输入为一个点，则该点将作为多边形的一个顶点，如图 3-18(b)所示。

3. 根据假设的多边形的内切圆绘制正多边形

命令：polygon↙
输入边的数目<默认值>：(输入多边形的边数)
指定多边形的中心点或[边(E)]：(输入内切圆的圆心)
输入选项[内接于圆(I)/外切于圆(C)]<默认值>：c↙
指定圆的半径：(输入内切圆的半径或一点)

3.2.8　画二维多义线命令 pline

该命令用于绘制由不同宽度、不同线型的直线或圆弧组成的连续线段。AutoCAD 把多义线看成是一个单一的实体，并可用多义线编辑命令 pedit 进行各种编辑操作。可用以下方式激活：

(1) 下拉菜单"绘图"→"多段线"；
(2) 工具栏命令图标⤵;
(3) 命令行命令 pline。

画二维多义线的命令操作过程如下：

命令：pline↙
指定起点：(输入多段线的起点)
当前线宽为 0.0000(提示当前线宽值)
指定下一点或[圆弧(A)/闭合(C)/半宽(H)/长度(L)/放弃(U)/宽度(W)]：

在上面的提示行后输入一点或选项以实现不同的功能，下面介绍各选项的功能。

(1) 直接输入一个点的坐标，则按当前线宽从起点绘制一段直线到该点，之后系统将重复上面的提示(称为直线方式提示)。

(2) C 选项：从当前位置绘制一段直线到多义线的起点，封闭该多义线。

(3) U 选项：取消最后一个输入点，即取消最后一段直线，可连续使用。

(4) W 选项：设置线的宽度，系统提示如下：

指定起点宽度<默认值>：(输入一个值)
指定端点宽度<默认值>：(输入一个值)

系统又返回到直线方式提示。如果输入的两个值不等，则绘制一条变宽度的直线。

(5) H 选项：设置多义线的半线宽度。系统提示与 W 选项类似。

(6) L 选项：给定所要绘制的直线长度，如果前面的线为直线，则此时要绘制的直线与上一条直线同方向；如果前面的线为圆弧，则此时要绘制的直线的方向是圆弧终点处的切线方向。系统将继续提示：

指定直线的长度：(输入一个值或给一个点)

如果输入一个点，则该点到上一点距离作为直线的长度。系统返回直线提示方式。

（7）输入 A，下面一段线将要绘制圆弧，系统的提示将变为圆弧方式提示：

指定圆弧的端点或［角度 (A) /圆心 (CE) /闭合 (CL) /方向 (D) /半宽 (H) /直线 (L) /半径 (R) /第二点 (S) /放弃 (U) /宽度 (W)］：

① 直接输入一个点，则画圆弧到该点。

② A 选项：输入圆弧的圆心角，系统提示如下：

指定包含角：(输入一个角度值)

指定圆弧的端点或［圆心 (CE) /半径 (R)］：

在上面的提示中有三个选项完成圆弧的绘制。然后系统又返回到圆弧提示方式。

③ CE 选项：指定圆弧的圆心，与 ARC 命令中圆心选项相同，允许根据起点、圆心及包含的角度或弦长或终点绘制圆弧。

④ CL 选项：用圆弧封闭该多义线。

⑤ D 选项：设置圆弧起点方向。一般情况下圆弧总是与前面的圆弧或直线相切，选择该项后，不再保证相切。系统继续提示输入圆弧的端点。

⑥ H 选项：设置线的半宽。

⑦ L 选项：返回直线方式，后续提示变成直线方式提示。

⑧ R 选项：输入圆弧的半径。

⑨ S 选项：输入圆弧的第二点，转为三点绘圆弧方式。

⑩ U 选项：取消最后一个点，即取消最后一段圆弧，可连续使用。

⑪ W 选项：设置线的宽度。

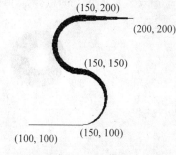

【例 3-1】　绘制如图 3-19 所示图形。

命令：pline↙
指定起点：100,100↙
当前线宽为 0.0000

图 3-19　pline 命令举例

指定下一点或［圆弧 (A) /闭合 (C) /半宽 (H) /长度 (L) /放弃 (U) /宽度 (W)］：150,150↙
指定下一点或［圆弧 (A) /闭合 (C) /半宽 (H) /长度 (L) /放弃 (U) /宽度 (W)］：A↙
指定圆弧的端点或［角度 (A) /圆心 (CE) /闭合 (CL) /方向 (D) /半宽 (H) /直线 (L) /半径 (R) /第二点 (S) /放弃 (U) /宽度 (W)］：W↙
指定起点宽度 < 0.0000 > ：↙
指定端点宽度 < 0.0000 > ：5↙
指定圆弧的端点或［角度 (A) /圆心 (CE) /闭合 (CL) /方向 (D) /半宽 (H) /直线 (L) /半径 (R) /第二点 (S) /放弃 (U) /宽度 (W)］：150,150↙
指定圆弧的端点或［角度 (A) /圆心 (CE) /闭合 (CL) /方向 (D) /半宽 (H) /直线 (L) /半径 (R) /第二点 (S) /放弃 (U) /宽度 (W)］：150,200↙
指定圆弧的端点或［角度 (A) /圆心 (CE) /闭合 (CL) /方向 (D) /半宽 (H) /直线 (L) /半径 (R) /第二点 (S) /放弃 (U) /宽度 (W)］：L↙
指定下一点或［圆弧 (A) /闭合 (C) /半宽 (H) /长度 (L) /放弃 (U) /宽度 (W)］：200,200↙
指定下一点或［圆弧 (A) /闭合 (C) /半宽 (H) /长度 (L) /放弃 (U) /宽度 (W)］：↙

3.2.9 画圆环命令 donut

该命令用于绘制一个实心的或空心的圆与圆环。圆环的参数包括圆心、内径和外径。可以用以下方式激活：

(1) 下拉菜单"绘图"→"圆环"；

(2) 命令行命令 donut。

画圆环命令的操作过程如下：

命令：donut↙

指定圆环的内径<默认值>：(输入圆环的内径)

指定圆环的外径<默认值>：(输入圆环的外径)

指定圆环的中心点<退出>：(输入圆环的中心位置)

指定圆环的中心点<退出>：(可继续绘制，也可回车结束命令)

如果圆环内径输入值为 0，则绘制实心的圆。圆环是否填充取决于系统变量 FILLMODE 的值，当 FILLMODE＝0 时不填充，FILLMODE＝1 时填充，如图 3-20 所示。系统变量修改方法如下：

命令：fillmode↙

输入 FILLMODE 的新值<默认值>：0↙

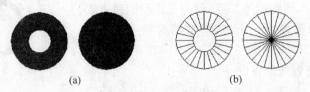

(a)　　　　　　　　　　(b)

图 3-20　实心圆及圆环

(a) 填充；(b) 不填充

3.2.10 文本标注命令 dtext

该命令可以采用不同的字体、字高、比例、倾斜角、定位方式等手段绘制文本和特殊字符。可以用以下方式激活：

(1) 下拉菜单"绘图"→"文字"→"单行文字"，如图 3-21 所示；

(2) 命令行命令 dtext。

文本标注命令的操作过程如下：

命令：dtext↙

当前文字样式：Standard

文字高度：当前值(当前值是一个数)

指定文字的起点或[对正(J)/样式(S)]：

以上提示中有三个选项，其功能分别如下所述。

1. 指定文字的起点

输入一点，该点作为文本串下基线的左端始点，文本将依次向右书写，系统继续提示：

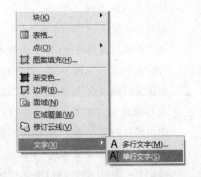

图 3-21　文本命令下拉菜单

指定高度<当前值>：(输入文本的字高)

指定文字的旋转角度<当前值>：(输入文本行的倾斜角度)

输入文字：(输入文本串)

在输入文本串的同时,字符也动态地显示在图中指定的位置。如果需要换行书写,则回车结束该行,在"输入文字:"提示后继续书写文本。如果要在其他位置书写文本,则可用鼠标直接在该位置处单击后,提示行出现新的一行提示"输入文字:",在后面继续书写即可。

2. J 选项

选择文本串的定位方式,系统将继续提示:

输入选项[对齐 (A) /调整 (F) /中心 (C) /中间 (M) /右 (R) /左上 (TL) /中上 (TC) /右上 (TR) /左中 (ML) /正中 (MC) /右中 (MR) /左下 (BL) /中下 (BC) /右下 (BR)]:

用户在该提示行后输入关键字(括号内字母),确定需要的定位方式。

(1) A 选项:根据文本串下基线的首尾两端点绘制文本串,此时文本串的所有字符均匀分布在两点之间,字高将根据文本串的总长及高宽比例自动确定,旋转角度是首尾两点的连线的倾角。系统将提示输入首尾两个端点,然后输入文本串。

(2) F 选项:该选项与 A 选项类似,差别是字高由用户输入。

(3) C 选项:根据文本串下基线的中点绘制文本串,用户还需输入字高和转角。

(4) M 选项:根据文本串所构成的矩形的范围的中心点绘制文本串。

(5) R 选项:根据文本串下基线的右端点绘制文本串。

(6) TL 选项:根据文本串左上角点绘制文本串。

(7) TC 选项:根据文本串上边的中点绘制文本串。

(8) TR 选项:根据文本串右上角点绘制文本串。

(9) ML 选项:根据文本串中线左端点绘制文本串。

(10) MC 选项:根据文本串中线中点绘制文本串。

(11) MR 选项:根据文本串中线右端点绘制文本串。

(12) BL 选项:根据文本串左下角点绘制文本串。

(13) BC 选项:根据文本串底线的中心点绘制文本串。

(14) BR 选项:根据文本串右下角点绘制文本串。

3. S 选项

选择不同的字体,默认字体是 Standard。其他字体可由用户通过使用 style 命令调入系统,选择此项后,系统将继续提示:

输入样式名或[?]<Standard>:(输入字体名或查询已有字体)

在书写字符时,用户可以输入键盘上存在的普通字符,除此之外,系统还提供了一些常用的但键盘上又没有的特殊字符的输入手段,它的输入方式是依靠两个百分号"％％"加以控制,具体格式如下:

％％o——打开或关闭上划线的书写格式;

％％u——打开或关闭下划线的书写格式;

％％d——绘制度即"°"符号;

％％p——绘制误差允许符号"±";

%%c——绘制圆的直径符号"φ";

%%%——绘制百分号"%";

%%nnn——绘制 ASCII 为 nnn 的符号。

3.2.11　字体样式命令 style

该功能用于定义字体样式。AutoCAD 默认设置只定义了一个名为 Standard 字体样式,但用户可在同一张图中定义多个字体样式,每一个字体样式有一个名字。可以用以下方式激活:

(1) 下拉菜单"格式"→"文字样式";

(2) 命令行命令 style。

执行该命令后,AutoCAD 弹出文字样式对话框,如图 3-22 所示,利用该对话框可定义文本字体样式,用户可单击"新建"按钮定义新的字体样式的名称,在字体编辑框中选取某一字体文件来定义自己的字体样式,在效果编辑框中确定字体的特征。

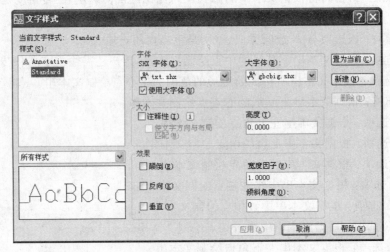

图 3-22　"文字样式"对话框

对话框说明如下:

(1) AutoCAD 支持 TrueType 字体。即字体样式可以由 TrueType 字体定义。

(2) AutoCAD 也支持亚洲语言的大字体文件,只有在"字体名"中指定后缀为 SHX 的文件,才可以使用"大字体"。

(3) 当在高度编辑框给定一高度值,那么 dtext 命令标注文本时就不在提示输入字高,所标注的字高为字体样式中所规定的值。如果高度值为 0,则表示字高将在 dtext 命令中设置。

3.2.12　多重文本命令 mtext

该命令按指定的文本行宽度标注多行文本。可以用以下方式激活:

(1) 下拉菜单"绘图"→"文字"→"多行文字",如图 3-21 所示;

(2) 工具栏命令图标**A**;

（3）命令行命令 mtext。

多重文本命令的操作过程如下：

命令：mtext ↙
当前文字样式："Standard"
文字高度：2.5 ↙
指定第一角点：(输入文本矩形区域的第一角点)
指定对角点或[高度(H)/对正(J)/行距(L)/旋转(R)/样式(S)/宽度(W)]：

在上一提示中，如果输入一个点，则系统打开如图 3-23 所示的多行文字编辑器，用户可在编辑器中输入文本，并可在其内设置文本的格式。完成输入后单击"确定"按钮结束该命令，文本便写入指定位置，如图 3-24 所示，图中 P1、P2 点是两个输入角点的位置。

图 3-23　多行文字编辑器对话框

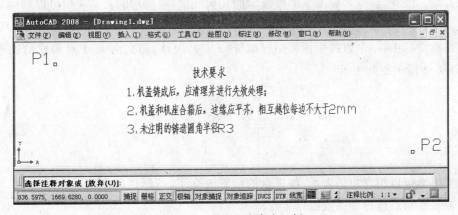

图 3-24　多重文本命令示例

文本格式也可在提示行中选择相应的项进行设置。

（1）H 选项：设置字符高度；

（2）J 选项：设置文本的对齐方式，与 dtext 命令中相同；

（3）L 选项：设置文本的行间距；

（4）R 选项：设置文本的旋转角度；

（5）S 选项：设置文本的字体；

（6）W 选项：设置字符的宽度。

第4章　计算机图形变换方法

在交互绘图过程中,常常需要对图形进行各种变换,如图形的缩放、平移、旋转等,以便使设计者更快速地完成设计任务。事实上,在进行设计过程中,大部分的工作是修改设计图纸。因此,任何一个绘图软件都为用户提供各种图形编辑功能,如图形的缩放、平移、旋转、拷贝等。这些图形编辑功能是以图形变换为基础的,本章主要阐述与这些图形编辑功能有关的图形变换方法,即二维图形的几何变换理论和相应的编辑命令。

4.1　图形变换的方法

图形可以看成由许多图线组成,而图线又可以看成由点构成,所以,一幅图形可以看成是一个点集。因此,点是构成图形的最基本的几何元素,对图形的几何变换可以归结为对点的变换。

在二维空间中,一个点的坐标可用行向量$[x \quad y]$表示,那么由 m 个点构成的图形点集可以用 $m \times 2$ 阶的矩阵表示:

$$\begin{bmatrix} x_1 & y_1 \\ x_2 & y_2 \\ \vdots & \vdots \\ x_m & y_m \end{bmatrix}$$

既然图形可以用点集来表示,如果点的位置改变了,图形也就改变了。因此,要对图形进行变换只要对点进行变换就可以了。

由于点集可用矩阵的形式来表达,因此对点的变换可以通过相应的矩阵运算来实现。由矩阵乘法运算可知,行向量$[x \quad y]$只能与一个 2×2 阶矩阵相乘,设该矩阵为

$$T = \begin{bmatrix} a & b \\ c & d \end{bmatrix}$$

于是有

$$[x \quad y]T = [ax + cy \quad bx + dy] = [x' \quad y']$$

上式的几何含义是将点 P 由初始坐标(x, y)变换成新坐标(x', y')。即

$$\begin{cases} x' = ax + cy \\ y' = bx + dy \end{cases}$$

矩阵$\begin{bmatrix} a & b \\ c & d \end{bmatrix}$称为变换矩阵,变换后的新点的坐标由变换矩阵中各个元素决定。变换矩阵中各个元素取值不同,可实现各种不同的变换。因此,利用矩阵乘法运算,可以用来完成点集的几何变换。这种方法是计算机图形学的数学基础。

4.2 二维图形几何变换

4.2.1 二维基本变换

1. 比例变换

在变换矩阵 $\boldsymbol{T}$ 中令 $b=c=0$，则得比例变换矩阵

$$\boldsymbol{T}_\mathrm{s} = \begin{bmatrix} a & 0 \\ 0 & d \end{bmatrix}, \quad a>0, d>0 \tag{4-1}$$

于是比例变换可写成

$$\begin{bmatrix} x & y \end{bmatrix} \begin{bmatrix} a & 0 \\ 0 & d \end{bmatrix} = \begin{bmatrix} ax & dy \end{bmatrix} = \begin{bmatrix} x' & y' \end{bmatrix}$$

由此可见，a、d 分别是 X、Y 方向上的比例因子。

讨论：

(1) 若 $a=d=1$，则为恒等变换，即变换前后点的坐标不变；

(2) 若 $a=d\ne 1$，则为等比变换，变换结果是图形等比例放大 $(a=d>1)$ 或等比例缩小 $(a=d<1)$；

(3) 若 $a\ne d$，则变换后图形将产生畸变。如图 4-1 所示，若变换矩阵为 $\begin{bmatrix} 2.5 & 0 \\ 0 & 2 \end{bmatrix}$，则三角形 ABC 的变换结果为

$$\begin{matrix} A \\ B \\ C \end{matrix} \begin{bmatrix} 2 & 1 \\ 1 & 3 \\ 3 & 3 \end{bmatrix} \begin{bmatrix} 2.5 & 0 \\ 0 & 2 \end{bmatrix} = \begin{bmatrix} 5 & 2 \\ 2.5 & 6 \\ 7.5 & 6 \end{bmatrix} \begin{matrix} A' \\ B' \\ C' \end{matrix}$$

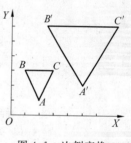

图 4-1 比例变换

2. 镜像变换

1) 关于 X 轴的镜像变换

由几何关系可知变换前后，点的 X 坐标不变，而 Y 坐标反号，因此变换矩阵为

$$\boldsymbol{T}_{\mathrm{m}X} = \begin{bmatrix} 1 & 0 \\ 0 & -1 \end{bmatrix} \tag{4-2}$$

$$\begin{bmatrix} x & y \end{bmatrix} \begin{bmatrix} 1 & 0 \\ 0 & -1 \end{bmatrix} = \begin{bmatrix} x & -y \end{bmatrix} = \begin{bmatrix} x' & y' \end{bmatrix}$$

三角形 ABC 的变换结果如图 4-2(a)所示。

2) 关于 Y 轴的镜像变换

点对 Y 轴的镜像变换应有

$$x' = -x, \quad y' = y$$

则变换矩阵为

$$\boldsymbol{T}_{\mathrm{m}Y} = \begin{bmatrix} -1 & 0 \\ 0 & 1 \end{bmatrix} \tag{4-3}$$

$$\begin{bmatrix} x & y \end{bmatrix} \begin{bmatrix} -1 & 0 \\ 0 & 1 \end{bmatrix} = \begin{bmatrix} -x & y \end{bmatrix} = \begin{bmatrix} x' & y' \end{bmatrix}$$

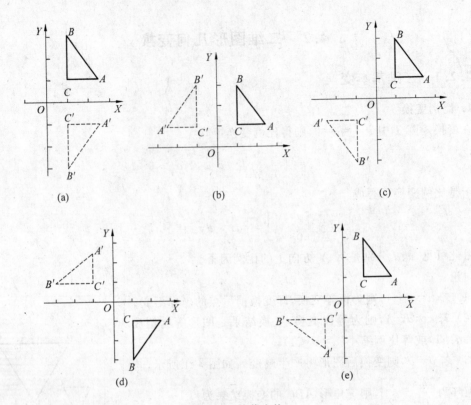

图 4-2　镜像变换

（a）关于 X 轴的镜像变换；（b）关于 Y 轴的镜像变换；（c）关于坐标原点的镜像变换；

（d）关于直线 $y=x$ 的镜像变换；（e）关于直线 $y=-x$ 的镜像变换

三角形 ABC 的变换结果如图 4-2(b)所示。

3）关于坐标原点的镜像变换

点对坐标原点的镜像变换必然有

$$x' = -x, \quad y' = -y$$

则变换矩阵为

$$T_{mO} = \begin{bmatrix} -1 & 0 \\ 0 & -1 \end{bmatrix} \tag{4-4}$$

$$\begin{bmatrix} x & y \end{bmatrix} \begin{bmatrix} -1 & 0 \\ 0 & -1 \end{bmatrix} = \begin{bmatrix} -x & -y \end{bmatrix} = \begin{bmatrix} x' & y' \end{bmatrix}$$

三角形 ABC 的变换结果如图 4-2(c)所示。

4）关于直线 $y=x$ 的镜像变换

由几何意义知，变换前后点的坐标关系为

$$x' = y, \quad y' = x$$

因此变换矩阵为

$$T_{mx=y} = \begin{bmatrix} 0 & 1 \\ 1 & 0 \end{bmatrix} \tag{4-5}$$

变换前后的图形如图 4-2(d)所示。

5）关于直线 $y=-x$ 的镜像变换

由于变换前后的坐标关系为

$$x'=-y,\quad y'=-x$$

因此变换矩阵可写为

$$\boldsymbol{T}_{my=-x}=\begin{bmatrix}0&-1\\-1&0\end{bmatrix}\tag{4-6}$$

变换前后的图形如图 4-2(e)所示。

3. 错切变换

错切也称剪切、错位或错移变换，使图形沿 X 轴或 Y 轴方向错切变形。

1）沿 X 轴方向的错切

在变换矩阵中，令 $a=d=1,b=0$，则得沿 X 轴方向的错切变换矩阵：

$$\boldsymbol{T}_{shX}=\begin{bmatrix}1&0\\c&1\end{bmatrix}\tag{4-7}$$

变换前后的坐标关系如下：

$$[x\quad y]\begin{bmatrix}1&0\\c&1\end{bmatrix}=[x+cy\quad y]=[x'\quad y']$$

若 $c>0$，则沿 $+X$ 方向错切；若 $c<0$，则沿 $-X$ 方向错切，如图 4-3(a)所示。

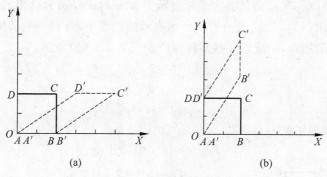

图 4-3 错切变换

(a) 沿 $+X$ 方向错切变换；(b) 沿 $+Y$ 方向错切变换

2）沿 Y 轴方向的错切

令 $a=d=1,c=0$，则得沿 Y 方向的错切变换矩阵：

$$\boldsymbol{T}_{shy}=\begin{bmatrix}1&b\\0&1\end{bmatrix}\tag{4-8}$$

变换前后的坐标关系如下：

$$[x\quad y]\begin{bmatrix}1&b\\0&1\end{bmatrix}=[x\quad y+bx]=[x'\quad y']$$

若 $b>0$，则沿 $+Y$ 方向错切；若 $b<0$，则沿 $-Y$ 方向错切，如图 4-3(b)所示。

4. 旋转变换

在二维空间中，规定图形的旋转是指绕坐标系原点旋转 θ 角，且逆时针为正，顺时针为负，变换矩阵为

$$T_r = \begin{bmatrix} \cos\theta & \sin\theta \\ -\sin\theta & \cos\theta \end{bmatrix} \tag{4-9}$$

变换前后点的坐标关系如下：

$$\begin{bmatrix} x & y \end{bmatrix} \begin{bmatrix} \cos\theta & \sin\theta \\ -\sin\theta & \cos\theta \end{bmatrix} = \begin{bmatrix} x\cos\theta - y\sin\theta & x\sin\theta + y\cos\theta \end{bmatrix} = \begin{bmatrix} x' & y' \end{bmatrix}$$

如图 4-4 所示，经旋转变换后，三角形 ABC 变换成三角形 $A'B'C'$，其变换表达式为

$$\begin{matrix} A \\ B \\ C \end{matrix} \begin{bmatrix} 4 & 1 \\ 3 & 3 \\ 5 & 3 \end{bmatrix} \begin{bmatrix} \cos 45° & \sin 45° \\ -\sin 45° & \cos 45° \end{bmatrix} = \begin{bmatrix} 2.12 & 3.54 \\ 0 & 4.24 \\ 1.41 & 5.66 \end{bmatrix} \begin{matrix} A' \\ B' \\ C' \end{matrix}$$

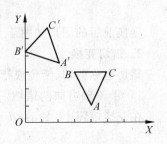

图 4-4　图形逆时针旋转 45°

5. 平移变换与齐次坐标

平移变换是变换前后点的坐标都增加一个常量，即

$$\begin{cases} x' = x + l \\ y' = y + m \end{cases}$$

显然，在上述的变换矩阵中是不能实现这一功能的，因此需对变换矩阵进行改造。为了解决这一问题，需要引入齐次坐标这一概念。用一个 $n+1$ 维向量来表示一个 n 维向量的方法称为"齐次坐标表示法"。

在二维平面中，点 $P(x,y)$ 的齐次坐标表示为 $p(wx,wy,wz)$，这里，w 是任一不为零的比例系数。通常，用 $(x,y,1)$ 代表用齐次坐标表示的二维平面内的一点，图形中的点集矩阵也就扩充为 $n\times 3$ 阶矩阵，相应的变换矩阵也应扩充为 3×3 阶矩阵：

$$T = \begin{bmatrix} a & b & p \\ c & d & q \\ l & m & r \end{bmatrix} \tag{4-10}$$

于是得平移变换矩阵为

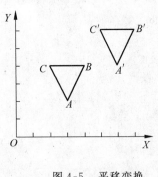

图 4-5　平移变换

$$T_t = \begin{bmatrix} 1 & 0 & 0 \\ 0 & 1 & 0 \\ l & m & 1 \end{bmatrix} \tag{4-11}$$

如图 4-5 所示，经平移变换后，三角形 ABC 变换成三角形 $A'B'C'$，其变换表达式为

$$\begin{matrix} A \\ B \\ C \end{matrix} \begin{bmatrix} 3 & 2 & 1 \\ 4 & 4 & 1 \\ 2 & 4 & 1 \end{bmatrix} \begin{bmatrix} 1 & 0 & 0 \\ 0 & 1 & 0 \\ 3 & 2 & 1 \end{bmatrix} = \begin{bmatrix} 6 & 4 & 1 \\ 7 & 6 & 1 \\ 5 & 6 & 1 \end{bmatrix} \begin{matrix} A' \\ B' \\ C' \end{matrix}$$

6. 小结

由于采用了齐次坐标表示技术，用 3×3 变换矩阵来描述二维平面内的图形变换。变换矩阵为

$$T = \begin{bmatrix} a & b & p \\ c & d & q \\ l & m & s \end{bmatrix}$$

从功能上可分为如下 4 部分：

（1）2×2 子矩阵 $\begin{bmatrix} a & b \\ c & d \end{bmatrix}$ 用于描述比例、镜像、错切及旋转等变换；

（2）1×2 行阵 $\begin{bmatrix} l & m \end{bmatrix}$ 用于完成平移变换功能；

（3）2×1 列阵 $\begin{bmatrix} p \\ q \end{bmatrix}$ 产生透视变换；

（4）元素 s 则可产生全比例变换。

4.2.2　二维组合变换

前面介绍的比例、镜像、错切、旋转和平移变换称为基本变换。但是，有些图形变换仅用一种基本变换是不能实现的，必须由几个基本变换组合才能实现。这种由多种基本变换组合而成的变换称为组合变换，相应的变换矩阵称为组合变换矩阵。

1. 绕任意点的旋转变换

平面图形绕任意点 $A(x_A, y_A)$ 旋转 θ 角，需要通过以下几个基本变换来实现，如图 4-6 所示。

（1）平移变换：将旋转中心 A 连同图形一齐平移至坐标原点，其平移变换矩阵为 $\boldsymbol{T}_{t1}$；

（2）旋转变换：将图形绕坐标原点 O 旋转 θ 角，其旋转变换矩阵为 $\boldsymbol{T}_{r2}$；

（3）再平移变换：将旋转变换后的图形平移回 A 点，其平移变换矩阵为 $\boldsymbol{T}_{t3}$。

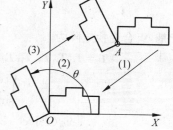

图 4-6　图形绕 A 点旋转的步骤

因此绕任意点 A 的旋转变换矩阵为

$$\boldsymbol{T} = \boldsymbol{T}_{t1}\boldsymbol{T}_{r2}\boldsymbol{T}_{t3} = \begin{bmatrix} 1 & 0 & 0 \\ 0 & 1 & 0 \\ -x_A & -y_A & 1 \end{bmatrix} \begin{bmatrix} \cos\theta & \sin\theta & 0 \\ -\sin\theta & \cos\theta & 0 \\ 0 & 0 & 1 \end{bmatrix} \begin{bmatrix} 1 & 0 & 0 \\ 0 & 1 & 0 \\ x_A & y_A & 1 \end{bmatrix}$$

$$= \begin{bmatrix} \cos\theta & \sin\theta & 0 \\ -\sin\theta & \cos\theta & 0 \\ x_A(1-\cos\theta) + y_A\sin\theta & y_A(1-\cos\theta) - x_A\sin\theta & 1 \end{bmatrix}$$

显然，当 $x_A = 0$，$y_A = 0$ 时，上述变换矩阵就是对坐标原点的旋转矩阵。

2. 对任意直线的镜像变换

与前述组合变换类似，对任意直线 AB 的镜像变换，需要连续作如下 5 个基本变换。

（1）平移变换：将直线 AB 上任意一点 (x_M, y_M) 连同图形本身一起平移至坐标原点，其平移变换矩阵为

$$\boldsymbol{T}_{t1} = \begin{bmatrix} 1 & 0 & 0 \\ 0 & 1 & 0 \\ -x_M & -y_M & 1 \end{bmatrix}$$

（2）旋转变换：将图形绕原点 O 旋转 θ 角，使直线 AB 与某一坐标轴（在此以 Y 轴为例）重合，其旋转变换矩阵为

$$T_{r2} = \begin{bmatrix} \cos\theta & \sin\theta & 0 \\ -\sin\theta & \cos\theta & 0 \\ 0 & 0 & 1 \end{bmatrix}$$

（3）镜像变换：镜像于坐标轴（Y 轴）的镜像变换，其镜像变换矩阵为

$$T_{m3} = \begin{bmatrix} -1 & 0 & 0 \\ 0 & 1 & 0 \\ 0 & 0 & 1 \end{bmatrix}$$

（4）旋转变换：将镜像变换后的图形绕原点旋转 $-\theta$ 角，其变换矩阵为

$$T_{r4} = \begin{bmatrix} \cos\theta & -\sin\theta & 0 \\ \sin\theta & \cos\theta & 0 \\ 0 & 0 & 1 \end{bmatrix}$$

（5）平移变换：再将旋转变换后的图形平移至原处。其平移变换矩阵为

$$T_{t5} = \begin{bmatrix} 1 & 0 & 0 \\ 0 & 1 & 0 \\ x_M & y_M & 1 \end{bmatrix}$$

于是，组合变换矩阵为

$$T = T_{t1}T_{r2}T_{m3}T_{r4}T_{t5}$$
$$= \begin{bmatrix} -\cos 2\theta & \sin 2\theta & 0 \\ \sin 2\theta & \cos 2\theta & 0 \\ x_M(1+\cos 2\theta) - y_M\sin 2\theta & y_M(1-\cos 2\theta) - x_M\sin 2\theta & 1 \end{bmatrix}$$

由于矩阵的乘法不适用于交换律，即 $[A][B] \neq [B][A]$，因此组合的顺序一般是不能颠倒的，顺序不同，则变换的结果也不同。

4.3　AutoCAD 图形编辑命令

AutoCAD 提供了多种图形编辑命令，它们都被集中放置在"修改"下拉菜单中，为了方便图形编辑，常用的图形编辑命令在修改工具栏按钮中也可激活，如图 4-7 所示。

任何编辑功能都是对某一实体进行的，因此，实体的选择是必不可少的一个步骤，AutoCAD 提供了几种选择实体的方式，以适用于不同的场合，下面首先介绍实体选择的方法——构造选择集，然后，再介绍各种图形编辑命令。

4.3.1　构造选择集

在使用 AutoCAD 图形编辑命令时，有两种操作模式：①先激活编辑命令，然后根据提示选择编辑对象进行操作；②先选择编辑对象，然后再定编辑功能。

当输入一条编辑命令时，AutoCAD 通常会提示：

选择对象：

此时要求用户从图形中选取要进行操作的对象，并且当前十字光标变成一个小方框（通常称之为选择框）。AutoCAD 提供了多种将目标加入选择集的方式，下面简要介绍其主要

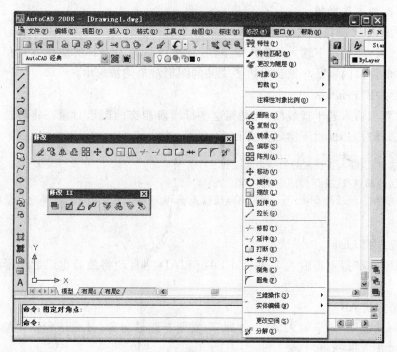

图 4-7　"修改"菜单与工具栏

方式。

1. 光标拾取方式

这是默认选择方式。通过鼠标移动选择框使其套住希望选取的对象,然后按拾取键,该对象会以高亮度方式显示,表示该目标已加入选择集。

2. 窗口方式 Window

将指定窗口中的对象加入选择集。AutoCAD 只选择完全落上窗口中的对象。在"选择对象"提示下输入 W 并回车,AutoCAD 要求输入定义矩形窗口的两个对角点:

指定第一个角点:(输入窗口的第一顶点)
指定对角点:(输入窗口的另一顶点)

3. 交叉窗口方式 Crossing

该方式与窗口方式的功能类似,只是在"选择对象"提示下输入 C 并回车。执行结果是窗口内以及与窗口边界交叉的图形对象均被选中。

4. 多边形窗口方式 WPolygon

该方式与窗口方式类似,但窗口可以是任意多边形形状。在"选择对象"提示下输入 WP 并回车,提示:

第一圈围点:(输入多边形窗口的第一个顶点)
指定直线的端点或[放弃(U)]:(输入多边形窗口的第二个顶点)
指定直线的端点或[放弃(U)]:

在提示中用户可继续输入多边形窗口的其他一系列顶点位置,也可输入 U 取消上一次确定的顶点或直接回车结束多边形窗口选取。执行结果是完全落在多边形窗口内的图形对象均被选中而加入选择集。

5. 多边形交叉窗口方式 CPolygon

在"选择对象"提示下输入 CP 并回车,后续操作与输入 WP 的操作方式相同。但执行结果是多边形窗口内以及与该窗口边界交叉的图形对象均被选中。

6. 围栏方式 Fence

该方式要求输入若干折线段,凡是与这些折线段相交的图形对象都将被选中而加入选择集。在"选择对象"提示下输入 F 并回车,提示:

第一栏选点:(输入折线段的第一个起点)

指定直线的端点或[放弃(U)]:(输入第二点)

指定直线的端点或[放弃(U)]:(用户可继续输入点,也可输入 U 取消上一次确定的点或直接回车结束选取)

7. 最近方式 Last

在"选择对象"提示下输入 L 并回车,AutoCAD 则自动将最后生成的图形对象加入选择集。

8. 全选方式 All

在"选择对象"提示下输入 ALL 并回车,则所有图形对象(被冻结和锁住的图层上的对象除外)都被加入选择集。

9. 先前方式 Previous

在"选择对象"提示下输入 P 并回车,AutoCAD 将当前编辑命令以前最后一次构造的选择集作为当前的选择集。

10. 取消 Undo

在"选择对象"提示下输入 U 并回车,则取消上一个选择操作,用户可连续使用 U 选项。

11. 添加模式 Add 和扣除模式 Remove

构造选择集操作有添加模式 Add 和扣除模式 Remove 两种。添加模式是将选中对象加入到选择集中,扣除模式是将选中对象移出选择集。在"选择对象"提示下输入 R 并回车,AutoCAD 由添加模式转为扣除模式并提示"删除对象"。在该提示下,可以用前面介绍的选取对象的各种方式来选取要扣除的对象。在"删除对象"提示下输入 A 并回车,则由扣除模式转为添加模式并提示"选择对象"。

4.3.2　几何变换命令

AutoCAD 常用的几何变换命令有:比例命令 scale、镜像命令 mirror、旋转命令 rotate 和移动命令 move。

1. 比例命令 scale

该命令对指定对象按指定的比例系数相对于指定的基点放大或缩小,且 X、Y 方向的比例因子相同。可以用以下方式激活:

(1)下拉菜单"修改"→"比例";

(2)工具栏命令图标▣;

(3)命令行命令 scale。

比例命令的操作过程如下:

命令：scale↙
选择对象：
指定基点：
指定比例因子或[参照(R)]：

最后一行提示有两种选择：

（1）直接输入比例因子响应提示，则表示指定对象的各边按给定的比例因子进行缩放，当比例因子大于 1 时放大，小于 1 时缩小；

（2）参考长度方式，用 R 响应最后的提示，则后续提示如下：

指定参考长度<1>：(输入参考长度值；也可输入两点，其距离作为参考长度)
指定新长度：(输入新的长度值；如输入两点，便可用鼠标实现动态缩放)

此时 AutoCAD 根据参考长度值与新的长度值自动计算缩放系数并进行缩放。

2. 镜像命令 mirror

该命令将所选对象按指定的镜像线作镜像变换。可以用以下方式激活：

（1）下拉菜单"修改"→"镜像"；

（2）工具栏命令图标 ；

（3）命令行命令 mirror。

镜像命令的操作过程如下：

命令：mirror↙
选择对象：
指定镜像线的第一点：
指定镜像线的第二点：
是否删除源对象?[是(Y)/否(N)]<N>：

在最后一行提示中可直接回车，则绘出所选对象的镜像并保留源对象；若输入 Y 后回车，绘出所选对象的镜像但不保留源对象。

3. 旋转命令 rotate

该命令将所选对象绕指定点(旋转基点)旋转指定的角度。可以用以下方式激活：

（1）下拉菜单"修改"→"旋转"；

（2）工具栏命令图标 ；

（3）命令行命令 rotate。

旋转命令的操作过程如下：

命令：rotate↙
UCS 当前的正角方向：ANGDIR=逆时针　ANGBASE=0
选择对象：
指定基点：
指定旋转角度或[参照(R)]：

在最后一行提示中有两种选择：

（1）默认方式，直接给出旋转角，当旋转角大于 0 时，则指定对象绕基点逆时针旋转，否则顺时针旋转。

（2）参考方式，用 R 响应提示，则后续提示如下：

指定参考角<0>：(输入参考方向的角度值 A)
指定新角度：(输入相对于参考方向的角度值 B)

上述操作中图形的旋转角度是 $B-A$（对于当前坐标系的 X 轴而言）。

4. 移动命令 move

该命令将所选对象移动到指定位置。可以用以下方式激活：

（1）下拉菜单"修改"→"移动"；

（2）工具栏命令图标✛；

（3）命令行命令 move。

移动命令的操作过程如下：

命令：move↙
选择对象：
指定基点或位移：
指定位移的第二点或<用第一点作位移>：

在"指定位移的第二点或〈用第一点作位移〉："提示下，输入一点，则按给定的两点所确定的位移矢量移动。若直接回车，则表示在"指定基点或位移："提示下输入的第一点的 X、Y 坐标作为两个方向上的位移分量平移对象。

4.3.3　删除与恢复

1. 删除命令 erase

该命令用于删除指定的对象。可以用以下方式激活：

（1）下拉菜单"修改"→"删除"；

（2）工具栏命令图标✍；

（3）命令行命令 erase。

删除命令的操作过程如下：

命令：erase↙
选择对象：

2. 恢复删除命令 oops

该命令用于恢复最后一次用 erase 命令删除的对象。该命令没有菜单和工具栏按钮，只有在命令行用命令方式激活。

4.3.4　复制与阵列

1. 复制命令 copy

该命令将指定的对象复制到指定的位置。可以用以下方式激活：

（1）下拉菜单"修改"→"复制"；

（2）工具栏命令图标％；

（3）命令行命令 copy。

复制命令的操作过程如下：

命令：copy↙
选择对象：
指定基点或位移，或者[重复(M)]：
指定位移的第二点或<用第一点作位移>：

在"指定基点或位移，或者[重复(M)]："提示下，直接输入基点位置，其操作过程与move 命令类似，并按两点所确定的位移量对所选对象复制。若输入 M 并回车，表示对所选对象进行多次复制，并提示：

指定基点：
指定位移的第二点或<用第一点作位移>：

2. 阵列命令 array

该命令按矩形或环形阵列的方式复制指定的对象。可以用以下方式激活：

(1) 下拉菜单"修改"→"阵列"；

(2) 工具栏命令图标品；

(3) 命令行命令 array。

阵列命令的操作过程如下：

命令：array↙
选择对象：
输入阵列类型[矩形(R)/环形(P)]<R>：

在上一提示中输入 R 或直接回车，则后续提示如下：

输入行数(---)<1>：
输入列数(||||)<1>：
输入行间距或指定单位单元(---)：

若在上一提示中直接输入一数值，则输入的是行间距，后续提示如下：

指定列间距 (||||)：

此时 AutoCAD 将所选对象按指定的行数、列数以及指定的行间距与列间距进行阵列。若行间距为正数，则由原图向上排列，反之向下排列；如果列间距为正数向右排列，反之向左排列。

若在"输入行间距或指定单位单元（---）："提示下直接输入一个点的位置，则表示按单位网格的方式阵列，且该点为单位网格的一角点位置，而后系统提示为：

指定对角点：(输入单位网格的另一角点位置)

于是 AutoCAD 以单位网格的高和宽作为阵列的行间距和列间距进行阵列。且两点的位置及选取的先后顺序确定了阵列的排列方式。比如先拾取单位网格的左上角点，后拾取右下角点，则所选取的对象按向下、向右的方式阵列。

在"输入阵列类型"矩形(R)/环形(P)"<R>："提示下输入 P 并回车，则表示以环形方式

构造阵列,此时后续提示如下:

指定阵列中心点:(输入环形阵列的中心点位置)

输入阵列中项目的数目:(输入阵列的个数)

指定填充角度(+=逆时针,-=顺时针)<360>:(输入环形阵列的圆心角)

是否旋转阵列中的对象?[是(Y)/否(N)]<Y>:↙

环形阵列的圆心角规定:正值为沿逆时针方向阵列,负值则为沿顺时针方向阵列。若直接回车,则在360°圆周上均匀阵列。

如图 4-8(a)是 2 行 3 列的矩形阵列。图 4-8(b)是环形阵列。

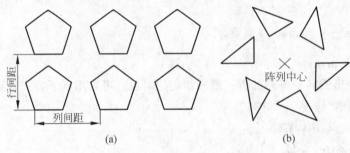

图 4-8　阵列示意图

(a) 矩形阵列；(b) 环形阵列

4.3.5　切断与修剪

1. 切断命令 break

该命令将选定的对象作部分删除或将其切断为两个实体。可以用以下方式激活:

(1) 下拉菜单"修改"→"打开";

(2) 工具栏命令图标▣;

(3) 命令行命令 break。

切断命令的操作过程如下:

命令:break↙

选择对象:(选取要切断的对象)

指定第二个打断点或[第一点(F)]:

如果在上述提示行中直接输入一个点,则删除由该点和选择对象时指定的点之间的一段实体。

如果输入@并回车,则在选择对象时输入的点处,将所选对象拆分成两个实体。

如果用 F 响应,则系统要求新输入一点,以取代选择对象时的输入点,因为选择对象时屏幕光标是一个小矩形框,输入点的位置难以精确确定,为了保证第一点的正确位置,一般都采用 F 方式切断一个对象。用 F 响应后,系统提示如下:

指定第一个打断点:

指定第二个打断点:

在上一提示中也可输入@,这样可准确地将一个对象一分为二。

在对圆实施部分删除时,是删除第一点沿逆时针方向到第二点的那段圆弧。图 4-9 是切断命令对不同对象以不同方式切断的图例。

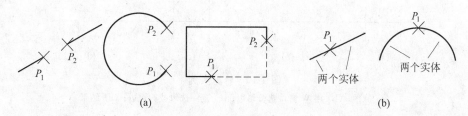

图 4-9　切断命令图例

(a) 删除两点之间的实体；(b) 将一实体一分为二

2. 修剪命令 trim

该命令用选定的一个或多个对象(称为剪切边)修剪指定的对象(称为被剪切边)。可以用以下方式激活:

(1) 下拉菜单"修改"→"修剪";

(2) 工具栏命令图标 ;

(3) 命令行命令 trim。

修剪命令的操作过程如下:

命令：trim↙

当前设置：投影＝UCS　　边＝无

选择剪切边 …

选择对象：(选取作为剪切边的对象)

选择对象：(可继续选取,回车则结束剪切边选取)

选择要修剪的对象或[投影 (P)/边 (E)/放弃 (U)]：

上一提示中有 4 个选择项,其操作分别如下。

(1) 默认项：用户只能用拾取框逐一选取被剪切边,每选一次完成一次剪切,系统又重复上一提示。

(2) P 选项：设置修剪空间。输入 P 后提示如下:

输入投影选项[无 (N)/UCS (U)/视图 (V)]<当前空间>：(输入投影空间模式)

None/UCS/View<当前空间>：(输入空间模式)

选择 N 表示按三维方式修剪；UCS 表示在当前用户坐标系的 XOY 平面上按投影关系修剪,可修剪在三维空间中不相交的对象；V 表示在当前视图平面上修剪。

(3) E 选项：设置修剪方式。输入 E 后提示如下:

输入隐含边延伸模式[延伸 (E)/不延伸 (N)]<不延伸>：

E 表示按剪切边可延伸的方式修剪,即当剪切边与被剪切边不相交时,实施修剪操作后,被剪切边将延长到与剪切边相交。N 按边的实际相交情况修剪,不进行延长处理。

(4) U 选项：取消上一次操作。

选取剪切边可用构造选择集操作的任何一种方式选取,而选取被剪切边则只能用直接拾取的方式进行。一个对象既可作为剪切边,也可作为被剪切边。如图 4-10 是修剪操作的

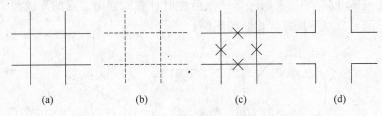

图 4-10　修剪实例

(a) 原图；(b) 用 W 窗口选剪切边；(c) 逐一选取被剪切边；(d) 结果

一个图例。

4.3.6　倒角与倒圆角

1. 倒角 chamfer

该命令对两条不平行的直线作倒角。可以用以下方式激活：

(1) 下拉菜单"修改"→"倒角"；

(2) 工具栏命令图标 ；

(3) 命令行命令 chamfer。

倒角命令的操作过程如下：

命令：chamfer↙

("修剪"模式)当前倒角距离 1=10.0000,距离 2=10.0000

选择第一条直线或[多段线(P)/距离(D)/角度(A)/修剪(T)/方法(M)]：(选项)

该提示中的 5 个选择项其功能如下。

(1) 选项 D：设置倒角的距离值,执行该选项,后续提示如下：

指定第一个倒角距离<默认值>：(输入第一条边的倒角距离)

指定第二个倒角距离<默认值>：(输入第二条边的倒角距离)

执行完该项后,AutoCAD 退出该命令的执行,需倒角时应再次执行倒角命令。

在上述提示下,若直接拾取某一直线,又提示如下：

选择第二条直线：(选取相邻的另一直线)

AutoCAD 便对所选的这两条线进行倒角,如图 4-11(a)所示。

(2) 选项 P：将对多义线(pline 绘制的实体)倒角,后续提示如下：

选择二维多义线：(拾取一条二维多义线)

于是 AutoCAD 对所选取的二维多义线的所有顶点都倒角,如图 4-11(b)所示。

(3) 选项 A：设置一个倒角距离和一个倒角角度,此后执行该命令时,将按所设置的距离、角度值进行倒角,倒角角度是以第一条直线为基准确定的。用 A 响应后,AutoCAD 又提示：

指定第一条直线的倒角长度<默认值>：

指定第一条直线的倒角角度<默认值>：

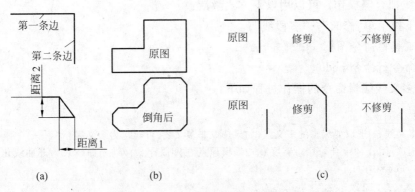

图 4-11　倒角命令图例

(a) 边与距离的关系；(b) 多义线的倒角；(c) 修剪与不修剪的差别

完成以上设置后，结束命令，若需倒角时应重复执行该命令。

(4) 选项 T：设置倒角时是否对相应的倒角边进行修剪。用 T 响应后，又提示：

输入修剪模式选项[修剪(T)/不修剪(N)]<默认值>：

上述提示中 T 表示倒角时修剪，N 表示不修剪。所谓修剪是指：如果倒角边超出倒角线，则剪除超出部分；如果两倒角边不相交，且倒角后倒角线与倒角边仍不相交，则系统自动延长倒角边到倒角线的端点，如图 4-11(c)所示。

(5) 选项 M：选择倒角的方式，即选择距离-距离方式或距离-角度方式倒角。用 M 响应后提示如下：

输入修剪方法[距离(D)/角度(A)]<默认值>：

D 表示按已设定的两边的倒角距离方式进行倒角，A 表示按一边的倒角距离以及相应的角度方式进行倒角。

2. 倒圆角命令 fillet

该命令对指定的两对象（直线、圆或圆弧）按给定的半径倒圆角。可以用以下方式激活：

(1) 下拉菜单"修改"→"圆角"；

(2) 工具栏命令图标 ；

(3) 命令行命令 fillet。

倒圆角命令的操作过程如下：

命令：fillet↙
当前模式：模式=修剪，半径=10.0000
选择第一个对象或[多段线(P)/半径(R)/修剪(T)]：(拾取一个对象)
选择第二个对象：(拾取另一个对象)

AutoCAD 在被选取的两个对象之间用半径为 10 的圆弧倒圆。在提示行中的选择项多段线(P)、修剪(T)与倒角中的选项含义相同，而半径(R)选项是设置倒角圆的半径。

4.3.7　二维多义线编辑

该命令对由 pline 命令绘出的多义线进行编辑，包括打开、封闭、连接、修改线宽、修改顶点及曲线拟合等操作。可以用以下方式激活：

（1）下拉菜单"修改"→"多段线"；

（2）工具栏命令图标 _ ；

（3）命令行命令 pedit。

二维多义线编辑命令的操作过程如下：

命令：pedit↙

选择多义线：(选取要编辑的多义线，如果选取非多义线，可转化为多义线)

输入选项［闭合(C)/合并(J)/宽度(W)/编辑顶点(E)/拟合(F)/样条曲线(S)/非曲线化(D)/线型生成(L)/放弃(U)］：

提示行中各选项的功能如下所述。

（1）闭合(C)：若所选多义线为未封闭多义线，输入 C 后，则添加一条首尾相连的直线呈封闭的多义线。并将"闭合(C)"选项换成"打开(O)"选项，若此时再输入 O，则又将封闭的多义线断开。

（2）合并(J)：将两条首尾相连的多义线合并为一条多义线。也可将非多义线段转化为多义线后再合并。

（3）宽度(W)：重新设定所编辑多义线的宽度。

（4）编辑顶点(E)：进入多义线的顶点编辑方式。后续提示为：

输入顶点编辑选项

［下一个(N)/上一个(P)/打断(B)/插入(I)/移动(M)/重生成(R)/拉直(S)/切向(T)/宽度(W)/退出(X)］<N>：

① N：选取下一个顶点为当前编辑顶点；

② P：选取上一个顶点为当前编辑顶点；

③ B：把多义线断开，并设置当前点为第一个断开点，并继续提示用户输入第二个断开点；

④ I：在当前顶点和下一个顶点之间插入一个新顶点；

⑤ M：把当前顶点移动到一个新的位置处；

⑥ R：重新生成多义线；

⑦ S：将两点之间的多义线拉直成一条直线；

⑧ T：指定当前顶点的切线方向以供后面曲线拟合时应用；

⑨ W：修改跟在当前顶点后面的一条线段的宽度；

⑩ X：退出顶点编辑方式。

（5）拟合(F)：用双圆弧曲线拟合所选定的多义线。

（6）样条曲线(S)：用 B 样条曲线拟合所选定的多义线。

（7）非曲线化(D)：取消 F 或 S 选项对多义线的操作。

（8）线型生成(L)：设定非连续型多义线在顶点处的绘线方式。

（9）放弃(U)：取消 pedit 命令的上一次操作。

4.3.8 夹持点编辑

使用 AutoCAD 进行图形编辑时，可以先输入命令然后选择执行该命令的图形实体，也可先选择图形实体然后再执行命令。在后一种方式中,当选择了图形实体后,被选择的图形实体将变成虚线形式,并且沿着线框出现一些带有颜色的小方框。这些小方框是图形实体的特征点,在 AutoCAD 中称为夹持点(grips)。对于不同的图形实体,AutoÇAD 规定了不同的夹持点数量和位置。

夹持点具有两种状态:冷态和热态。处于热态的夹持点是指被激活的夹持点,用户可以对其执行夹持点的编辑操作,而冷态夹持点是指未被激活的夹持点。热态夹持点和冷态夹持点以不同的颜色显示在屏幕上。选择一个图形对象后,图形线框上将出现若干个颜色相同的小方框,此时的夹持点是冷夹持点。如果用鼠标单击某夹持点,则该夹持点便被激活成为热夹持点,并且以高亮度的另外一种颜色显示出来以示区别。冷、热夹持点的显示颜色及大小,可在"选项"对话框中的"选择"标签中设置。

AutoCAD 允许用户使用夹持点对图形进行拉伸、移动、旋转、缩放和镜像等编辑操作。用鼠标选中一个图形实体使其显示出夹持点,再单击某一夹持点使之成为热夹持点,此时系统给出下面的提示,根据提示可选择一种夹持点编辑操作方式进行编辑操作。

** 拉伸 **
指定拉伸点或[基点(B)/复制(C)/放弃(U)/退出(X)]:

在此提示状态下,可按回车或空格键,选择所需的编辑操作,每回车一次切换出新的夹持点编辑模式,其先后顺序是:拉伸(ST)、移动(MO)、旋转(RO)、比例缩放(SC)、镜像(MI),完成一次循环又回到"拉伸(ST)"模式。

也可输入 ST、MO、RO、SC 或 MI,直接切换到所需的编辑模式,也可单击鼠标右键,弹出一光标菜单,在其上选择需要的编辑模式。

下面介绍各种操作的功能。

1. 拉伸 STRETCH

根据所选实体和基点的不同,可将实体进行拉伸、压缩或移动到新的位置。在拉伸提示行中各选项的含义如下。

(1) 默认项:确定拉伸后的新位置。用户可以直接使用光标或输入新点的坐标来确定拉伸后的新位置。

(2) 选项 B:确定新基点。该选项允许用户指定新的基点,而不是以原来所指定的热夹持点作为基点。

(3) 选项 C:进行拉伸复制。允许进行多次拉伸复制操作。拉伸复制是指选中的并且带有热夹持点的图形大小保持不变的前提下,复制多个相同的图形,而且这些图形实体都被拉伸。

(4) 选项 U:取消上次的基点或拉伸复制。

(5) 选项 X:退出拉伸夹持编辑方式。

应当注意,并非所有的图形都能进行拉伸编辑操作。当用户选择不支持拉伸操作的夹持点(例如直线的中点、圆心、文本的插入点和图块的插入点等),往往不是进行图形的拉伸操作,而是移动图形实体。

2. 移动 MOVE

该功能与前面介绍的 move 命令的功能相同,即把选定对象从当前位置移动到新位置,同时还可以进行多次复制。

在平移模式下的提示为

** 移动 **
指定移动点或[基点(B)/复制(C)/放弃(U)/退出(X)]:

提示行中各选项的含义与拉伸相同。

3. 旋转 ROTATE

该功能与前面介绍的 rotate 命令的功能相同,即把选定对象绕基点旋转一角度,同时还可以进行多次复制。

在旋转模式下的提示为

** 旋转 **
指定旋转角度或[基点(B)/复制(C)/放弃(U)/参照(R)/退出(X)]:

各选项含义如下。

(1) 默认项:确定旋转角度,图形将以指定的热夹持点为旋转中心,旋转给定的角度。

(2) 选项 R:与 rotate 命令中的"参照(R)"方式旋转类似。

其余选项与前相同,不再介绍。

4. 缩放 SCALE

该功能与前面介绍的 scale 命令的功能相同,即把选定对象以热夹持点为基点进行缩放,同时还可以进行多次复制。

在缩放模式下的提示为

** 比例缩放 **
指定比例因子或[基点(B)/复制(C)/放弃(U)/参照(R)/退出(X)]:

各选项的含义如下。

(1) 默认项:输入比例缩放系数;

(2) 其他选项的含义与旋转模式类似,不再介绍。

5. 镜像 MIRROR

该功能与前面介绍的 mirror 命令的功能类似,即把选定对象按指定的镜像线作镜像变换,同时还可以进行多次复制。

在镜像模式下的提示为

** 镜像 **
指定第二点或[基点(B)/复制(C)/放弃(U)/退出(X)]:

AutoCAD 把特征基点作为镜像线上的第一点,用户给出镜像线上的第二点后,即可对所选定的对象作镜像。其他选项的含义与拉伸模式类似,不再介绍。

4.3.9 文本编辑

该命令用于修改文本。可以用以下方式激活:

(1) 下拉菜单"修改"→"文字";

(2) 工具栏命令图标 A;

（3）命令行命令 ddedit。

文本编辑命令的操作过程如下：

命令：ddedit↙
选择注释对象或［放弃(U)］：(选取编辑的文本)

如果选取的是用 text 命令标注的文本，则系统进入编辑状态，可直接对所选文本进行编辑。

如果选取的是用 mtext 命令标注的文本，则系统打开"多行文字编辑器"对话框。

第 5 章　计算机图形显示技术

图形显示技术是绘图系统的重要技术基础,图形绘制、编辑、修改和浏览等都需要图形显示。图形显示通常包含坐标变换、窗口与视区变换、窗口裁剪等基本显示技术。

5.1　坐　标　系

在实际生活中,人们可以用不同的坐标系来定义和表示物体对象,对不同坐标系中的物体可以通过坐标变换进行转换。在绘图系统中,通常有世界坐标系、用户坐标系、设备坐标系和规格化坐标系等,用户在世界坐标系或用户坐标系中设计图形对象,图形对象经过特定的坐标变换,变换到对应设备的设备坐标系后,才能在屏幕上显示或在打印机上输出。用户定义的是对象模型的实际大小,图形显示的仅仅是对象模型的某个投影。本节讲述几种常用坐标系和它们之间的变换关系,以及 AutoCAD 中使用的坐标系。

1. 世界坐标系

世界坐标系(world coordinate system,WCS)是最常用的坐标系,它是一个符合右手定则的直角坐标系。世界坐标系用来定义二维图形或三维实体,其定义域是实数域。

AutoCAD 中的世界坐标系是固定不变的,是建立所有 AutoCAD 图形所通用的坐标系,也是定义用户坐标系的参照系。当用户开始绘制一幅新图时,AutoCAD 将图形放置在世界坐标系中,该坐标系的原点在屏幕的左下角,屏幕水平方向为 X 轴,屏幕垂直方向为 Y 轴。

2. 设备坐标系

显示器、打印机等图形输出设备自身都有一个坐标系,称为设备坐标系(device coordinate system,DCS)。设备坐标系是一个二维坐标系,其度量单位是像素,因此其定义域是整数域且是有界的。如显示器的分辨率就是它的设备坐标的界限范围。

3. 规格化坐标系

规格化坐标系(normalized device coordinate system,NDCS)是标准设备使用的二维直角坐标系,其定义域是[0.0,0.0]到[1.0,1.0]之间的实数平面,且是一个无量纲的单位。

由于在图形处理系统中使用的图形输出设备是各种各样的,其设备坐标系的取值范围也是不确定的。为了实现图形处理时的坐标变换与设备无关,引入规格化坐标系,将世界坐标系中需要输出的实体或图形,映射到规格化坐标系内,然后再将规格化坐标系的图形映射到当前图形输出设备的设备坐标系中,即用当前设备坐标系中 X、Y 方向的最大值乘以规格化坐标系中几何元素的对应坐标。

4. 用户坐标系

AutoCAD 系统提供用户坐标系。为了便于绘图,AutoCAD 允许用户设置自己的坐标系——用户坐标系(user coordinate system,UCS)。用户坐标系的坐标原点可设置在任何位置,并且可将坐标轴旋转成任意倾斜位置。用户坐标系是一个局部坐标系,AutoCAD 允许在一次绘图作业中设置多个用户坐标系。

5.2　窗口与视区变换

　　所谓窗口就是在世界坐标系中定义的一个子域，凡是落在该窗口内的图形将在图形设备上以设备坐标系的形式输出。为了处理上的方便，在二维图形中，窗口一般设置为一个矩形区域，并用该矩形的左下角点和右上角点的坐标来定义。

　　视区也称作视图区，一般它是用户定义在屏幕上的一个不大于屏幕的区域。视区是用设备坐标系来定义的，通常也设置为矩形，同样可以用该矩形的左下角点和右上角点的坐标来定义。视区决定了窗口中的图形要显示在屏幕上的位置和大小。

　　用户根据需要可同时在屏幕上定义多个视区，以显示不同的图形信息。如图 5-1 所示，在 AutoCAD 中同时定义了四个视区，分别显示圆环的主视图、俯视图、左视图和立体图。

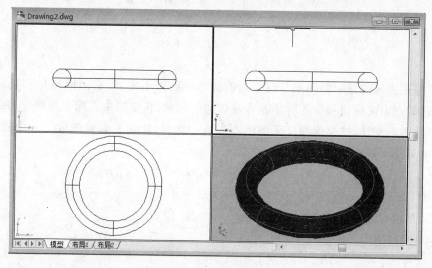

图 5-1　视区的显示

　　由于窗口和视区是在不同的坐标系中定义的，所以在把窗口内的图形信息拿到视区去输出之前，必须进行坐标变换，这就是窗口——视区变换。

　　如图 5-2 所示，设在世界坐标下定义的窗口的左下角点和右上角点的坐标为 (W_{xl}, W_{yb}) 和 (W_{xr}, W_{yt})，在设备坐标系下定义的视区的两个角点的坐标为 (V_{xl}, V_{yb}) 和 (V_{xr}, V_{yt})。从图中可以得出如下关系：

$$\begin{cases} \dfrac{x_y - V_{xl}}{V_{xr} - V_{xl}} = \dfrac{x_w - W_{xl}}{W_{xr} - W_{xl}} \\[2mm] \dfrac{y_y - V_{yb}}{V_{yt} - V_{yb}} = \dfrac{y_w - W_{yb}}{W_{yt} - W_{yb}} \end{cases}$$

由上式可得窗口中一点 $W(x_w, y_w)$ 变换到视区中对应点 $V(x_v, y_v)$，按下式进行

$$\begin{cases} x_v = \dfrac{V_{xr} - V_{xl}}{W_{xr} - W_{xl}}(x_w - W_{xl}) + V_{xl} \\[2mm] y_v = \dfrac{V_{yt} - V_{yb}}{W_{yt} - W_{yb}}(y_w - W_{yb}) + V_{yb} \end{cases} \tag{5-1}$$

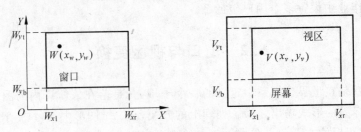

图 5-2　窗口-视区变换

设

$$a = \frac{V_{xr} - V_{xl}}{W_{xr} - W_{xl}}, \quad b = V_{xl} - \frac{V_{xr} - V_{xl}}{W_{xr} - W_{xl}} W_{xl}$$

$$c = \frac{V_{yt} - V_{yb}}{W_{yt} - W_{yb}}, \quad d = V_{yb} - \frac{V_{yt} - V_{yb}}{W_{yt} - W_{yb}} W_{yb}$$

则式(5-1)可简写成

$$\begin{cases} x_v = a x_w + b \\ y_v = c y_w + d \end{cases} \tag{5-2}$$

为了保证视区内显示的图形与窗口内的图形一致而不失真,必须使窗口和视区的形状相似,但这样在定义窗口和视区时是非常麻烦的。因此,在变换中实际上是使 x_v 和 y_v 按同一比例系数进行变换,这样就保证了图形不失真。此时,比例系数是选取 a、c 中较小的值。令 $k = \min(a, c)$,则式(5-2)改写为

$$\begin{cases} x_v = k x_w + b \\ y_v = k y_w + d \end{cases} \tag{5-3}$$

于是,从窗口到视区的变换矩阵可写成

$$\begin{bmatrix} x_v & y_v & 1 \end{bmatrix} = \begin{bmatrix} x_w & y_w & 1 \end{bmatrix} \cdot \begin{bmatrix} k & 0 & 0 \\ 0 & k & 0 \\ b & d & 1 \end{bmatrix} \tag{5-4}$$

5.3　二维图形的裁剪

窗口把一幅完整的图形分成两部分:窗口内部分和窗口外部分。落在窗口内的图形信息是要输出的,窗口外的所有图形信息则是不需要输出的。把需要输出的图形信息和不需要输出的图形信息区分开来的方法叫做裁剪。裁剪过程是采用某种特定的算法把图形的每一个元素都分成可见部分和不可见部分,留下可见部分,去掉不可见部分。根据裁剪的对象可分二维裁剪和三维裁剪。二维裁剪的窗口一般都采用矩形窗口,二维裁剪可用于各种不同类型的图形元素,如点、线段、圆弧等。由于二维图形一般都能用直线段的组合来表示,因此,直线段的裁剪算法是二维裁剪的基础。

5.3.1　点的裁剪

点的裁剪是最简单的一种。在矩形窗口的情况下,可用下列不等式来判别点的可见性,

若点 $P(x,y)$ 满足：

$$\begin{cases} W_{xl} \leqslant x \leqslant W_{xr} \\ W_{yb} \leqslant y \leqslant W_{yt} \end{cases}$$

则点 $P(x,y)$ 为可见点，否则为不可见点。

其中 W_{xl}、W_{xr}、W_{yb}、W_{yt} 是窗口左下角点和右上角点的坐标。

任意图形均可离散为点，然后用上式判断各点是否可见。但这种方法裁剪出的点列已不再保持原来图形的画线序列，会给图形输出造成困难而且裁剪速度太慢，故并无实用价值。

5.3.2　直线段的裁剪

如图 5-3 所示，考察直线段与窗口的位置关系存在下列几种情况：

(1) 直线段两个端点均在窗口内；

(2) 直线段两个端点在窗口外，且与窗口不相交；

(3) 直线段两个端点均在窗口外，但与窗口相交；

(4) 直线段一个端点在窗口内，另一端点在窗口外。

在窗口为矩形的情况下，直线段只会有一段落在窗口内（可见），因此可通过判断线段的端点的可见性来确定直线段的可见部分。显然上述的第一种情况为全部可见；第二种情况为全部不可见；而其余两种情况需根据线段与窗口边界相交情况进一步判断。

直线段的裁剪算法有多种，下面我们讨论裁剪窗口为矩形情况下的几种算法。

1. 矢量裁剪算法

如图 5-4 所示，把窗口边界延长，将平面划分为 9 个区域并给每个区域进行编码，用 0 区代表窗口。窗口定义为 (W_{xl},W_{yb})，(W_{xr},W_{yt})。

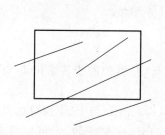

图 5-3　直线与窗口相对位置

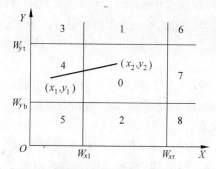

图 5-4　矢量裁剪法

设现有一条矢量线段 L，起点和终点坐标分别是 (x_1,y_1) 和 (x_2,y_2)。

矢量裁剪算法对线段的起点和终点采用同样的处理方法，现以起点为例说明矢量裁剪算法的步骤。

(1) 若线段 L 满足下述条件之一，即：

$$\max(x_1,x_2) < W_{xl}$$

$$\min(x_1,x_2) > W_{xr}$$

$$\max(y_1,y_2) < W_{yb}$$

$$\min(y_1,y_2) > W_{yt}$$

则 L 在窗口外,无输出,裁剪过程结束。

（2）若 L 满足:

$$\begin{cases} W_{xl} \leqslant x_1 \leqslant W_{xr} \\ W_{yb} \leqslant y_1 \leqslant W_{yt} \end{cases}$$

则 L 的起点在 0 区(窗口)内。

可见段的新起点坐标为

$$\begin{cases} x_s = x_1 \\ y_s = y_1 \end{cases}$$

否则,L 与窗口的关系及其新起点 (x_s,y_s) 的求解过程如步骤(3)。

（3）若 $x_1 < W_{xl}$,即起点可能在 3、4、5 区,窗口左边界与线段的交点是

$$\begin{cases} x_s = W_{xl} \\ y_s = y_1 + (W_{xl} - x_1)(y_2 - y_1)/(x_2 - x_1) \end{cases} \tag{5-5}$$

讨论:

① 若 $y_s \in \lfloor W_{yb}, W_{yt} \rfloor$,则求解有效,$(x_s,y_s)$ 是可见段的新起点坐标。

② 若 $W_{yb} \leqslant y_1 \leqslant W_{yt}$,即起点 (x_1,y_1) 在 4 区,且 $y_s > W_{yt}$ 或 $y_s < W_{yb}$,则 L 与窗口无交点,求解无效,无可见段输出,裁剪过程结束。

③ 若 $y_1 \geqslant W_{yt}$,即起点 (x_1,y_1) 在 3 区,则有如下两种情况:若 $y_s < W_{yb}$,则 L 在窗口外,求解无效,无可见段输出。若 $y_s > W_{yt}$,则应重新求交点,与窗口的上边界求交点:

$$\begin{cases} x_s = x_1 + (W_{yt} - y_1)(x_2 - x_1)/(y_2 - y_1) \\ y_s = W_{yt} \end{cases} \tag{5-6}$$

若 $W_{xl} \leqslant x_s \leqslant W_{xr}$,则求解有效,否则求解无效,$L$ 在窗口之外。

④ 若 $y_1 < W_{yb}$,即起点 (x_1,y_1) 在 5 区,也会有两种情况:若 $y_s > W_{yt}$,L 在窗口外,由式(5-5)求出的 (x_s,y_s) 无效。若 $y_s < W_{yb}$,则应重新求交点。与窗口的下边界求交点:

$$\begin{cases} x_s = x_1 + (W_{yb} - y_1)(x_2 - x_1)/(y_2 - y_1) \\ y_s = W_{yb} \end{cases} \tag{5-7}$$

若 $W_{xl} \leqslant x_s \leqslant W_{xr}$,则求解有效,否则求解无效。

（4）若 $x_1 > W_{xr}$,即 L 的起点可能在 6、7、8 区,可用与(3)类似的步骤求出 L 与窗口边界的交点。

（5）若 (x_1,y_1) 在 1、2 区,则分别用式(5-6)和式(5-7),求出 L 与上、下窗口边界的交点 (x_s,y_s)。如果 $W_{xl} \leqslant x_s \leqslant W_{xr}$,则求解有效,否则 L 在窗口外,求解无效,无可见段输出,裁剪过程结束。

同理,将起点用终点代替,采用同样的过程可以求出 L 在窗口内新的终点坐标,将新的起点和新的终点连接起来,即可输出窗口内的可见线段。

2. 中点分割裁剪算法

中点分割裁剪算法的基本思路为:分别寻找直线段两个端点各自对应的最远的可见点,两个可见点之间的连线即为要输出的可见段。如图 5-5 所

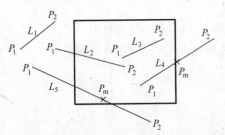

图 5-5　中点分割算法

示,算法步骤如下:

(1) 判断直线段是否全部在窗口外,若是,则裁剪过程结束,无可见线段输出(参见 L_1)。否则,进行下一步。

(2) 判断 P_2 点是否可见。若可见,则 P_2 点即为距 P_1 最远的可见点(参见 L_2)。否则,进行下一步。

(3) 将直线段 P_1P_2 对分,中点为 P_m,如果 P_mP_2 全部在窗口外,则用 P_1P_m 代替 P_1P_2;否则,以 P_mP_2 代替 P_1P_2,对新的 P_1P_2 从第一步重新开始。

重复上述过程,直到 P_mP_2 的长度小于给定的误差为止。

在上述过程中找到了距 P_1 点最远的可见点,然后将直线的两个端点对调,对直线段 P_2P_1 用同样的算法步骤,找出距 P_2 最远的可见点。连接两个可见点,即得到了要输出的可见线段。

3. 编码裁剪算法

如图 5-6 所示,窗口的四条边线将平面分为 9 个区域,每个区域都对应一个四位二进制代码,直线的端点都赋予对应于它所处的区域的代码。

显然,如果线段两端点的四位代码都是 0,则该线段就完全在窗口内。否则,如果两端点代码的位逻辑乘不为 0,即两点同时位于窗口的同侧,则该线段完全在窗口外。

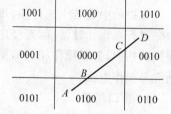

图 5-6　编码裁剪的分区代码

如果以上两项测试都不能排除,显然该直线横跨在窗口某边的两侧,于是,求线段与窗口边的交点。如图 5-6 中线段 AD,交点可能是 B 点,于是舍弃窗口外的部分 AB,对剩余部分 BD 继续判断,直到找到另一交点 C,并舍弃 CD 段为止。在求交点过程中,先求 B 点还是 C 点是难以确定的、随机的,但这并不影响最终的结果。

5.4　AutoCAD 显示控制命令

在 AutoCAD 中用户可使用两个绘图环境来完成设计与绘图的工作,即模型空间和图纸空间。在这两个空间里用户可运用 AutoCAD 提供的显示控制命令来改变图形在屏幕上的显示方式,而不会使图形产生实质性的变化,从而使得用户在设计绘图和看图时非常方便。

5.4.1　缩放命令 zoom

该命令用于对屏幕上显示的图形进行缩放,就像照相机的变焦镜头一样可放大或缩小在当前窗口中的图形的显示大小,而图形的实际尺寸并不改变。该命令可以用以下几种方式激活:

(1) 选取下拉菜单"视图"→"缩放",如图 5-7 所示;

(2) 单击工具栏按钮图标,如图 5-8 所示。AutoCAD 在标准工具栏上的"窗口缩放"按钮设置了 zoom 命令的下拉工具栏,如图 5-9 所示。

图 5-7　"缩放"菜单　　　　　　　图 5-8　缩放工具栏　　　　图 5-9　缩放下拉工具栏

（3）输入命令 zoom。

命令操作过程如下：

指定窗口角点，输入比例因子 (nX 或 nXP)，或[全部 (A)]/中心点 (C)/动态 (D)/范围 (E)/上一个 (P)/比例 (S)/窗口 (W)]<实时>：

在提示中有若干选择项，用户根据需要作出不同的选择，系统便实现相应的操作。使用命令进行操作比较繁琐，而使用缩放工具栏中的按钮或缩放下拉工具栏中的按钮可以实现相同的功能，并且操作相当简捷。下面以工具栏为线索讲述缩放命令中常用的几个选项的功能及操作方法。

1. 窗口缩放

单击缩放工具栏（图 5-9）中的第一个按钮，然后在屏幕中定义一个矩形窗口，该窗口内的图形便被放大并满屏显示。

2. 全部缩放

单击缩放工具栏中倒数第二个按钮，则在当前视窗中显示全部图形，包括超出绘图界限的部分。如果所有图形都在绘图界限内，则显示出绘图界限。

3. 比例缩放

单击缩放工具栏中的第三个按钮，系统要求输入一个比例因子（正数），图形在保证中心位置不变的前提下，按给定的比例因子放大（比例因子大于 1 时）或缩小（比例因子小于 1 时）。如果比例因子是 1，则相当于全部缩放。在此放大或缩小是以全部缩放时的视图为基准的。

如果在比例因子后跟一个 X，则相对于当前可见视图缩放，如 2X 是以当前视图为基础放大两倍显示。如果在比例因子后跟一个 XP，则是相对于图纸空间进行缩放。

4. 中心缩放

单击缩放工具栏中第四个按钮，则在指定图形的显示中心进行缩放，系统提示如下：

指定中心点：
输入比例或高度<缺省值>：

此时应输入窗口高度或放大倍数，缺省值为当前的高度值。如果输入的高度值小于缺省值，则图形被放大，反之图形被缩小。如果输入的是 nX，其中 n 是一个确定的数，则将当前的视图放大 n 倍。

5．放大

单击缩放工具栏中第 5 个按钮![按钮],则将当前视图放大 1 倍显示,相当于比例缩放中输入"2X"。

6．缩小

单击缩放工具栏中第 6 个按钮![按钮],则将当前视图缩小 1 倍显示,相当于比例缩放中输入"0.5X"。

7．范围缩放

单击缩放工具栏中的最后一个按钮![按钮],则系统将尽可能大地显示图中的全部实体,而不受图形界限的限制。

8．缩放上一个

单击缩放下拉工具栏右侧的按钮![按钮],则恢复当前显示窗口前一幅显示的图形。

9．实时缩放

单击缩放下拉工具栏左侧的按钮![按钮],此时屏幕中的光标变成与该按钮的图形一样。按住鼠标左键将光标向上移动,则图形被放大显示,若光标向下移动,则图形被缩小显示。单击鼠标右键,弹出实时缩放/平移光标菜单,如图 5-10 所示。缩放/平移光标菜单包括了以下选项。

(1) 退出:退出实时缩放模式,返回命令提示状态。

(2) 平移:从实时缩放模式转到平移模式。

(3) 缩放:从平移模式转到实时缩放模式。

(4) 缩放窗口:显示一个指定窗口,然后回到实时缩放模式。

(5) 缩放为上一个:恢复为前一次显示状态,然后回到实时缩放模式。

(6) 缩放界限:显示绘图界限内所有图形,然后回到实时缩放模式。

图 5-10　缩放/平移光标菜单

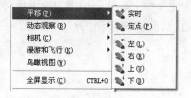

图 5-11　"平移"下拉菜单

5．4．2　平移命令 pan

该命令在不改变图形缩放比例的情况下,在当前窗口内移动图形,以便在窗口中显示图形的其他部分,包括位于屏幕以外的图形。该命令可以用以下几种方式激活:

(1) 选取下拉菜单"视图"→"平移",如图 5-11 所示;

(2) 单击工具栏按钮图标![按钮];

(3) 输入命令 pan。

选择平移菜单的各项,可以以不同的方式实现图形平移。

1. 实时平移

单击"实时"菜单项,屏幕光标变成手形,按下鼠标左键并移动光标便可将图形平移。如果要退出平移模式,则右击鼠标弹出如图 5-10 所示的光标菜单,选择其上第一项"退出",便返回到命令状态。

2. 定点平移

单击"定点"菜单项,系统提示如下:

指定基点或位移:

指定第二点:

完成以上输入后,系统便以两个给定点确定的距离和方向平移图形。

3. 定向位移

单击"左"、"右"、"上"或"下"菜单项,则图形将向指定方向平移一定距离。

5.4.3　鸟瞰视图命令 dsviewer

除了 zoom 命令可进行视图的显示控制外,AutoCAD 还提供了操作更加方便的显示控制命令——dsviewer(鸟瞰视图)。"鸟瞰视图"是观察图形的辅助工具,在鸟瞰视图窗口中显示出整幅图形,通过简捷的操作可快速对图形实施缩放和平移,即该命令能同时实现 zoom 和 pan 命令的功能。该命令可以用以下几种方式激活:

(1) 选取下拉菜单"视图"→"鸟瞰视图";

(2) 单击工具栏按钮图标 ;

(3) 输入命令 dsviewer。

用菜单或命令方式激活该命令后,系统在屏幕上显示出鸟瞰视图窗口,如图 5-12 所示。此时将光标移动到鸟瞰视图窗口内,并单击鼠标,窗口内将出现一个矩形框,矩形框的中心有一个十字叉,如图 5-13 所示,用鼠标可拖动矩形在窗口内移动,图形窗口中的图形也就随之移动,从而实现移动图形的功能。右击鼠标,结束图形的移动。

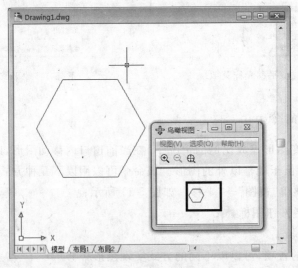

图 5-12　鸟瞰视图

在平移图形模式下右击鼠标,切换到缩放/平移图形模式,鸟瞰视图窗口如图 5-14 所示,移动鼠标可改变窗口内带箭头的矩形框的大小和位置,图形窗口中的图形也就随之被缩放和平移,右击鼠标结束图形的缩放和平移。

图 5-13　平移图形时的鸟瞰视图窗口

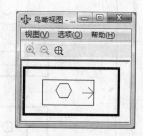

图 5-14　缩放/平移图形时的鸟瞰视图窗口

5.4.4　重画命令 redraw

该命令用于快速刷新所有视区中的显示内容,并去掉所有的"点标记"和编辑命令留下的残留符号。该命令可以用以下几种方式激活:

(1) 选取下拉菜单"视图"→"重画";

(2) 输入命令 redraw。

5.4.5　重生成命令 regen

该命令用于重新生成当前视区中的全部图形,并在屏幕上显示出来。该命令可以用以下几种方式激活:

(1) 选取下拉菜单"视图"→"重生成";

(2) 输入命令 regen。

与 redraw 命令相比,该命令生成图形的时间较长,这是因为 redraw 命令只是把显示器的帧缓冲区刷新一次。而 regen 命令则是把图形文件的原始数据全部重新计算一遍,形成显示文件后再显示出来。

regen 命令只是生成当前视区的图形,如果要生成所有视区内的图形,则应使用"全部重生成"命令,即 regenall,其功能是重新生成所有视区中的图形。

5.4.6　视图管理命令 view

在一张复杂的工程图上,用户可把经常需要编辑操作的区域加以命名,建立多个视图。view 命令可以对已命名的视图进行管理。这样,用户可以通过调用视图的方式在屏幕上显示想要编辑的图形的某一部分,而不必反复使用缩放命令来显示想要编辑的那部分图形。该命令可以用以下几种方式激活:

(1) 选取下拉菜单"视图"→"命名视图";

(2) 单击工具栏命令图标；

(3) 输入命令 view。

如图 5-15 所示的一幅图形,如果要建立"主视图"、"俯视图"、"左视图"和三个视图组成的一个视图——"全图",则操作步骤如下:

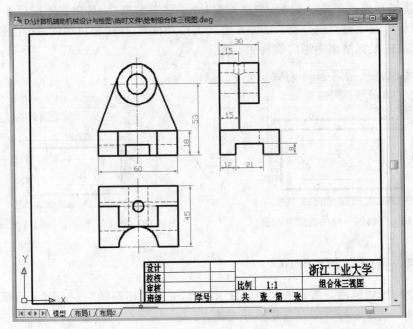

图 5-15　例子

（1）激活 view 命令后，系统弹出"视图管理器"对话框，如图 5-16 所示。

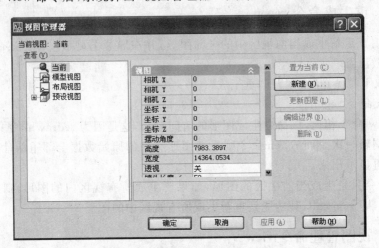

图 5-16　"视图管理器"对话框

（2）单击"新建"按钮，弹出"新建视图"对话框，如图 5-17 所示。

在对话框内选择"定义窗口"选项，然后单击右侧有箭头的图标按钮，系统返回到图形窗口中，指定一矩形框将主视图框在其中，系统自动返回到"新建视图"对话框，在"视图名称"文本框内输入"主视图"字样，然后单击"确定"按钮，系统返回到"视图"对话框，完成"主视图"定义。类似的方法可定义"俯视图"和"左视图"。定义整个图形为一个视图时，在"新建视图"对话框中选择"当前显示"选项，在"视图名称"文本框内输入"全图"字样，然后单击"确定"按钮，完成当前显示的整幅图形定义为"全图"视图的操作。定义的四个视图在"视图"对话框中可反映出来，如图 5-18 所示。

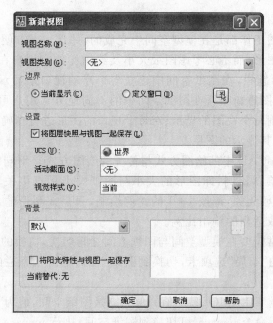

图 5-17 "新建视图"对话框

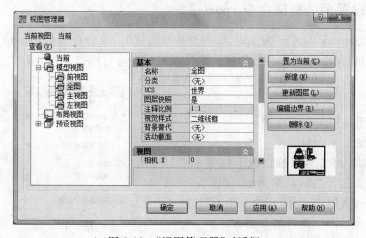

图 5-18 "视图管理器"对话框

如果要将"主视图"在当前窗口中显示出来,则在"视图管理器"对话框中选择"主视图",然后单击"置为当前"按钮,再单击"确定"按钮,系统返回图形窗口,并将"主视图"的图形显示在窗口内。

5.4.7 模型空间与图纸空间

AutoCAD 提供了两个绘图空间,即模型空间和图纸空间。模型空间可以认为是与实际空间相对应的空间坐标系,用户可以在模型空间中进行设计和绘图工作,创建二维视图或三维模型。在模型空间中进行设计的方法是按照实体的实际尺寸、形状及方向在某一坐标系中绘制该实体。图纸空间可以认为是与工程图纸相对应的绘图空间,用来创建平面图供打印机或绘图仪输出图形。

模型空间根据用户的需要可以定义为三维空间用以创建三维模型,也可以定义为二维空间用以创建平面视图，而图纸空间却只能定义为二维空间。

绝大部分设计绘图工作都是在模型空间中完成的，并且为了方便绘图与修改，一般都按物体的实际大小绘制图形，而不必考虑图纸大小及绘图比例。用户在图纸空间中设置工程图样的图幅、图框及标题栏，在图纸空间中建立多个浮动视口来显示模型空间中的不同视图，并且可以将各个视图重新布置在图纸空间中的不同地方。用户可在每个浮动的视口中执行显示控制命令控制每个视图的显示、对每个视口的图形进行精确缩放（设置该视口内图形的绘图比例）和控制其显示的图层。

由此可知，在 AutoCAD 中的绘图方式与传统的绘图方式是不同的，传统的绘图方式是根据图幅的大小确定绘图比例，即图形的大小与图纸大小是直接关联的。而用 AutoCAD 绘图，图形的大小与图幅无关，都按 1∶1 的比例绘制，只是在图形输出时，在图纸空间内根据选定图幅的大小选取适当的输出比例。

在设计过程中经常需要在模型空间与图纸空间之间切换，切换的方法有下列几种：

（1）单击状态栏的"布局"选项卡，切换到图纸空间；单击状态栏的"模型"选项卡，切换到模型空间。

（2）设置系统变量 TILEMODE 的值。值为 0 是图纸空间，值为 1 是模型空间。

（3）在命令行执行命令 pspace，可切换到图纸空间；执行 mspace，可切换到模型空间。

5.4.8　设置平铺视区命令 vports

当系统变量 FILEMODE 为 1 时，即打开视区方式时，该命令可以控制屏幕上视区的数目和布局，也可以保存和恢复命名的视区配置。该命令可以用以下几种方式激活：

（1）选取下拉菜单"视图"→"视口"，如图 5-19 所示；

（2）单击工具栏命令图标 ▣；

（3）输入命令 vports。

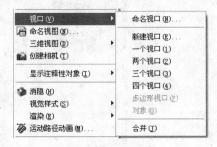

图 5-19　"视口"下拉菜单

用 vports 命令、工具栏按钮或下拉菜单中"新建视口"选项，系统打开"视口"对话框，如图 5-20 所示，在"标准视口"列表框中选择"四个：相等"选项，于是在预览窗口内显示四个视口的布局方式。

如果在执行该命令前定义了四个视图，则单击预览窗口内某一视口，将其激活（被激活窗口有一矩形边框），然后在"修改视图"下拉列表框内选取一个视图的名称，则该视图便将在该视口内显示出来，四个视口分别显示的视图名称是主视图、俯视图、左视图和西南轴侧。

完成设置后单击"确定"按钮，系统返回图形窗口，如图 5-21 所示。

在四个视口中只有一个视口是活动视口，光标在该视口内是十字光标，而在非活动视口光标是箭头。如果将光标移到某一视口内并单击鼠标，则该视口变成活动视口。

如果在视口下拉菜单中选择"一个视口"、"两个视口"、"三个视口"或"四个视口"选项，则系统直接在当前图形窗口内生成相应数目的视口，每个视口内显示的图形都是执行该命令前的图形窗口内显示的图形，因此它们都是相同的。

如果在视口下拉菜单中选择"合并"选项，则系统根据用户的后续响应，将两个视口合并为一个视口。

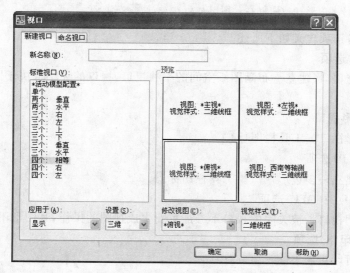

图 5-20　"视口"对话框

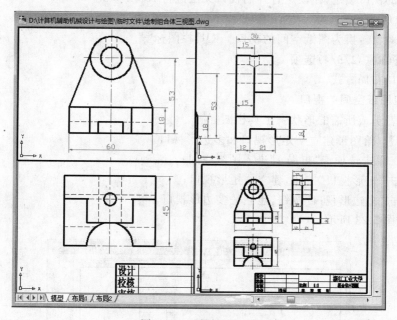

图 5-21　平铺视区示例

5.4.9　定义浮动视口命令 mview

该命令用于在图纸空间中创建单个规则视口和不规则视口,将对象转换为视图,进行视口的锁定和裁剪,改变视口的排列方式。该命令可以用以下几种方式激活:

（1）单击工具栏命令图标,如图 5-22 所示;

（2）输入命令 mview。

激活该命令后,AutoCAD 提示如下:

图 5-22　"视口"工具栏

指定视口的角点或［开(ON)/关(OF)/布满(F)/着色打印(S)/锁定

(L)/对象(O)/多边形(P)/恢复(R)/图层(LA)/2/3/4/]<布满>：

提示行中各选项含义如下所述。

1. 布满(F)选项

这是默认选项，将建立一布满图纸空间的单独视口，视口的大小取决于图纸空间视图的尺寸大小。

2. 单一矩形视口

建立一矩形视口。工具栏图标 。

3. 多边形(P)选项

根据提示建立一多边形视口。工具栏图标 。

4. 开(ON)/关(OFF)选项

打开或关闭视口。被关闭的视口不参加重新生成视图的操作，其图形不显示。

5. 着色打印(S)选项

指定如何打印布局中的视口。

6. 锁定(L)选项

将选中的视口锁定，在锁定打开的视口无法进行 zoom/pan。

7. 对象(O)选项

将所选对象转换为图纸空间的视口。工具栏图标 。

8. 恢复(R)(/2/3/4)选项

改变视口布局方式。

9. 裁剪图纸空间的视口

将视口裁剪成所需的形状。工具栏图标 。

【例 5-1】　给图形建立一矩形视口和多边形视口。

解：(1) 单击选项卡"布局1"进入图纸空间；

(2) 单击"矩形视口"按钮，建立一矩形视口；

(3) 单击"多边形视口"按钮，建立一多边形视口。

结果如图 5-23 所示。

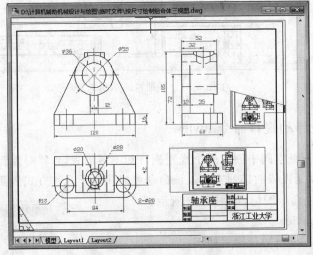

图 5-23　定义浮动视口示例

第6章　交互技术与辅助绘图工具

交互技术是计算机软件系统人机对话的重要手段,随着计算机软硬件技术的不断发展,已从简单的命令方式发展到菜单交互方式,以及目前的图形交互方式,Windows 丰富多彩的图形功能使人机交互技术达到了一个新的高峰。优秀的交互绘图系统都提供了好的交互操作界面,这样即使对计算机不熟悉的人,也能很快掌握并用计算机完成自己的工作。本章先介绍交互绘图系统中常用的交互技术,然后介绍 AutoCAD 中运用交互技术的相关命令——辅助绘图工具。

6.1　定　位　技　术

定位是交互绘图系统中最基本的输入操作,即给应用程序指定一个点的坐标(x,y)或(x,y,z)。在交互绘图系统中,实现定位的交互技术通常有两种:

(1) 用鼠标或图形输入板控制屏幕上的光标移动到指定位置;

(2) 用键盘输入点的坐标。

在定位技术中要考虑以下几个基本问题:

1. 坐标系

坐标系是定位技术一个重要的参考系,在交互式图形系统中,一般有两个坐标系:世界坐标系(绝对坐标系)和用户坐标系(相对坐标系)。

2. 分辨率

用键盘输入点坐标值(x,y)时,输入的数值可以根据需要来决定,可以提供无限高的分辨率。当用鼠标、图形输入板等定位设备输入点时,输入的坐标值与显示器、图形输入板的分辨率以及应用程序有关。在分辨率达不到用户程序的要求时,可以用窗口到视口的坐标变换技术将用户坐标系中的某个区域放大,从而使屏幕上的一个像素单位与用户坐标系中任意小的单位对应起来。

3. 网格

网格是一个重要的视觉辅助工具,它在屏幕工作区中用较低的亮度或较淡的颜色显示,帮助调整定位点的位置,当定位点已靠近某个网格点时,应用程序可以简单地将定位器的坐标约束到这个最近的网格点上,从而帮助用户生成整齐的图形。网格通常是均匀而规则的,充满整个屏幕。也可以设置特殊规则的网格以满足作图的需要,例如以水平方向旋转一定角度的网格。

4. 方向性

方向性可以使定位设备作规定方向的移动,以保证作图的准确性和作图效率。如正交方式可以快速准确地绘制水平线和铅垂线。

6.2　约　束　技　术

在交互绘图系统中,使用键盘输入可以保证定位精度,但操作繁琐、效率低下。而使用光标定位,虽然方便、快捷,但受设备分辨率、视觉误差等因素的影响,定位精度往往难以满足要求。约束技术为交互绘图系统快速、准确的定位提供了一种非常有用的手段。常用的约束技术有下列几种:

1. 水平和垂直约束技术

用鼠标或图形输入板进行定位时,常采用水平和垂直约束。水平约束时,绘图系统锁定输入点的 y 坐标值,使 y 坐标值不能变化,x 坐标值可根据用户的需要确定;垂直约束时,锁定输入点的 x 坐标值,y 坐标值由用户确定。水平和垂直约束常用于绘制水平线和铅垂线,这样既保证了所绘线段的准确位置,又提高了绘图速度。

2. 方向约束技术

用鼠标进行定位时,为了使定位点与某点保持一定方向,绘图系统将锁定光标的移动方向,使其只能在约定的方向上移动,以保证定位点的方向位置,同时系统动态显示光标当前点的极坐标,从而实现快速准确的定位。

3. 实体特征点的约束技术

在交互绘图中,经常要拾取已知实体的特征点作为新的定位点,为快速准确地捕捉这些特征点,绘图系统提供实体特征点约束技术,即当定位设备的光标移到特征点的附近时,光标就被吸附到特征点上。如图 6-1 所示,这些特征点可以是实体上已经存在的点,如圆的圆心、象限点,直线的端点、中点;也可以是将产生的特征点,如圆的切点。网格点也可以看成是一种特殊的特征点,这样就很容易用定位设备使定位点与网络点重合。

4. 引力场约束技术

在交互图形系统中,经常要拾取某个图形实体进行操作,引力场约束技术可以帮助用户把光标点聚焦在拾取实体上。引力场是一种想象的约束范围,如图 6-2 所示是直线的引力场,一旦光标进入这个范围,它就被聚焦到这条直线上。对拾取操作而言,这是一种非常实用的约束技术。

图 6-1　特征点约束　　　　　　　　　　图 6-2　引力场约束

6.3　拾　取　技　术

拾取技术在交互系统中是非常重要的,例如图形删除、修改等编辑操作时,都要拾取图形。在交互绘图系统中,拾取图形的操作,实际是检索图形数据库的过程,从图形数据库找到拾取对象,存取该图形对象的几何参数及其属性数据,以便用编辑命令对该图形作进一步的操作。

通常,输入设备只提供点坐标拾取,但如果用点去拾取目标,往往难以做到。为此,图形系统提供拾取光标方式拾取实体,而拾取光标实质上是由系统程序实现的模拟拾取器,具有一定的拾取域,如图 6-3 所示。当用户用拾取光标拾取对象时,拾取域选中的实体就被选中。

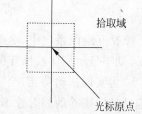

图 6-3　拾取光标

如何实现拾取光标对操作对象的拾取,不同系统采用不同的方法,常用的方法有系统映射表法和计算法。

1. 系统映射表法

系统初始化时,在系统内部建立一张屏幕图形映射表 view[xx][yy],同时建立与屏幕图形、显示实体表和图形实体表之间的对应关系,这样当拾取光标选择屏幕图形对象时,通过屏幕图形映射表可以对应到图形对象的显示实体表,由显示实体表自然可以检索到选择目标的图形实体表,这种方法称为系统映射表法。图 6-4 所示为系统映射表结构以及与屏幕图形、显示实体表和图形实体表之间的关系。

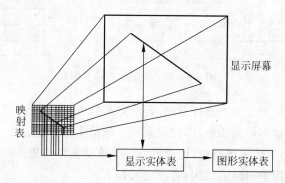

图 6-4　系统映射表结构以及与屏幕图形、显示实体表和图形实体表之间的关系

映射表的填写根据直线、圆、弧生成的插补原理进行。系统初始化时,映射表全部记录置为 NULL。

用户在拾取实体时,系统对拾取范围内的系统映射表进行检索,拾取到实体后返回相应值,否则返回 NULL,即没有找到实体。

2. 计算法

设拾取点 $P_0(x_0,y_0)$,拾取光标的拾取域为$[x_0-\Delta s,y_0-\Delta s,x_0+\Delta s,y_0+\Delta s]$,因此,可以把拾取光标看作是一个小的窗口,当图形对象在拾取窗口内或与拾取窗口相交时,即为拾取。

用拾取光标拾取图形对象时,尽量避免在两个对象相交处附近拾取。当图形复杂时,通常可以将图形放大后再拾取,也可以通过调节拾取窗口的大小去操作。如果拾取光标包含两个以上图形对象时,系统一般采用下述两种方法保证其中一条直线段被拾取。

(1) 系统在图形生成时就对每一个图形确定其拾取优先级,在拾取图形时如遇到拾取光标包含多个图形对象的情况,系统判断这些图形对象的拾取优先级即可确定哪个图形被拾取,一般规定越迟画的图形,优先级别越高,通常先被拾取。

(2) 系统采用逐个地闪烁、变颜色或增亮拾取到的图形,让用户来确认,如输入空格键为非拾取图形,输入回车键为拾取图形。

6.4　拖　动　技　术

交互绘图系统中,对图形实体进行平移、复制、镜像等编辑操作时,为了获得生动的效果,动态显示实体被操作的过程称为拖动,也称作橡皮筋或动态操作。

为实现拖动功能,绘图系统必须建有拖动档案。它是交互图形系统为实现拖动操作,在拖动期间建立的临时性图形档案。如图 6-5 所示是 TGS-2 交互图形系统的拖动档案结构,拖动档案由拖动档案表头、拖动实体表链、显示几何参数表链组成。

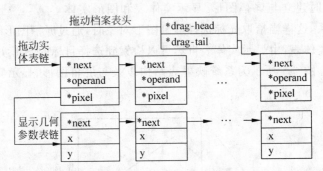

图 6-5　拖动档案结构示意图

拖动档案表头负责对实体表进行管理,各项定义如下。

＊drag-head:拖动实体表头指针,记录第一个拖动实体位置。

＊drag-tail:拖动实体表尾指针,记录最后一个拖动实体位置。

拖动实体表链采用单向链表结构,各项定义如下。

＊next:指向后一拖动实体表指针,使各表之间构成单向链结构。

＊operand:实体种类号。

＊pixel:指向显示几何参数表指针。

拖动档案表头在系统初始化时建立,拖动实体表链及显示几何参数表链由系统动态申请和释放存储单元进行管理。

拖动的实质是不断地画线和擦线,对拖动档案而言,就是不断地建立和删除拖动档案。

6.5　反　馈　技　术

反馈在人机交互中起着极为重要的作用,根据不同的操作需要,系统应提供不同的反馈形式,如提示、颜色、声音、动画等。CAD/CG 系统中一般有如下几种形式。

1. 定位点反馈

定位操作时,不同定位方式需要不同的反馈形式。输入点时,通常需要反馈光标点的坐标,可以是直角坐标或极坐标,也可以是相对坐标;输入矩形长度和宽度时,希望反馈的是数值,这样,长和宽的数值随光标的移动而改变,用户就可以将物体调整到希望的大小,如图 6-6 所示。

2. 动态反馈

图形绘制时,常用橡皮筋技术动态反映画直线、画圆的过程,生动形象,非常方便;图形移动、复制、比例、镜像编辑操作时,常用拖动技术动态反馈操作过程;对于系统计算时间较长的操作,可以用尺度条动态反馈,以便用户了解进展情况,如 6-7 所示。

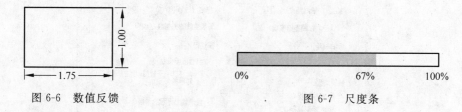

图 6-6　数值反馈　　　　　　　　　　　　　　图 6-7　尺度条

3. 颜色反馈

图形拾取操作时,常用变颜色、增亮或闪烁表示拾取结果。

4. 信息反馈

交互绘图系统是一个人机对话系统,用户与系统之间的信息交流以对话为主,用户根据系统提示信息作相应的操作,系统对用户的每一个操作都应该有所反应。如当操作错误时,系统提示错误信息,并反馈出错原因。

反馈的位置很重要,通常是在屏幕上指定一个固定的区域显示反馈信息,但这破坏了视觉上的连续性,因为用户的眼睛必须在绘图区和信息反馈区来回移动,并且往往不注意固定区域的信息。因此应把反馈信息显示在用户注意力集中的地方,例如光标所在的位置。很多窗口系统都能在事件发生的地方弹出一个反馈窗口,来显示警告信息、确认信息、出错信息等。

6.6　AutoCAD 辅助绘图工具

AutoCAD 系统提供多种交互技术,包括栅格命令 grid、捕捉命令 snap、正交命令 ortho、自动追踪和参考追踪捕捉方式等。

6.6.1　栅格命令 grid

该命令用于控制在屏幕上是否产生栅格,及设置栅格的水平或垂直方向的间距。栅格是为了方便图形绘制、显示在图形界限内由点阵构成的辅助绘图工具,其作用与坐标纸相似,仅用于视觉参考,不是图形的组成部分。栅格可以在运行其他命令的过程中打开和关闭。该命令可以用以下方法激活:

(1) 选取下拉菜单“工具”→“草图设置”;

(2) 在状态栏的“栅格”按钮上右击鼠标,弹出光标菜单中选取“设置”选项;

(3) 输入命令 grid。

1. 用下拉菜单、光标菜单操作

用下拉菜单、光标菜单激活该命令,系统弹出“草图设置”对话框,打开对话框中的“捕捉和栅格”选项卡,如图 6-8 所示。在该选项卡的栅格选项组内可设置栅格的有关参数。

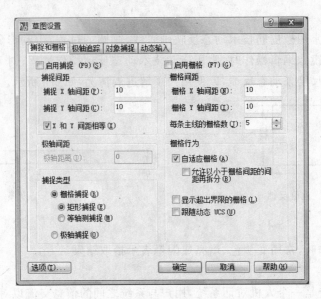

图 6-8 "捕捉和栅格"选项卡

1）栅格的打开与关闭

选中"启用栅格"复选框,使其框内出现符号"√"时栅格功能被打开,否则为关闭。使用功能键 F7 或状态行中的"栅格"按钮也可打开和关闭栅格。

2）栅格间距的设置

在"栅格间距"选项组对应的输入框中,可设置栅格的间距。X 轴方向的间距和 Y 轴方向的间距可设置成相同的值,也可设置成不同的值。

完成设置后,单击"确定",系统返回绘图状态。

2. 用命令操作

在命令行输入 grid 命令后,出现如下提示:

指定栅格 X 间距或［开(ON)/关(OFF)/捕捉(S)/主(M)/自适应(D)/界限(L)/跟随(F)/纵横向间距(A)］<当前值>:

上一提示行中各选项的含义如下。

（1）直接输入一个数,该数将作为栅格 X 轴方向的间距,同时 Y 轴方向的间距也自动设置为该值,即等间距设置。这是默认选项。

（2）"开(ON)"选项:按当前间距打开栅格。

（3）"关(OFF)"选项:关闭栅格。

（4）"捕捉(S)"选项:将栅格间距定义为由 snap 命令设置的当前捕捉间距。

（5）"纵横向间距(A)"选项:设置栅格的 X 向间距和 Y 向间距。该选项可将 X 向和 Y 向的间距设置成不等的值。如果当前捕捉样式为"等轴测捕捉"时,则"纵横向间距"选项不能使用。

6.6.2 捕捉命令 snap

该命令用于控制栅格约束方式,改变栅格的约束栅格的间距、方向和样式。打开栅格只是设置一张栅格网,定位设备仍无法精确定位在栅格上,通过捕捉可以将定位设备输入的点与栅格对齐。捕捉与栅格是不同的，捕捉有自己的栅格，只是捕捉的栅格是不可见的，通常与 grid 命令配合使用。该命令可以用以下方法激活：

（1）选取下拉菜单"工具"→"草图设置"；

（2）在状态栏的"捕捉"按钮上右击鼠标，弹出光标菜单中选取"设置"选项；

（3）输入命令 snap。

1. 用下拉菜单、光标菜单设置

用下拉菜单、光标菜单激活该命令，系统弹出"草图设置"对话框，打开对话框中的"捕捉和栅格"选项卡，如图 6-8 所示。在该选项卡的捕捉选项组内可设置捕捉的有关参数。

1）打开或关闭捕捉

单击"启用捕捉"复选框，使其框内出现符号"√"时捕捉被打开，否则为关闭。使用功能键 F9 或状态行中的"捕捉"按钮也可打开和关闭捕捉。

2）捕捉间距的设置

在"捕捉间距"选项组对应的输入框中，可设置捕捉的间距。X 轴方向的间距和 Y 轴方向的间距可设置成相同的值，也可设置成不同的值。

3）捕捉类型和样式的设置

捕捉类型有栅格捕捉和极轴捕捉两种，其中栅格捕捉又分为矩形捕捉和等轴测捕捉。

通常使用的是矩形栅格捕捉，栅格成矩形分布。等轴测捕捉主要用于正等轴测图的绘制。

当选中极轴捕捉时，对话框中的"捕捉"选项组被锁定，只能使用左侧的"极轴间距"选项组来设置捕捉的间距。一般情况下极轴捕捉和极轴追踪配合使用，当用户在指定点时，"捕捉"模式将沿极轴追踪角进行捕捉，而不是根据栅格进行捕捉，捕捉的长度由输入的极轴间距来确定。如图 6-9 所示，图 6-9（a）是极轴捕捉关闭时的状态，屏幕上光标可以平稳地移动，而图 6-9（b）是设置极轴间距为 10、并打开极轴捕捉时的状态，此时光标只能以 10 的倍数跳跃地移动。

(a)　　　　　　　　　　　　　　　　　　　(b)

图 6-9　极轴捕捉的打开与关闭

（a）关闭状态；（b）打开状态

栅格捕捉与极轴捕捉的切换有两种方法，一是在打开"草图设置"对话框，在对话框中完成两种捕捉方式的切换，显然这一方法操作繁琐。另一种快捷方法是在状态栏下的"捕捉"选项上右击鼠标，弹出光标菜单，如图 6-10 所示，单击相应的捕捉类型，即可完成相应的切换。

图 6-10　捕捉的光标菜单

2. 用 snap 命令设置

在命令行输入 snap 命令后,出现如下提示:

指定捕捉间距或[开(ON)/关(OFF)/纵横向间距(A)/旋转(R)/样式(S)/类型(T)]<当前间距>:

在提示行中选择相应的选项也可进行捕捉的设置。低版本的 AutoCAD 中捕捉是通过该方式来设置的,在 AutoCAD 中一般都采用上述的对话框方式设置。

6.6.3　正交命令 ortho

该命令用于控制是否产生 X 轴和 Y 轴方向的约束。在正交方式下,用光标只能得到与坐标轴平行的较长的一段矢量,如图 6-11 所示。

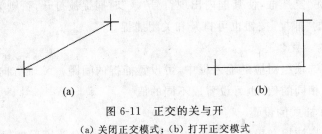

图 6-11　正交的关与开
(a) 关闭正交模式;(b) 打开正交模式

该命令没有对应的下拉菜单选项和工具栏图标,可使用下列两种方式设置:

1. 命令行操作

在命令行输入 ortho 命令,系统出现如下提示:

输入模式[开(ON)/关(OFF)]<当前模式>:

在提示行中输入 ON 则打开正交方式,输入 OFF 则关闭正交方式。

2. 状态栏按钮操作

用鼠标单击状态栏中的"正交"按钮,该按钮被按下时正交方式打开,否则关闭正交方式。

ortho 的约束方向始终与 snap 的栅格方向一致,且与 snap 的打开/关闭状态无关。使用"正交"模式与否,均不影响键盘输入项的操作结果。

6.6.4　自动追踪捕捉方式

自动追踪捕捉方式包括极轴追踪和目标捕捉追踪两种捕捉方式。自动追踪捕捉方式在很大程度上简化了绘图工作。极轴追踪捕捉方式可方便地捕捉到所设角度线上的任意点;目标捕捉追踪方式可方便地捕捉到通过指定目标点及指定角度线的延长线上的任意点。

1. 自动追踪捕捉的设置

自动追踪捕捉的设置是通过"草图设置"对话框来完成的,打开对话框中的"极轴追踪"选项卡,如图 6-12 所示。对话框中各项含义及操作方法如下。

1)"启用极轴追踪(F10)"开关

该开关控制极轴追踪方式的打开与关闭。

图 6-12　"极轴追踪"选项卡

2）"极轴角设置"选项组

用于设置极轴追踪的角度，方法是从"增量角"下拉列表框中选择一个角度值，也可输入一个新角度值。所设角度将使 AutoCAD 在此角度线及该角度的倍数线上进行极轴追踪。

单击"新建"按钮，可在"附加角"开关下方的列表中为极轴追踪设置一些有效的角度。

3）"对象捕捉追踪设置"选项组

在该选项组内有两个单选按钮，用于设置目标捕捉追踪的模式，选择"仅正交追踪"选项，将使目标捕捉追踪通过指定点时仅显示水平和铅垂追踪方向。选择"用所有极轴角设置追踪"选项，将使目标捕捉追踪通过指定点时可显示极轴追踪所设的所有追踪方向。

4）"极轴角测量"选项组

该选项组内有两个单选按钮，用于设置测量极轴追踪角度的参考基准。选择"绝对"选项，使极轴追踪角度以当前用户坐标系为参考基准。选择"相对上一段"选项，使极轴追踪角度以最后绘制的实体为参考基准。

5）"选项"按钮

单击该按钮，AutoCAD 将弹出"选项"对话框，并打开"草图"选项卡，如图 6-13 所示。对话框右侧为设置极轴追踪区，可在此作所需的设置。拖动滑块可调整捕捉靶框的大小。

2. 极轴追踪捕捉方式的应用

极轴追踪捕捉方式可捕捉所设角增量线上的任意点。极轴追踪捕捉可通过单击状态栏上的"极轴"按钮来打开或关闭，也可用功能键 F10 打开或关闭。

【例 6-1】　若要绘制两相交直线段，其中一直线的长度为 50，与 X 轴的夹角为 $+30°$，另一直线长度为 30，与 X 轴夹角为 $-45°$。

解：绘图步骤如下。

（1）设置极轴追踪捕捉的角度为 15°（因为该角度值的两倍和 3 倍就分别是 30°和 45°），完成设置后开始画线。

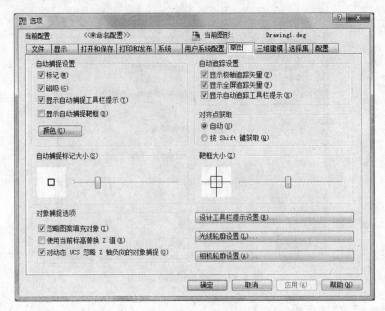

图 6-13　设置极轴追踪的"选项"对话框

（2）画线。

命令：line↙

指定第一点：(用鼠标确定起点 A)

指定下一点或[放弃(U)]：(向右上方移动鼠标，自动在"30°"线上出现一条点状射线，此时用键盘输入直线长度 100，即画出直线 AB，如图 6-14(a)所示。)

指定下一点或[放弃(U)]：(结束命令)

命令：↙　(重复画线命令)

指定第一点：(目标捕捉功能捕捉点 A)

指定下一点或[放弃(U)]：(向右下方移动鼠标，自动在 315°线上出现一条点状射线，同时系统给出自动追踪工具栏提示，此时用键盘输入直线长度 150 便画出直线 AC，如图 6-14(b)所示。)

指定下一点或[放弃(U)]：(结束命令)

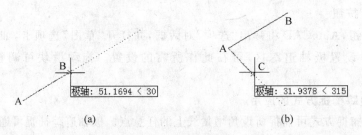

(a)　　　　　　　　　　　　　　　(b)

图 6-14　极轴追踪捕捉应用示例

3. 目标捕捉追踪方式的应用

目标捕捉追踪方式可应用所设模式与固定捕捉配合，捕捉通过某指定目标点延长线上任意点。目标捕捉追踪可通过单击状态栏上"对象追踪"按钮来打开或关闭，也可使用功能键 F11 来打开或关闭。

【例 6-2】　绘制如图 6-15 所示的铅垂线 AB,使点 B 与已知直线 CD 的端点 D 在同一水平线上。

解：绘图步骤如下。

(1) 设置目标捕捉追踪模式

打开"草图设置"对话框中的"极轴追踪"选项卡(如图 6-12 所示),在"对象捕捉追踪设置"选项组选择"仅正交追踪"选项,并打开目标极轴追踪捕捉,单击"确定"按钮退出对话框。

(2) 设置自动捕捉模式。

(3) 画线。

命令：line↙
指定第一点：(可用鼠标直接确定起点 A)
指定下一点或[放弃(U)]：

将光标靠近点 D,当 D 点出现一小矩形框且框内有一个十字架后,表示系统已对点 D 进入目标追踪捕捉状态,此时将光标向左移动,将出现一条通过点 D 的水平位置的点状射线,当光标移到一定位置后,待绘制的铅垂线便出现在屏幕上,单击鼠标,便绘出直线 AB 了,如图 6-15 所示。

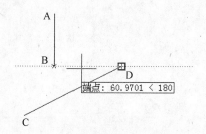

图 6-15　目标捕捉追踪应用示例

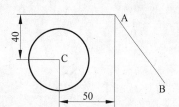

图 6-16　参考追踪应用示例

6.6.5　参考追踪捕捉方式

参考追踪捕捉方式是在当前点的坐标系中,追踪其他参考点来确定点的方法。参考追踪捕捉方式与极轴追踪捕捉方式、目标捕捉追踪方式的不同之处是：极轴追踪捕捉与目标捕捉追踪方式所捕捉的点与前一点之间是要连线的,而参考追踪捕捉方式从追踪开始到结束所捕捉到的点与前一点是不连线的,所捕捉到的点称为参考点。参考追踪捕捉与固定捕捉模式配合就可以捕捉到需要的参考点。

当 AutoCAD 要求输入一个点时,就可以激活参考追踪捕捉,激活参考追踪捕捉中常用的方法是在对象捕捉工具条中单击"临时追踪点"按钮█。

【例 6-3】　绘制如图 6-16 所示的直线 AB,其端点 A 与圆心 C 的水平距离是 50,铅垂方向的距离是 40。

解：使用参考追踪方式来绘制的步骤如下(在执行下列操作前应将极轴追踪捕捉方式和目标追踪捕捉方式打开)：

命令：line↙
指定第一点：(拾取追踪图标,开始参考追踪)

_tt 指定临时对象追踪点:

　　此时将光标靠近圆心点 C,当圆心点处出现一小圆圈后,将光标向右移动,系统显示出一条水平的点状射线,于是用键盘输入水平方向的距离值 50,屏幕上将出现一小十字架,同时给出如下提示:

　　指定第一点:(再拾取追踪图标,又开始参考追踪)

　　此时移动光标到小十字架上方,系统显示出一条铅垂的点状射线,于是又用键盘输入铅垂方向的距离值 40,于是在射线上将又出现一个小十字架,这就是直线的起点 A,系统又给出如下提示:

　　指定第一点:(移动光标到点 A 后按拾取键)
　　指定下一点或[放弃(U)]:(输入直线的终点 B)

　　利用参考追踪捕捉方式可方便地确定这两点之间的相对位置,而这两点又不需要用线连接起来。如果不使用这一绘图工具绘制图 6-16,就只能用绘制辅助线来确定点 A 的位置。

第7章 图形常用几何运算

在交互图形系统中,经常需要通过交点、切点和垂足等绘制直线、圆弧,为了在绘图过程中获取这些点,图形系统必须具备常用的几何运算功能,通过计算能得到某些点的精确位置及坐标。本章将讨论绘图系统中常用的几何运算(如求交、求切、求垂足等)方法和原理,并介绍 AutoCAD 系统中相关命令的操作方法。

7.1 图形常用几何运算

几何运算是绘图系统的数学基础,在图形绘制、编辑、修改等很多功能操作中都要用到,通常由系统以工具的形式提供或包含在这些功能中,用户往往只要利用系统提供的这种服务,由系统自动完成几何运算。常用几何运算包括求交点、求切点、求垂足以及作平行线、作垂直线等。

7.1.1 交点运算

1. 两直线相交

两直线或线段相交时只有一个交点,但应判别交点的有效性。交点有效性问题因具体的求解对象有所区别,如求两直线的交点时,只要有交点则必是有效的,而求两线段的交点时,交点就不总是有效的。

1) 两线段相交的交点计算

如图 7-1 所示,两线段用 P_1P_2 和 P_3P_4 表示,交点用 $P(x,y)$ 表示。交点坐标由两直线方程联立求解:

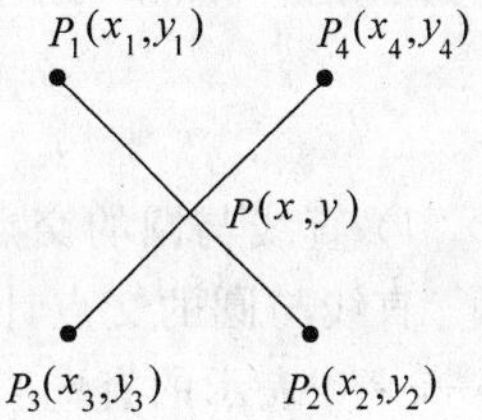

$$\begin{cases} (x-x_1)(y_2-y_1)=(x_2-x_1)(y-y_1) \\ (x-x_3)(y_4-y_3)=(x_4-x_3)(y-y_3) \end{cases}$$

令 $A=x_2-x_1, B=x_4-x_3, C=y_2-y_1, D=y_4-y_3$
于是得交点坐标为

图 7-1 两线段相交

$$\begin{cases} x=\dfrac{CD(y_3-y_1)+ADx_1-BCx_2}{AD-BC} \\ y=y_1+\dfrac{A(x-x_1)}{C} \end{cases}$$

当 $AD-BC=0$ 时,两线段平行或重合;当 $AD-BC\neq0$ 时,两线段有交点,但交点必须落在两线段之内时,才是有效交点。因此,交点坐标必须满足下列不等式组:

$$\begin{cases} (x-x_1)(x-x_2)\leqslant0 \\ (x-x_3)(x-x_4)\leqslant0 \end{cases}$$

2) 两直线相交的交点计算

如果两直线采用两点式方程表示,则求交方法与两线段求交方法完全相同,而且不需判定交点的有效性。若采用法线表示,则由方程组:

$$\begin{cases} a_1 x + b_1 y + c_1 = 0 \\ a_2 x + b_2 y + c_2 = 0 \end{cases}$$

可求出交点坐标为

$$\begin{cases} x = \dfrac{(b_1 c_2 - b_2 c_1)}{(a_1 b_2 - a_2 b_1)} \\ y = \dfrac{(a_2 c_1 - a_1 c_2)}{(a_1 b_2 - a_2 b_1)} \end{cases}$$

当 $a_1 b_2 - a_2 b_1 \neq 0$ 时,两直线必存在交点,否则两直线平行或重合。

2. 直线与圆弧相交

直线与圆弧有相交、相切和相离三种位置关系。相交时又有两种情况,即只有一个交点和有两个交点,如图 7-2 所示。直线与圆弧的交点运算,可先求解圆弧所在圆与直线的交点,然后再判断交点是否有效。判别方法是根据交点与圆心的方向角是否在圆弧起止角之间,如图 7-3 所示。

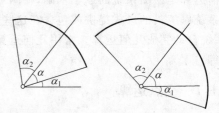

图 7-2　圆弧与直线相交　　　　　　　图 7-3　圆弧上点的判别

在图形数据库中圆弧是由圆心坐标 $O(x_c, y_c)$、半径 r、起始角 α_1 和终止角 α_2 表示。令 α 为圆弧上一点相对于圆心的方向角,其方程可表示为

$$(x - x_c)^2 + (y - y_c)^2 = r^2$$
$$\alpha \in [\alpha_1, \alpha_2] \quad \text{或} \quad 2\pi + \alpha \in [\alpha_1, \alpha_2]$$

1) 直线与圆的交点计算

直线与圆的交点计算如图 7-4 所示,直线是法线方程 $ax + by + c = 0$ 表示的有向直线,它与圆的交点沿直线方向定义为 P_1 至 P_2。显然圆心 O 到直线的距离是

$$d = \frac{-(ax_c + bx_c + c)}{\sqrt{a^2 + b^2}}$$

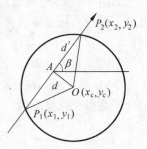

图 7-4　直线与圆相交

若 $|d| < r$,则直线与圆相交。过圆心 O 作直线的垂线,垂足是点 A,显然点 A 是 P_1、P_2 连线的中点,其坐标可表示为

$$\begin{cases} x_A = \dfrac{b^2 x_c - ab y_c - ac}{a^2 + b^2} \\ y_A = \dfrac{a^2 y_c - ab x_c - bc}{a^2 + b^2} \end{cases}$$

令 $d' = \sqrt{r^2 - d^2}$,$\sin\beta = \dfrac{a}{\sqrt{a^2 + b^2}}$,$\cos\beta = \dfrac{-b}{\sqrt{a^2 + b^2}}$,于是可求得交点 P_1、P_2 的坐标分别是

$$P_1: \begin{cases} x_1 = x_A - d' \cos\beta \\ y_1 = y_A - d' \sin\beta \end{cases}$$

$$P_2 : \begin{cases} x_2 = x_A + d'\cos\beta \\ y_2 = y_A + d'\sin\beta \end{cases}$$

2）判断交点的有效性

在上述直线与圆的交点计算的基础上，求取交点 $P_i(x_i, y_i)$ 相对于圆心 $O(x_c, y_c)$ 的方向角 α。

若 $y_i > y_c$，则

$$\alpha = \arccos\left(\frac{x_i - x_c}{r}\right), \quad 0 \leqslant \alpha \leqslant \pi$$

若 $y_i < y_c$，则

$$\alpha = 2\pi - \arccos\left(\frac{x_i - x_c}{r}\right), \quad \pi \leqslant \alpha \leqslant 2\pi$$

因此，当 $\alpha_1 \leqslant \alpha \leqslant \alpha_2$ 或 $\alpha_1 \leqslant \alpha + 2\pi \leqslant \alpha_2$ 时，交点 P_i 是有效的，否则是无效交点。其中 α_1、α_2 分别是圆弧的起始角和终止角，如图 7-5 所示。

3. 圆弧与圆弧相交

圆弧与圆弧的相对位置也有相交、相切、相离 3 种情况，而两圆弧相交的交点数可能是一个，也可能是两个，如图 7-6 所示。一般情况下要判断两圆弧是否有交点可先通过计算两圆弧所在圆是否存在交点。若有交点，则计算交点相对于两圆圆心的方向角，由方向角是否分别在两圆弧的起止角间，判断交点的有效性。

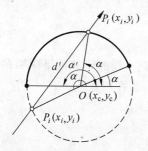

图 7-5　交点的有效性判别

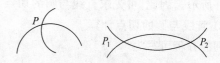

图 7-6　两圆弧相交交点形式

1）两圆相交的交点计算

两圆是否相交一般可通过计算两圆圆心间距离与两圆半径之和或差之间的关系来判别。如图 7-7 所示，两圆的方程可表示为

$$(x - x_{c1})^2 + (y - y_{c1})^2 = r_1^2$$
$$(x - x_{c2})^2 + (y - y_{c2})^2 = r_2^2$$

而两圆心的距离为

$$d = \sqrt{(x_{c1} - x_{c2})^2 + (y_{c1} - y_{c2})^2}$$

若 $|r_1 - r_2| < d < r_1 + r_2$，则两圆存在交点，否则两圆相切或相离。

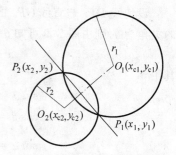

图 7-7　两圆相交交点计算

将两圆方程相减得

$$2(x_{c2} - x_{c1})x + 2(y_{c1} - y_{c2})y + (x_{c1}^2 + y_{c1}^2 - x_{c2}^2 - y_{c2}^2 - r_1^2 - r_2^2) = 0$$

此方程是通过圆的两个交点的直线方程,于是求两圆的交点就转化成求该直线与圆的交点。用直线与圆求交点的方法求得直线与圆的交点,并记为 $P_1(x_1,y_1)$ 和 $P_2(x_2,y_2)$。

2) 交点有效性的判别

求出两圆的交点后,判断交点是否位于两已知圆弧上。已知两圆弧的起始角分别是 α_1、α_2,终止角分别是 β_1、β_2,设 $P_1(x_1,y_1)$ 相对与两圆圆心的方向角分别为 α_{11}、α_{12},如图 7-8 所示。

若 $\alpha_1 \leqslant \alpha_{11} \leqslant \alpha_2$ 或 $\alpha_1 \leqslant 2\pi + \alpha_{11} \leqslant \alpha_2$,且 $\beta_1 \leqslant \beta_{11} \leqslant \beta_2$ 或 $\beta_1 \leqslant 2\pi + \beta_{11} \leqslant \beta_2$,则该点在两圆弧上,是有效交点。同理可判别 $P_2(x_2,y_2)$ 是否是有效点。

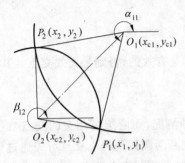

图 7-8　两圆交点有效性判别

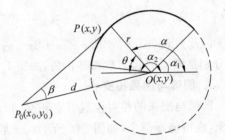

图 7-9　直线与圆弧相切

7.1.2　切点运算

1. 直线与圆弧相切

过圆外一点 $P_0(x_0,y_0)$ 作一直线与圆弧相切,则圆心到直线的距离就是圆弧的半径,如图 7-9 所示。因此,可先求直线与圆的切点,再判别切点是否在圆弧上。

1) 直线与圆的切点计算

圆的方程可写为

$$(x-x_c)^2 + (y-y_c)^2 = r^2$$

则圆心到定点 P_0 的距离为

$$d = \sqrt{(x_c-x_0)^2 + (y_c-y_0)^2}$$

设切线 PP_0 与直线 OP_0 的夹角为 β,直线 OP_0 与水平线的夹角为 γ,直线 OP 与水平线的夹角为 θ,则由图 7-9 可知 $\theta = \pi/2 - (\alpha+\beta)$。于是得切点 P 的坐标是

$$x = x_c - r\cos\theta, \quad y = y_c + r\sin\theta$$

其中:

$$\sin\theta = \cos(\alpha+\beta) = \cos\alpha\cos\beta - \sin\alpha\sin\beta$$
$$\cos\theta = \sin(\alpha+\beta) = \sin\alpha\cos\beta + \cos\alpha\sin\beta$$
$$\sin\alpha = \frac{y_c-y_0}{d}, \quad \cos\alpha = \frac{x_c-x_0}{d}$$
$$\sin\beta = \frac{r}{d}, \quad \cos\beta = \frac{\sqrt{d^2-r^2}}{d}$$

2) 切点有效性判别

由上述直线与圆相切切点 $P(x,y)$,可求得相对于圆心的方向角为 $\alpha = \arccos((x-x_c)/r)$

或 $\alpha=2\pi-\arccos((x-x_c)/r)$，若 $\alpha_1\leqslant\alpha\leqslant\alpha_2$ 或 $\alpha_1\leqslant\alpha+2\pi\leqslant\alpha_2$，则 $P(x,y)$ 点为直线与圆弧的有效切点。

2. 圆弧与圆弧相切

在绘图时，往往要绘制一个已知圆心坐标的圆，使其与另一已知圆相切，这就需要确定待绘制圆的半径及切点。设已知圆的半径为 r_1，圆心坐标是 (x_{c1},y_{c1})，圆弧的起止角分别是 α_1、β_1。需绘制的圆或圆弧的圆心坐标是 (x_c,y_c)，圆弧起止角分别是 α、β。显然待绘制圆弧的半径为

$$r=|d\mp r_1|=|\sqrt{(x_c-x_{c1})^2+(y_c-y_{c1})^2}\mp r_1|$$

两圆外切时上式中取减号，内切时取加号。

于是可求出两圆的切点坐标是

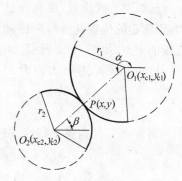

$$\begin{cases} x=x_{c1}+\dfrac{r_1(x_c-x_{c1})}{r_1\pm r_2} \\[2mm] y=y_{c1}+\dfrac{r_1(y_c-y_{c1})}{r_1\pm r_2} \end{cases}$$

如果是两圆弧相切，则求出切点后还需判断切点是否是有效点。设已知圆弧的起止角分别是 α_1、β_1，待求圆弧的起止角分别是 α_2、β_2。切点 P 与两圆心的连线与 X 轴的夹角是 α、β，如图 7-10 所示。当 $\alpha_1\leqslant\alpha\leqslant\alpha_2$ 或 $\alpha_1\leqslant\alpha+2\pi\leqslant\alpha_2$ 且 $\beta_1\leqslant\beta\leqslant\beta_2$ 或 $\beta_1\leqslant\beta+2\pi\leqslant\beta_2$ 成立时，切点 P 必然是有效切点。

图 7-10　两圆弧相切

3. 直线与两圆相切

直线与两圆相切分外切和内切，如图 7-11 所示。设两圆圆心分别是 $O_1(x_{c1},y_{c1})$、$O_2(x_{c2},y_{c2})$，半径为 r_1、r_2，圆心距为 d，连心线 O_2O_1 的方向角为 α。

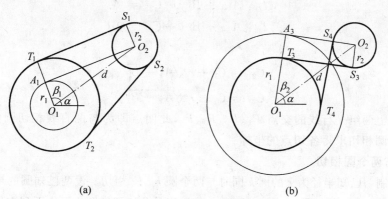

(a)　　　　　　　　　　　　　(b)

图 7-11　两圆公切线

(a) 直线与两圆外切；(b) 直线与两圆内切

外切时，如图 7-11(a) 所示，在直角三角形 $A_1O_1O_2$ 中，$\beta_1=\arccos((r_2-r_1)/d)$。于是切点 T_1、T_2 对于圆心 O_1 的方向角为 $\alpha\pm\beta_1$，切点 S_1、S_2 相对于 O_2 的方向角也为 $\alpha\pm\beta_1$，由此便可求得各切点的坐标，从而确定两条外公切线。

内切时，如图 7-11(b) 所示，在直角三角形 $A_3O_1O_2$ 中，$\beta_2=\arccos((r_2+r_1)/d)$。于是

切点 T_3、T_4 对于圆心 O_1 的方向角为 $\alpha \pm \beta_2$，切点 S_3、S_4 相对于 O_2 的方向角也为 $\alpha \pm \beta_2$，由此便可求得各切点的坐标，从而确定两条内公切线。

但圆心距 d 的大小决定了是否存在公切线，以及公切线的数目，判别条件如下：

(1) 若 $d < |r_1 - r_2|$，则小圆在大圆内，无公切线。

(2) 若 $d = |r_1 - r_2|$，则两圆内切，公切线只有一条，切点即为两圆的切点。

(3) 若 $|r_1 - r_2| < d < r_1 + r_2$，则两圆相交，只存在两条外公切线。

(4) 若 $d = r_1 + r_2$，则两圆外切，存在两条外公切线和一条内公切线。

(5) 若 $d > r_1 + r_2$，则两圆相离，存在两条外公切线和两条内公切线。

4. 圆与两直线相切

已知两直线位置，要画一已知半径 r 的圆与两直线相切，则圆心的位置就是与两已知直线相距为 r 的两条平行直线的交点，如图 7-12 所示。

已知直线 l_1、l_2 的方程为

$$l_1: A_1 x + B_1 y + C_1 = 0$$
$$l_2: A_2 x + B_2 y + C_2 = 0$$

而直线 l_1 的两条平行线方程为

$$l_{11}: A_1 x + B_1 y + C_{11} = 0$$
$$l_{12}: A_1 x + B_1 y + C_{12} = 0$$

图 7-12　圆与两直线相切

其中：

$$C_{11} = C_1 + r\sqrt{A_1^2 + B_1^2}$$
$$C_{12} = C_1 - r\sqrt{A_1^2 + B_1^2}$$

同样直线 l_2 的两条平行线方程为

$$l_{21}: A_2 x + B_2 y + C_{21} = 0$$
$$l_{22}: A_2 x + B_2 y + C_{22} = 0$$

其中：

$$C_{21} = C_2 + r\sqrt{A_2^2 + B_2^2}$$
$$C_{22} = C_2 - r\sqrt{A_2^2 + B_2^2}。$$

求解以上两组平行线的交点 P_1、P_2、P_3、P_4，此四点即为与两直线相切圆的圆心，并可通过直线与圆相切求得各切点的坐标。

5. 圆与两个圆相切

若要绘制一已知半径为 r 的圆 k 同时与两个圆 k_1、k_2 相切。设两已知圆的半径分别是圆心坐标分别为 r_1、r_2，圆心是 (x_{c1}, y_{c1}) 和 (x_{c2}, y_{c2})，于是公切圆的圆心可由下列方程组求解：

$$\begin{cases} (x - x_{c1})^2 + (y - y_{c1})^2 = (r_1 + r)^2 \\ (x - x_{c2})^2 + (y - y_{c2})^2 = (r_2 + r)^2 \end{cases}$$

求出公切圆的圆心后，可由 7.1.3 节中的方法求公切圆与两已知圆的切点坐标。

显然，上述方程所求得的圆心是外公切圆的圆心。事实上，在一般情况下，两圆的公切圆有下列几种：同时与两圆外切，同时与两圆内切，与一个圆外切与另一个圆内切，或者根本不存在公切圆。

7.1.3　垂足运算

已知点 $P_0(x_0, y_0)$ 及直线 l_0：$ax + by + c = 0$，过点 P_0 作直线 l_0 的垂线 l，如图 7-13 所示。可得垂线方程为 $a(y - y_0) = b(x - x_0)$。联立解上述两方程得垂足 $P(x, y)$ 为

$$\begin{cases} x = \dfrac{b^2 x_0 - aby_0 - ac}{a^2 + b^2} \\[2mm] y = \dfrac{a^2 y_0 - abx_0 - bc}{a^2 + b^2} \end{cases}$$

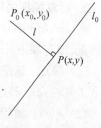

图 7-13　两直线垂直

7.1.4　平行运算

求作平行线有两种方式：通过已知点作直线平行于已知直线，作平行线使之与已知直线的距离为给定值。设已知直线 l_0 的方程为 $ax + by + c = 0$。则过已知点 $P_0(x_0, y_0)$ 作平行线 l_1 的方程是 $ax + by - (ax_0 + by_0) = 0$。若给定距离 d 作平行线 l_2，则其方程是 $ax + by + c + d\sqrt{a^2 + b^2} = 0$。

7.2　AutoCAD 相关命令

对象捕捉方式是绘图中非常实用的定点方式，是精确绘图时不可缺少的实用工具。AutoCAD 提供了强大的对象捕捉功能，利用对象捕捉可以精确地捕捉到图形实体的某一特征点或一些特殊点。例如，如果要绘制某个圆的同心圆，可以用"捕捉到圆心"的对象捕捉模式，当将光标移动到该圆附近时，AutoCAD 系统就会准确地捕捉到圆心，这样就可以很容易地将它作为新圆的圆心；如果要从图中某点画某个圆的切线，可以用"捕捉到切点"的对象捕捉模式，当将光标移动到该圆某个切点位置附近时，AutoCAD 系统就会准确地捕捉到该切点，这样就可以很容易地画出这条直线。

AutoCAD 提供了十多种对象捕捉（object snap 或 snap）功能，用来捕捉图中的特征点或特殊点。当 AutoCAD 要求输入一个点时，就可以激活对象捕捉模式。对象捕捉模式可以按两种方式来激活：单点对象捕捉模式和自动对象捕捉模式。

7.2.1　单点对象捕捉

1. 对象捕捉方式的激活

单点对象捕捉模式是在要求输入一个点时，用某种对象捕捉模式来响应提示，这时系统临时打开该种对象捕捉模式，待捕捉到一个点后，对象捕捉就自动关闭。单点对象捕捉模式的激活方式如下：

（1）从命令行输入对象捕捉模式的关键字；

（2）从对象工具栏中单击相应捕捉模式，如图 7-14 所示；

图 7-14　"对象捕捉"工具栏

（3）在绘图区任意位置，先按住 Shift 键，再右击鼠标，将弹出一光标菜单，如图 7-15 所示，在菜单中选取相应捕捉模式。

2. 对象捕捉的种类

利用 AutoCAD 的对象捕捉功能，可以捕捉到实体上的下列几种点，即有如下几种捕捉模式。

（1）端点：捕捉直线段、圆弧等实体的端点。

工具栏命令图标 ▨ 或关键字 end。

（2）中点：捕捉直线段、圆弧等实体的中点。

工具栏命令图标 ▨ 或关键字 mid。

（3）圆心：捕捉圆或圆弧的圆心。捕捉圆心时，靶标必须指在圆周或圆弧线上。

工具栏命令图标 ◎ 或关键字 cen。

（4）交点：捕捉线段、圆、圆弧等实体之间的交点。

工具栏命令图标 ✕ 或关键字 int。

（5）象限点：捕捉圆或圆弧上 0°、90°、180°、270° 位置上　图 7-15　对象捕捉光标菜单
的点。

工具栏命令图标 ◇ 或关键字 qua。

（6）切点：捕捉所画线段、圆弧与已知圆或圆弧的切点。

工具栏命令图标 ○ 或关键字 tan。

（7）垂直点：捕捉所画线段与另一直线、圆、圆弧、椭圆弧、多义线、构造线等垂直的点。

工具栏命令图标 ⊥ 或关键字 per。

（8）插入点：捕捉图块、文本串、属性以及形的插入点。

工具栏命令图标 ▨ 或关键字 ins。

（9）节点：捕捉由 point 命令绘制的点。

工具栏命令图标 ▨ 或关键字 nod。

（10）平行点：绘直线时捕捉与另一直线平行的终点。画直线时，输入起点后，激活平行点捕捉并将光标移到要平行的直线上停顿一会儿，当该直线上出现一个平行线符号时，将光标移开，当屏幕上出现一条通过输入的起点和当前光标点的点状射线时，便可输入直线的终点，这样绘制的直线就与所选择的另一直线平行。

工具栏命令图标 ▨ 或关键字 par。

（11）外观交点：捕捉三维空间内的直线、圆、圆弧、椭圆、椭圆弧、多线、多义线、射线、构造线或样条在投影中的交点。这些几何元素在空间中不一定是相交的。

工具栏命令图标 ✕ 或关键字 appint。

（12）最近点：捕捉除文字和形（shape）以外的任何对象上距离光标最近的点。

工具栏命令图标 ▨ 或关键字 nea。

（13）延伸点：捕捉直线或圆弧的延长线上的点。如果配合使用交点捕捉或外观交点捕捉模式，可捕捉到延长线与其他对象的交点。

工具栏命令图标 ▬ 或关键字 ext。

（14）偏移点：捕捉与指定基点偏移一定距离的点。该捕捉不同于其他捕捉模式，其他捕捉都是直接捕捉到对象上的几何特征点，而偏移点捕捉是以一个临时参考点为基点，从基点偏移一定距离得到捕捉点。通常，临时参考点都是由其他捕捉模式得到的捕捉点。所以，一般都是与其他捕捉模式一起使用的。

工具栏命令图标 或关键字 from。

3. 对象捕捉应用示例

在下述各例中，捕捉的激活采用命令的方式，当然也可使用其他方式激活捕捉模式，操作过程完全一样，只是提示行中的提示稍有不同。

【例 7-1】　如图 7-16 所示，画一个圆使其圆心在直线的端点处，并与另一圆相切。

解：步骤如下。

命令：circle↙
指定圆的圆心或[三点(3P)/两点(2P)/相切、相切、半径(T)]：end↙　　(捕捉直线端点)
于：(将光标靠近直线的端点，当出现一小矩形框时单击鼠标左键)
指定圆的半径或[直径(D)]<默认值>：tan↙　　(捕捉切点)
到：(将光标靠近已知圆弧，当出现一个与捕捉切点按钮图标样的符号时回车)
命令：

说明：在捕捉切点时，捕捉位置不同所绘制的圆也不同，如图 7-16 所示，当捕捉切点时将光标放在已知圆的下方捕捉切点 A，则绘制与已知圆外切的小圆。当光标在已知圆的上方捕捉切点 B 时，则绘制与已知圆内切的大圆。

【例 7-2】　如图 7-17 所示，过直线 A 和 B 的交点作一直线垂直于直线 C。

解：步骤如下。

命令：line↙
指定第一点：int↙　　(捕捉交点)
指定下一点或[放弃(U)]：per↙　　(捕捉垂直点)
指定下一点或[放弃(U)]：↙　　(结束命令)

【例 7-3】　如图 7-18 所示，从点 A 画一直线到点 B，而点 B 在圆弧的圆心 C 的正上方 20 单位。

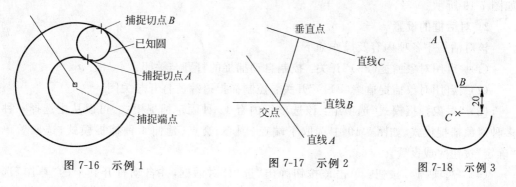

图 7-16　示例 1　　　　　　图 7-17　示例 2　　　　　　图 7-18　示例 3

解：步骤如下。

命令：line↙

指定第一点：输入点 A↙

指定下一点或[放弃(U)]：<u>from</u>↙　　(捕捉偏移点)

基点：<u>cen</u>↙　　(捕捉圆心作为偏移点的参考点——基点)

于：(捕捉圆心 C)

<偏移>：@0,20

指定下一点或[放弃(U)]：↙　　(结束命令)

注意：输入〈偏移〉值时，要使用相对坐标。如使用绝对坐标将终止捕捉偏移点模式并定位到指定的绝对坐标点。

7.2.2　自动捕捉方式

自动捕捉方式是执行 osnap 命令，也可通过单击状态行上的"对象捕捉"按钮，或使用功能键 F3 来打开或关闭自动捕捉方式。

自动捕捉方式与单点捕捉对象的区别是：单点对象捕捉方式是一种临时性的捕捉，选择一次捕捉模式只捕捉一个点。自动捕捉方式则固定在一种或数种捕捉模式下，打开以后可连续执行有效设置的所有特征点的捕捉，直到关闭。

当绘图时需要捕捉各种类型的对象时，就应使用单点捕捉模式，而关闭自动捕捉方式，否则，系统自动捕捉到的点往往不是需要点，这将给绘图带来不便。如果需要使用的捕捉模式是可固定的且操作频繁，如标注尺寸时要频繁地捕捉端点，那就可以使用自动捕捉方式，并设置一个固定捕捉模式，待操作完毕后再关闭。

1. 对话框的激活

自动捕捉方式的设置是在"草图设置"对话框中的"对象捕捉"选项卡中进行的，打开该对话框的方法有下列几种：

(1) 从下拉菜单中选取"工具"→"草图设置"；

(2) 右击状态栏中的"对象捕捉"按钮，单击弹出光标菜单中的"设置"选项；

(3) 使用"对象捕捉"工具栏中的按钮，也可打开对话框；

(4) 在命令行输入命令 osnap。

输入命令后，AutoCAD 将弹出"草图设置"对话框，并打开其上的"对象捕捉"选项卡，如图 7-19 所示。

2. 对话框的设置

该对话框中各项内容及操作如下：

(1) "启用对象捕捉(F3)"开关：控制自动捕捉的打开与关闭。

(2) "启用对象捕捉追踪(F11)"开关：控制捕捉追踪的打开与关闭。

(3) "对象捕捉模式"选项组：该选项组内有 13 种固定捕捉模式，可以从中选择一种或多种对象捕捉模式，如图 7-19 中选取了端点、圆心、交点、延伸 4 种捕捉模式，选取后单击"确定"按钮完成设置。

(4) "选项(T)"按钮：单击该按钮弹出"选项"对话框，并自动打开其上的"草图"选项卡，如图 7-20 所示。选项卡的左侧是"自动捕捉设置"选项组，其上各项含义如下。

标记：该开关用来控制捕捉标记的显示与不显示。当打开该选项，在绘图中使用捕捉时，屏幕上将显示出所捕捉点的特定标记符号，各种类型点的标记符号如图 7-19 中"对象捕

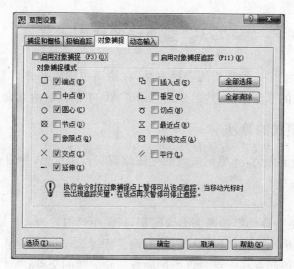

图 7-19　"对象捕捉"选项卡

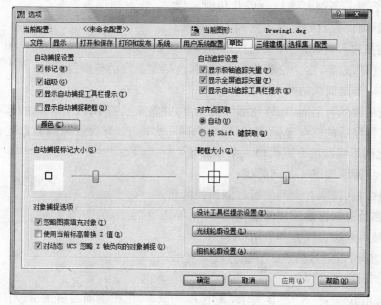

图 7-20　设置对象捕捉的"选项"对话框

捉模式"选项组内的那些小图标。

　　磁吸：该开关用来控制捕捉磁吸的打开与关闭。打开捕捉磁吸将把靶标锁定在捕捉点上，就像打开 snap 后，光标在栅格点上移动一样。

　　显示自动捕捉工具栏提示：该开关用来控制捕捉提示的打开与关闭。捕捉提示是系统自动捕捉到一个点后，显示出该提示的文字说明。

　　显示自动捕捉靶标：该开关用来打开或关闭靶标。

　　自动捕捉标记颜色：显示捕捉标记的当前颜色。如要改变标记颜色，只需从该下拉列表框中选择一种颜色。

　　自动捕捉标记大小：控制标记的大小，拖动滑块可改变标记的大小。

7.3　剖面线的绘制

剖面线是工程制图中一种常用的表达方法，在绘图中用得非常广泛。本节首先讲述绘图系统中剖面线生成的算法原理，然后介绍 AutoCAD 中剖面线绘制命令。

7.3.1　画剖面线的算法

以平面多边形图形为例，介绍剖面线的生成原理和算法思想，并简介填充区域自动搜索的基本原理。

1. 基本思想

如图 7-21 所示是一种典型的画剖面线图例，从图中可以发现：

（1）剖面线是一组画在剖面轮廓线内的等距平行线；

（2）一条剖面线的起点和终点是该条剖面线与轮廓线的交点；

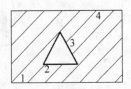

图 7-21　剖面线规律

（3）假如将一条剖面线与轮廓线的所有交点按 X 或 Y 坐标的大小排序，那么当一条剖面线被分成几段时，显然奇数点到偶数点之间应该画线，而偶数点到奇数点之间不应画线。

得到上述规律后，可以把画剖面线的步骤归纳如下：

（1）定义图形边界，建立轮廓的数学模型，包括剖面线的范围及数量；

（2）确定一条剖面线的数学方程；

（3）求该剖面线与剖面内、外轮廓线的交点，并将交点按 X 或 Y 坐标的大小排序；

（4）根据排序后的交点坐标，在剖面线的同一方向上，奇数点与偶数点之间画线，偶数点到奇数点之间不画线的方式画出一条剖面线；

（5）按一定间距取下一条剖面线；

（6）重复（2）～（5），直到画完所有剖面线为止。

2. 平面多边形剖面线绘制算法

1）剖面域内外边界线方程表示

平面多边形可以通过两点式直线方程来表示。

2）求取剖面线的范围

剖面线可用方程 $y = Kx + B$ 表示，其中 K 为斜率，根据剖面线要求由设计者选定，B 为截距，表示剖面线与 Y 轴的截距。求出所有剖面线的截距，并求出其中最大、最小两个值 B_{max}、B_{min}，从而确定剖面线的范围，如图 7-22 所示。并由此可以算出剖面线条数。

3）剖面线与轮廓线线段交点及处理

剖面线与轮廓线线段相交时，可根据直线与直线相交交点算法求出。交点可分为有效点、无效点和重交点三种。所谓有效点是指交点在轮廓线线段上，对剖面线有用；无效点是指交点在轮廓线线段的延长线上，与剖面线无关；重交点是指交点与两轮廓线的交点重合，剖面线要通过重交点，但它将影响奇偶连线规则。

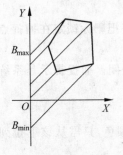

图 7-22　剖面线范围

为了避免出现重交点，可采用如下方法：求取剖面线与任意一条轮廓线的交点时,如果交点的 X 坐标 x 与该轮廓线两端点的坐标 x_i 和 x_{i+1},满足不等式 $x_i < x \leqslant x_{i+1}$,则该交点是有效交点。这样就避免了重交点的出现。

3. 填充区域自动搜索基本思想

剖面线通常在某个封闭的区域绘制,因此绘制剖面线必须先定义一个封闭的剖面线区域,早期的图形软件采用交互拾取边界对象的办法来定义,工作量大,往往无法正确定义,常常在剖面线绘制上浪费很多时间。目前流行的绘图软件都提供了剖面区域填充自动搜索边界功能,用户只要用光标在某个封闭区域点一下,系统自动搜索边界,建立起剖面线轮廓的数学模型,并完成选定区域的填充。现介绍自动搜索的基本思想及搜索步骤:

(1) 在所需区域给定一点 P,作为参考点选择包含该点的最小区域。

(2) 自参考点 P 沿水平向右方搜索,在图线对象中选取与该射线相交并距离参考点 P 最近的点 P_0 及其图线。

(3) 求出该图线与其他图线对象相交并距离点 P_0 最近的交点 P_1 及其图线,作为区域边界的起始点及第一条轮廓线 L_1。

(4) 以起始点 P_1 出发逆时针寻找下一条轮廓线的交点,重复该步骤直至回到起始点。

(5) 由以上轮廓线所围成的区域即为所选区域。

7.3.2　AutoCAD 图案填充

AutoCAD 中有 bhatch 和 hatch 两个命令可以进行图案填充,bhatch 命令可以创建关联和非关联填充,并且可以根据用户的一个输入点自动计算填充边界。hatch 命令只能在命令行中执行创建非关联填充,但它能够通过自定义多义线创建没有边界的填充。

1. bhatch 命令

采用下列任意一种方式都可激活 bhatch 命令。

(1) 选取下拉菜单"绘图"→"图案填充";

(2) 单击绘图工具栏中的 按钮;

激活命令后,系统弹出"图案填充和渐变色"对话框,如图 7-23 所示。该对话框定义填充的边界、图案、图案属性、填充方式等。该对话框有"图案填充"和"渐变色"两个选项卡,"图案填充"选项卡主要用于对图案填充的样式、图案、角度等内容进行设置。

"图案填充"选项卡定义如何生成填充边界和填充方式,在该选项卡内有以下几个选项。

1)"类型和图案"选项组

(1) 类型:设定填充图案的类型,在下拉列表框中共有三种类型可供选择。"预定义"表示使用 AutoCAD 预定义的标准图案,这些图案存储在 acad. pat 和 acad. iso. pat 两个文件中。"用户定义"表示使用基于图形当前线型的简单填充图案,该图案由一组平行线组成,平行线的角度和间距可分别在"角度"下拉列表框、"间距"文本框中设置。"自定义"表示使用用户定制的图案文件(* . pat)中的图案。

(2) 图案:该下拉列表框中列出了所有预定义的图案,用户可从中选取所需的图案,选中的图案 AutoCAD 将存储在系统变量 hpname 中。该选项只有在选取预定义类型时才有效。单击右边的"…"按钮弹出"填充图案选项板"对话框,如图 7-24 所示,用户可以预览并选择全部预定义图案。

(3) 样例:显示选中的图案,单击该框也可弹出"填充图案选项板"对话框。

图 7-23 "图案填充和渐变色"对话框　　　　　　图 7-24 "填充图案选项板"对话框

（4）自定义图案：该列表框中列出了所有用户定制的图案，可从中选取所需的图案。该选项只有在类型为"自定义"时才有效。与"图案"下拉列表框一样，单击右边的"…"按钮弹出"填充图案选项板"对话框。

2）"角度和比例"选项组

（1）角度：定义填充图案相对于当前用户坐标系（UCS）X 轴的转角。该转角存储在系统变量 hpang 中。

（2）比例：定义预定义或定制图案的缩放比例系数，其值越大，填充线越稀疏。该值存储在系统变量 hpscalce 中。

（3）双向：对于用户自定义的图案，将绘制第二组直线，这些直线与原来的直线成 90° 夹角，从而可以构成交叉线。只有在"图案填充"选项卡上"类型"设置成"用户定义"时，该选项才处于激活状态。

（4）相对图纸空间：选中该项表示按图纸空间单位缩放填充图案。该选项只有在"布局"中填充时才有效，它可以方便地使布局中的填充图案以合适的比例显示。

（5）间距：该选项确定用户定义的填充图案中平行线的间距，它只在类型为用户定义时有效。

（6）ISO 笔宽：根据所选的值确定与 ISO 有关的图填充图案的比例。只有类型为预定义且选择了 ISO 填充图案时才可设定该选项。

3）"图案填充原点"选项组

（1）使用当前原点：此单选按钮用于设置填充图案生成的起始位置。默认值为（0,0）。

（2）指定的原点：用于制定新的图案原点，选中此单选按钮以后才可以使用下面的几个选项。

（3）默认为边界范围：用于根据图案填充对象边界的矩形区域来计算新原点。

（4）存储为默认原点：用于将新图案填充原点的值存储在 HPORIGIN 系统变量中。

4）"边界"选项组

"边界"选项组主要用于用户指定图案填充的边界，用户可以通过指定对象封闭的区域中的点或者封闭区域的对象的方法确定填充边界，通常使用的是"添加：拾取点"按钮和"添加：选择对象"按钮。

（1）"添加：拾取点"按钮

该按钮用来拾取点，并根据围绕指定点构成封闭区域的现有对象确定填充边界。单击该按钮后，对话框暂时消失，AutoCAD 在命令行提示：

选择内部点：

输入一个点后，AutoCAD 自动分析边界集，从中确定出包围该点的填充边界，并高亮显示。如果所拾取的点不能被一封闭边界包围，AutoCAD 会给出一错误信息。如果没有错误，AutoCAD 给出如下信息和提示：

```
命令：bhatch↙
拾取内部点或[选择对象(S)/删除边界(B)]：正在选择所有对象…
正在选择所有可见对象…
正在分析所选数据…
正在分析内部孤岛
选择内部点：
```

此时用户又可输入一个点以确定其他填充边界，也可输入 U 或 Undo 撤消上次的输入点，所有的填充区域都拾取后则回车返回对话框。在拾取过程中，随时可以单击鼠标右键激活光标菜单。在菜单中可以撤消上次或所有拾取点，改变拾取方式、填充方式以及预览填充结果。

（2）"添加：选择对象"按钮

指定对象进行填充。单击该按钮后，对话框暂时消失，AutoCAD 在命令行提示选择对象，拾取对象后 Auto-CAD 高亮显示该对象。与拾取点不同，AutoCAD 并不检测拾取对象内部的孤岛，因此用户必须自己拾取需要的孤岛。

（3）"删除边界"按钮

删除填充边界中的边界，这些边界必须是在拾取点时 AutoCAD 自动检测出的。单击该按钮后，对话框暂时消失，AutoCAD 在命令行提示选择要删除的边界，选中的边界将不再高亮显示。

（4）"查看选择集"按钮

单击该按钮后，对话框暂时消失，AutoCAD 切换到图形屏幕，高亮显示当前定义的所有填充边界。

5）"孤岛"选项组

用户单击"图案填充和渐变色"对话框的展开按钮，展开对话框如图 7-25 所示。使用"添加：拾取点"按钮确定

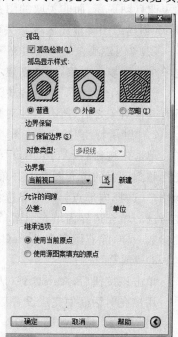

图 7-25　展开的对话框

边界时,不同的孤岛设置,产生的填充效果是不一样的。

(1)"孤岛检测"选项组

在"孤岛"选项组中,选择"孤岛检测"复选框,则在进行填充时,系统将根据选择的孤岛显示模式检测孤岛来填充图案,所谓"孤岛检测"是指最外层边界内的封闭区域对象将被检测为孤岛,如图 7-26 所示。根据对岛的不同处理方式,填充分为"普通"、"外部"和"忽略"三种方式。最外层封闭环填充图案,次外层封闭环不填充,然后第三层封闭环又填充,按此规律处理所有的封闭环。外部方式是只填充最外层封闭环,其内的其他封闭环都不填充;忽略方式是无视内部封闭环的存在,将全部区域都予填充。

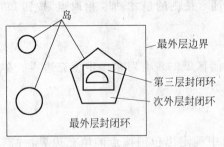

图 7-26　岛的概念

(2)"边界保留"选项组

定义是否将填充边界保存为图形对象,以及保存为何种对象。如果选中"保留边界"选项,填充之后 AutoCAD 会按对象类型中的选项创建新的边界对象。

(3)"边界集"选项组

定义用选点方式定义填充边界时,AutoCAD 进行分析的边界集。

6)"选项"选项组

"选项"选项组中主要包括三方面的内容,即"关联"、"创建独立的图案填充"和"绘图次序"。

(1)"关联"复选框用于控制填充图案与边界"关联"或"非关联"。关联图案填充随边界的更改自动更新,而非关联的图案填充则不会随边界的更改而自动更新,默认情况下,使用 hatch 创建的图案填充区域是关联的。

(2)"创建独立的图案填充"复选框用于当选择多个封闭的边界进行填充时,控制是创建单个图案填充对象,还是创建多个图案填充对象。

(3)"绘图次序"下拉列表框主要为图案填充或填充制定绘图次序。图案填充可以放在所有其他对象之后、所有其他对象之前、图案填充边界之后或图案填充边界之前。

7)"继承特性"按钮

单击该按钮后,AutoCAD 切换到图形屏幕,并提示用户"选择关联填充对象:",此时将光标移到已有的填充图案上并单击鼠标,AutoCAD 在提示行回显该图案的继承特性,并提示用户"选择内部点:",完成选择后回车,返回对话框,然后单击"确定"按钮,AutoCAD 便在所选的填充边界内填充图案,该图案的名称、比例、角度等参数完全与所选择的关联图案的参数一样,除非用户在 AutoCAD 返回对话框时修改了这些参数。

8)"预览"按钮

单击该按钮后,AutoCAD 切换到图形屏幕,预览填充效果。

用户在对话框中完成设置后,单击"确定"按钮便完成了填充操作。

【例 7-4】 填充如图 7-27(a)所示的图形。

解:操作步骤如下。

(1)激活命令打开对话框;

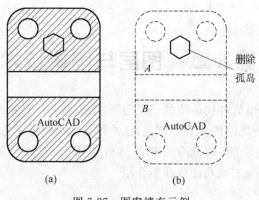

图 7-27 图案填充示例

(a) 结果；(b) 操作过程

（2）在"图案填充和渐变色"选项卡中选择类型为预定义，然后图案名选为 ANSI31，角度设置为 0，比例设置为 3；

（3）单击"添加拾取点"按钮，在图形中拾取点 A 和 B，如图 7-27(b)所示，回车返回对话框；

（4）单击"删除边界"按钮，在图形中拾取正六边形，然后回车，返回对话框，然后单击"确定"按钮，完成图案填充，结果如图 7-27(a)所示。

在本例中可以发现，填充图案在字符串"AutoCAD"处自动断开，从而使之清晰地显示出来。

2. hatch 命令

hatch 命令只能在命令行激活，在命令行输入该命令后，AutoCAD 提示如下：

输入图案名或[? /实体(S)/用户定义(U)]<默认图案名>：

在此提示下用户可直接输入预定义的图案名，也可输入 U 回车，然后输入用户定义的图案名，在图案名后加一逗号然后再加 N、O 或 I，便可设定填充方式，N、O、I 分别表示"普通"、"最外层"和"忽略"。完成输入后回车，后续提示如下：

指定图案缩放比例<默认值>：输入比例值
指定图案角度<默认值>：输入角度值
选择对象：

在选择对象提示下，用户定义填充边界，此时可用构造选择集中的任何方法指定填充边界，完成选择后回车便生成填充图案。

在选择填充边界时，应必须形成一封闭的边界，如果外层边界内有孤岛存在也必须将其选择在内，因为该命令不会自动检测是否有岛的存在。

3. 剖面线修改 hatchedit 命令

AutoCAD 还提供了 hatchedit 命令用来修改已填充的图案类型、缩放比例、角度及填充方式。该命令也可从下拉菜单中激活，下拉菜单位置是"修改"→"图案填充"。激活该命令后，AutoCAD 弹出"图案填充编辑"对话框，便可对所选图案进行修改。

也可使用"对象特性"命令 Properties 对填充图案进行全面修改。

第8章 图层与图块技术

计算机绘图不是简单的替代传统的手工绘图,而应结合计算机的特点,在用计算机实现辅助绘图的同时,超越传统绘图方式。因此,在绘图系统中出现了许多新的概念,如将图层、图块等用于图形管理的功能,以充分发挥计算机的作用,提高绘图工作效率。本章将对AutoCAD中的图层命令、图块功能作详细介绍。

8.1 图 层

8.1.1 图层的基本概念

1. 图层的作用

在传统的手工绘图中,一个图形的所有图线都是画在同一张纸上的,而计算机绘图则不同,它可以把一个图分成若干个图层,每一个图层如同是一张透明的胶片,我们可以将图线画在不同的图层上,整个图形就是把这些图层重叠起来。例如绘制如图8-1所示的轴,可以设置三个图层,第一层绘制轴的轮廓线,第二层绘制尺寸,第三层绘制轴的中心线,轴的图形就是把这些层重叠起来。根据需要,AutoCAD可以独立设置每一个图层的线型、颜色、线宽和状态等属性,一般情况下同一图层具有相同的属性。

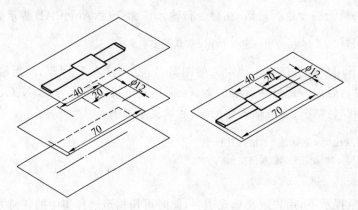

图8-1 图层概念示意图

画图时,图线总是画在当前层上,如果要在某一层上画线,则首先必须把该层设置为当前层。利用图层的状态属性,可以控制每一个图层的开和关,关闭的层将不显示也不打印输出。一个复杂的图形通常分成若干个图层,在绘图和编辑时可以关闭不用的一部分图层,使屏幕上显示的图形更加简单,减少视觉干扰和误操作引起的错误。有效地利用图层的各种属性,可以大大地提高绘图的效率。

2. 图层的特点

(1) 每个图层都有一个名字。其中名字叫做0的图层是AutoCAD自动定义的,其余的图层需要用户自己定义。名字由字母、数字和字符"＄"、"-"、"_"、"."任意组合而成,但不允许有空格,长度不大于 31 个字符。

（2）每个图层所容纳的实体数量理论上没有限制。

（3）每一张图中,用户所使用的图层数量理论上没有限制。

（4）一般情况下,同一图层上的实体只能是一种线型、一种线宽、一种颜色。

（5）同一图层上的实体处于同一状态,例如加锁或解锁。

（6）可以用图层命令改变各图层的线型、线宽、颜色和状态。

（7）各图层具有相同的坐标系、绘图界限和显示时的缩放倍数,因此图层相互是对齐的。

3. 图层特性管理器

图层的创建与管理在图层特性管理器中进行,用户可使用下列任何一种方法打开"图层特性管理器"对话框:

（1）选取下拉菜单"格式"→"图层"选项;

（2）在对象特征工具栏上选取图层图标；

（3）在命令行中输入命令 layer。

"图层特性管理器"对话框如图 8-2 所示,在该对话框内可创建新的图层、删除图层、选择当前图层、显示控制、设置图层的属性等。

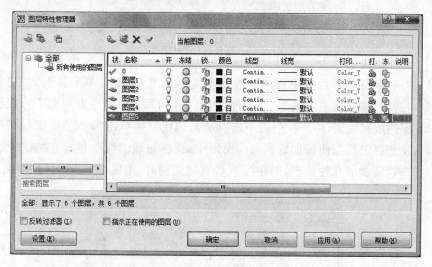

图 8-2　"图层特性管理器"对话框

8.1.2　创建新图层

在对话框中单击"新建"按钮,系统将自动建立一个新的图层,并出现在属性列表框中。系统自动将新建的图层命名为"图层 n"（n 为数字序号）,用户可以修改层名,使之具有确切的意义并方便记忆。如果同时需要创建多个图层,则单击"新建"按钮后,在名称栏下输入新层名,紧接着输入一个","或按回车键,就可以再输入下一个新层名,层名显示在图层列表框中。如要更改图层名,可用鼠标单击该图层,选中后再单击该图层名属性,则光标变成可输入文字状态,输入一个新层名并按回车键确认。

8.1.3　修改图层属性

每一图层有 12 个属性,分别是状态、名称、开、冻结、锁定、颜色、线型、线宽、打印式样、打印、冻结新视口、说明。这些属性都显示在属性列表框中。新建图层的属性都是默认值,因此应对属性值进行修改以满足不同的需要。属性的修改都在属性列表框中进行。

1. 设置图层线型

默认情况下,新建图层的线型均为实线(continuous)。如果要改变某图层的线型,可单击属性列表框中该图层的线型名称,AutoCAD 将弹出"选择线型"对话框,如图 8-3 所示。在"选择线型"对话框的列表中单击所需的线型名称,然后单击"确定"按钮,返回"图层特性管理器"对话框,完成线型的设置。

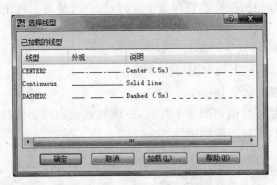

图 8-3　"选择线型"对话框

如果在"选择线型"对话框中所列的线型不能满足需要,则可单击其上的"加载"按钮,AutoCAD 将弹出"加载或重载线型"对话框,如图 8-4 所示。该对话框列出了标准线型文件 acadiso.lin 中的所有线型,用户在列表中选取所需的线型后单击"确定"按钮,返回"选择线型"对话框,所选择的线型便被加载到当前图形中,并将加载的线型显示在"选择线型"列表框中。如果一次需加载几种线型,则在按下 Ctrl 键的同时,用鼠标单击所需线型名即可。

图 8-4　"加载或重载线型"对话框

除上述选择和加载线型方法外,AutoCAD 还提供了一个线型管理器对线型的全部属性集中管理,可使用两种方法打开"线型管理器"对话框:

（1）单击下拉菜单"格式"→"线型"；

（2）在命令行中输入命令 linetype。

输入命令后，AutoCAD 将弹出"线型管理器"对话框，如图 8-5 所示。

图 8-5　"线型管理器"对话框

在该对话框的线型列表框内列出了已装入当前图形中的线型，单击"加载"按钮，Auto-CAD 将弹出"加载或重载线型"对话框，见图 8-4，便可装载所需的线型。单击"删除"按钮可删除"线型管理器"对话框中不需要的线型。单击"当前"按钮，将指定的线型设置为当前线型。单击"隐藏细节"按钮将不显示对话框下面的"详细信息"选项组的内容，与此同时"隐藏细节"按钮变为"显示细节"按钮。

在"线型管理器"对话框中有"全局比例因子"和"当前对象缩放比例"输入项，用户可以为所创建的对象设置全局线型缩放比例，该值越小，每个绘图单位中画出的重复图案越多。在默认情况下，AutoCAD 的全局线型缩放比例为 1.0。"全局比例因子"也可在命令行中输入 ltscale 命令进行调整。

全局比例因子将改变当前图形中所有实体的线型比例，包括已绘制的和将要绘制的图形实体。而当前对象的缩放比例只作用于将要绘制的图形实体，已经绘制的图形实体不会随当前对象缩放比例的变更而发生变化。

另外，由于使用的线型一般都是标准线型文件中定义的线型，对于这些线型可以让 AutoCAD 自动调整比例，只要选中"缩放时使用图纸空间单位"，AutoCAD 就可自动调整不同图纸空间视口中线型的缩放比例。

2. 设置图层线宽

使用线宽特性，可以创建粗细不一的线，在绘图时能够直观地看出细线和粗线。但是，不能用线宽特性来精确表示对象的宽度，而应使用多义线表示。

线宽值的标准设置包括随层、随块和默认。线宽值的单位可以用毫米或英寸，其中毫米为默认单位。线宽值为 0 的对象将以一个像素单位显示并以所用输出设备最细的线宽打印。任何小于等于 0.25 mm 的对象也将以一个像素单位显示。

如要改变某图层的线宽，可单击"图层特性管理器"对话框中该图层的线宽值，Auto-

CAD将弹出"线宽"对话框,如图8-6所示。在该对话框的列表中单击所需的线型,然后单击"确定"按钮,关闭该对话框,完成线宽的设置。

　　线宽的显示在模型空间和图纸空间中是不同的。在模型空间中,按像素显示线宽。而在图纸空间中,线宽以实际打印宽度显示。由于线宽在模型空间中以与像素成比例的值显示,所以线宽可以用来直观地表现不同的对象和不同类型的信息。在模型空间中对象的线宽非常小,但线宽不表示对象的实际宽度。线宽为0时,在屏幕上总以最小宽度(1个像素)显示。所有其他的线宽都与其实际单位值成比例的像素宽度显示。

　　在模型空间中显示的线宽不随缩放比例而变化,无论如何放大图形,用四个像素表示的线宽总是以四个像素显示。

　　可用下列两种方法激活如图8-7所示的"线宽设置"对话框:

　　(1) 单击下拉菜单"格式"→"线宽"选项;

　　(2) 用鼠标右击状态栏上的"线宽"按钮,在出现的光标菜单中单击"设置"选项。

图8-6　"线宽"对话框

图8-7　"线宽设置"对话框

　　在该对话框中可以改变当前的线宽、线宽的单位、默认值等。

　　调整该对话框中显示比例滑杆,改变显示比例,从而改变相同线宽值的对象在模型空间中的显示宽度。显示比例的改变并不影响线宽的打印值。

3. 设置图层颜色

　　默认情况下,新建图层的颜色为白色(绘图区的背景为白色时,默认值为黑色),为了方便绘图及图形输出,可根据需要改变图层的颜色。

　　如果改变某图层的颜色,可单击"图层特性管理器"对话框中该图层的颜色图标,AutoCAD将弹出"选择颜色"对话框,如图8-8所示。单击"选择颜色"对话框中所需颜色的图标,所选颜色名或颜色号将显示在该对话框下方的"颜色"文字编辑框中,并在其右侧图标中显示所选中的颜色,单击"确定"按钮,关闭该对话框,完成颜色的设置。

图8-8　"选择颜色"对话框

4．控制图层状态

图层有三个开关量，分别是打开（ON）/关闭（OFF）、解冻（THAW）/冻结（FREEZE）、解锁（UNLOCK）/加锁（LOCK）。这三个开关量用于控制图层的状态，处于不同状态下的图层具有不同的特性。新建的图层均处于打开、解冻和解锁状态。

开关状态用图标形式显示在"图层特性管理器"对话框中的图层名后，要改变其开关状态只需单击该图标即可。如图 8-2 所示，图层名后第一个图标用来控制图层的打开与关闭，第二个图标用来控制图层的解冻与冻结，第三个图标用来控制图层的解锁与加锁。

图层中这三个控制开关的功能与差别如表 8-1 所示。

表 8-1　图层的开关功能

项目与图标	功　　能	差　　别
关闭（OFF）	将指定图层上的实体隐藏，使之不可见。图形输出时，被关闭图层上的实体将不绘制。可以关闭当前层	关闭与冻结图层上的实体都不可见，都不输出。惟一的区别是：系统在重新生成图形时，被关闭图层上的实体要进行计算处理，仅不显示；而被冻结图层上的实体不进行计算处理，也不显示。因此，在执行 zoom、pan 等显示命令时，使用冻结图层的方法可提高显示速度
冻结（FREEZE）	将指定图层上的全部实体予以冻结，且不可见。图形输出时，被冻结图层上的实体将不绘制。当前图层是不能被冻结的	
加锁（LOCK）	将图层加锁。在加锁的图层上，可以绘制新的实体，但不能编辑其上的实体	
打开（ON）	将已关闭图层打开，使其上的实体重新显示	打开针对关闭而设，解冻针对冻结而设，解锁针对加锁而设
解冻（THAW）	将冻结图层解冻，使其上的实体重新显示	
解锁（UNLOCK）	将加锁的图层解除锁定，其上的实体可以被编辑	

5．设置图层打印样式

默认情况下，新创建图层的打印样式为普通。如果需要改变图层的打印样式，可在菜单栏中选择"文件"→"页面设置管理器"，系统弹出"页面设置管理器"对话框。在绘图区的左下侧，单击"布局 1"标签，然后单击"页面设置管理器"对话框中的"修改"按钮，系统弹出"页面设置-模型"对话框。单击该对话框中的"打印样式表（笔指定）"复选框中的下三角按钮，在弹出的下拉列表框中选择合适的打印样式表，如图 8-9 所示。然后单击"确定"按钮，关闭该对话框，完成打印样式的设置。

6．设置图层打印开关

默认情况下，新创建的图层都是可打印的。如果把一个图层的打印开关关闭，该图层上的实体在绘图输出时，将不打印，但在屏幕上是显示的。单击"图层特性管理器"对话框中该图层的打印开关图标，即可关闭打印。

8.1.4　设置当前层

所谓当前层是指用户当前输入实体的图层。当前层始终只有一个，只有处于解冻状态下的图层才能被设置为当前层。如果要在某一非当前层上绘制实体，就必须先将该层设置

图 8-9　"页面设置-模型"对话框

为当前层。

　　设置当前层的方法是在"图层特性管理器"对话框中选择某一图层名,然后单击对话框上方的"当前"按钮,便将该图层设置为当前图层。也可以双击某一图层名,或在该图层名上右击鼠标,弹出快捷菜单,单击其上的"置为当前"选项。当前图层的层名会显示在"图层特性管理器"对话框的"当前图层"文本框内。

　　如果将一个关闭的图层设置为当前层,则 AutoCAD 会自动将它打开。

8.1.5　删除图层

　　要删除不使用的图层,可从"图层特性管理器"对话框中选择一个或多个图层,然后单击该对话框上方的"删除"按钮,AutoCAD 将从当前图形中删除所选的图层。

　　如果要从列表中选择多个图层,可先按住 Ctrl 键,然后再选取。

8.1.6　用对象特性工具栏管理图层

　　上面介绍的图层管理方法都是在"图层特性管理器"对话框中进行的。为了使设置图层特性的操作更加简便、快捷,AutoCAD 提供了"图层"、"特性"两个工具栏,在这两个工具栏中可完成图层特性设置的大部分工作,同时这两个工具栏还有一些独特的功能,下面逐一介绍。

1. 设置当前层

用"图层"工具栏设置当前图层有两种方法。

1) 从"图层列表"下拉列表框中设置

如图 8-10 所示,在工具栏"图层列表"下拉列表框中选择一个图层名,该图层将被设置为当前层,并显示在工具栏窗口内。

图 8-10　用"图层"工具栏设置当前图层

2)用"把对象的图层置为当前"按钮设置

单击工具栏最左边的按钮,然后在图形窗口内选择一个实体,选择后 AutoCAD 将所选实体所属的图层设置为当前层,并将该图层名显示在"图层列表"窗口中。

2. 控制图层开关

在该工具栏"图层列表"下拉列表框中,单击某一图层控制开关状态的图标,可改变该图层的开关状态。

3. 设置当前实体的颜色、线型和线宽

如图 8-11 所示,在"特性"工具栏"颜色"下拉列表框中,选择某种颜色,可改变其后要绘制实体的颜色,但并不改变当前图层的颜色。

图 8-11　用"特性"工具栏设置当前实体的颜色

"颜色"下拉列表框中"随层"选项表示实体的颜色是按图层本身的颜色来定。"随块"选项表示实体的颜色是按图块本身的颜色来定。如果选取"随层"、"随块"以外的其他颜色,随后绘制的实体的颜色将是独立的,它不会随图层颜色的变化而变化。

在"线型"下拉列表框中,选择某种线型,可改变随后绘制的实体的线型,但并不改变图层的线型。

在"线宽"下拉列表框中,选择某一线宽值,可改变随后绘制的实体的线宽,但并不改变图层的线宽。

线型、线宽也有随层、随块选项,其含义与颜色中的类似。

建议用户使用"随层"、"随块"方式,便于颜色、线型和线宽的管理。

8.1.7　用命令行设置图层

除了上述使用对话框的方式设置和管理图层外,还可使用命令方式设置图层,这种方法常用在 AutoCAD 的二次开发中,例如使用 AutoLISP 开发应用程序时,创建和设置图层只能通过命令方式进行。

在命令行中输入-layer 命令,系统便给出如下提示:

当前图层:<当前图层名>
输入选项
[?/生成 (M)/设定 (S)/新建 (N)/开 (ON)/关 (OFF)/颜色 (C)/线型 (L)/线宽 (LW)/材质 (MAT)/打印 (P)/冻结 (F)/解冻 (T)/锁定 (LO)/解锁 (U)/状态 (A)]:

各选项的含义如下。

（1）"?"：列出一个或一些图层详细情况的清单。

（2）M 选项：生成一个图层并将其置为当前层，该选项的后续提示如下：

输入一个新图层的名称（成为当前图层）：输入层名↙

此时系统又返回到前一提示行内，在该提示下可进行其他选项的操作。事实上每完成一次选项操作都返回到上面的提示，如果要结束该命令则回车返回到命令状态。

（3）S 选项：设置当前层，用户在后续提示中必须输入已经存在的图层。

（4）ON 选项：将关闭的图层打开，用户在后续提示中输入要打开的图层名，如果需要同时打开几个图层，可同时输入这些图层的名称，但图层名之间必须用逗号隔开。

（5）OFF 选项：关闭一个或几个图层。操作方法与打开相同。

（6）C 选项：设置图层颜色。输入该选项后，AutoCAD 提示用户输入颜色名或颜色号。

（7）L 选项：设置图层的线型。输入该选项后，再输入线型名。

（8）LW 选项：设置图层的线宽，后续输入线宽的值。

（9）F、T、LO、U 选项分别是冻结、解冻、加锁和解锁选项，输入这些选项后的操作与 OFF（关闭）选项的操作类似。

8.2　图　　块

8.2.1　图块的概念

AutoCAD 系统中，图块是由多个对象组成并赋予块名的一个整体，简称块，可以将它作为一个单独对象，以不同的缩放系数和旋转角度插入到当前图形中的某一指定位置。图形中的块可以被移动、删除和复制，还可以定义块的属性。利用图块功能，可以提高绘图效率。

组成块的各个对象可以有自己的图层、线型、颜色等特性。但 AutoCAD 把块当作一个单独的对象来处理，即通过拾取块内的任何一个对象，就可以对整个块进行复制、移动、缩放、旋转等编辑操作。图块可以嵌套，即一个图块中可以包含另外一个或几个图块。块的作用主要体现在以下几方面。

1. 建立图形库

在设计工作中，常常会遇到一些重复出现的图形，如机械设计中的螺栓、螺母等。如果将经常使用的图形做成块，建成图库，用插入块的方法来拼装图形，可以避免许多重复性的工作，从而提高设计与绘图的效率。

2. 节省存储空间

加入到当前图形中的每个对象都会增加图形文件所占用的空间，因为 AutoCAD 必须保存每个图形对象的信息。如把图形做成块，只需记录插入点信息，不必重复记录对象的构造信息，既可以节省存储空间，又可以提高绘图速度。块越复杂，插入的次数越多，块的优越性越明显。

3. 便于修改和重定义

块可以被分解成相互独立的对象，这些独立的对象可被修改，也可重新定义生成新的块。通过重新定义块，图形中所有插入块都会自动更新。

4. 属性

在插入块时,可以附带一些文字信息,这些文字信息统称为属性。可以设置属性的可见性,还能从图形中提取这些文字信息,传送给外部数据库进行管理。

8.2.2　图块的创建

在 AutoCAD 中创建块的命令是 block 和 bmake。

块可以包含有一个或多个对象。创建块之前,必须先画出块的图形,只有可见的图形实体才能成为块的对象。

下面以创建如图 8-12 所示螺母图块为例说明创建图块的步骤。

1. 打开"块定义"对话框

"块定义"对话框如图 8-13 所示,用下列三种方法都可打开该对话框:

(1) 单击下拉菜单"绘图"→"块"→"创建";

(2) 单击绘图工具栏中创建块图标 ；

(3) 在命令行输入 block 或 bmake 命令。

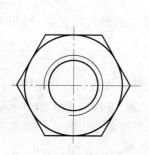

图 8-12　螺母

图 8-13　"块定义"对话框

2. "名称"下拉列表框

在"块定义"对话框的名称下拉列表框中,输入块的名称,或从名称列表中选择一个需要覆盖或修改的块。块名不能超过 255 个字符,名称中可包含有字符、数字、空格及特殊符号,在此可输入"螺母"字样。

3. "基点"选项组

在对话框中的基点选项组内,定义块的基点坐标。插入图块时,该点是插入的基点,也是旋转和缩放的基点。为了今后能方便地插入图块,应根据图形的结构特征,选择合适的基点。AutoCAD 的默认基点是坐标原点。用户可在对话框的 X、Y 和 Z 编辑框中输入基点的 X、Y 和 Z 坐标值,也可在图形中指定一点作为图块的基点,此时需单击对话框中的"拾取点"按钮,AutoCAD 将暂时关闭对话框,切换到图形窗口,并在命令行中给出以下提示:

_BLOCK 指定插入基点:

此时用户可捕捉螺母中心作为基点,拾取基点后,系统又自动返回到块定义对话框。

4."对象"选项组

在"块定义"对话框的对象选项组中,单击"选择对象"按钮,AutoCAD 将暂时关闭对话框,切换到图形窗口,并在命令行中给出如下提示:

选择对象:

此时用户选取螺母的所有实体,回车或右击鼠标结束对象的选取,系统又自动打开"块定义"对话框,并在对象选项组内显示"已选择 6 个对象"。

如果选择的对象具有某些共同的特征时,如都是圆、在同一层上等,用户可以用"快速选择图标"按钮,单击此按钮后,AutoCAD 将显示"快速选择"对话框,并通过该对话框来构造一个选择集。选择完对象后,AutoCAD 对当前选择的对象提供了三种处理方式:保留、删除所选的对象或将它们转换成一个块。选择"保留"选项,AutoCAD 将在创建块定义后,仍在图形中保留构成块的对象;选择"删除"选项,AutoCAD 将在创建块定义后,删除所选的原始对象;选择"转换成块"选项,AutoCAD 将把所选的对象作为图形中的一个块。

5."设置"选项组

该选项组主要指定块的设置,其中"块单位"下拉列表框可以提供用户选择块参照插入的单位;"说明"文本框用于指定块的文字说明;"超链接"按钮主要打开"插入超链接"对话框,用户可以使用该对话框将某超链接与块定义相关联。

6."在块编辑器中打开"复选框

当选择了该复选框,用户单击"确定"后,将在块编辑器中打开当前的块定义,一般用于动态块的创建和编辑。

7."方式"选项组

该选项组用于指定块的行为。"注释性"复选框用于设置指定块为注释性的;"使块方向与布局匹配"复选框指定在图纸空间视口中的块参照的方向与布局的方向匹配。如果未选择"注释性"选项,则该选项不可用。"按统一比例缩放"复选框用于指定是否阻止块参照不按统一比例缩放;"允许分解"复选框用于指定块参照是否可以被分解。

8.输入块的说明文字

在说明编辑框中,可以指定与块定义相关的描述信息,这样有助于迅速检索块。

完成上述设置后,单击"确定",系统关闭"块定义"对话框,于是就完成了块的定义。在前面的 8 步操作中,前 4 步是必须要做的,而后 4 步则视情况而定。

如果给定的块名与已有的块名重名,则显示警告对话框。如果单击"是"按钮,旧的块将被覆盖掉,图形中的所有旧块自动被替换成新块。

8.2.3　图块的插入

用 insert 命令可将定义好的块插入到图形中,块的插入步骤如下。

1.打开"插入"对话框

"插入"对话框如图 8-14 所示,用下列三种方法都可打开该对话框:

(1)单击下拉菜单"插入"→"块";

(2)单击绘图工具栏中插入块图标⚁;

（3）在命令行输入 insert 命令。

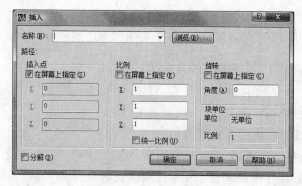

图 8-14　"插入"对话框

2. "名称"下拉列表框

在名称下拉列表框中，选取块的名称。在 AutoCAD 中不仅块能插入到当前图形文件中，其他图形文件也能作为一个块插入到当前图形中。单击对话框中的"浏览"按钮打开文件对话框，选取要插入的图形文件，便可将整个图形插入到当前图形中。

3. "插入点"选项组

设置插入基点可在"插入点"选项组中相应的编辑框内输入基点的 X、Y 和 Z 坐标，也可选择"在屏幕上指定"复选框，插入时在屏幕上指定一点作为插入基点。

4. "比例"选项组

X、Y 和 Z 三个方向的缩放比例因子可设置不同的值，这样插入的图块将发生畸变。如果需要等比例插入，则选取"统一比例"复选框后设置 X 方向的比例因子即可。输入负的比例因子则插入块的镜像。

如果选中"在屏幕上指定"复选框，则比例因子将在插入过程中在命令行中指定。

5. "旋转"选项组

可以在对话框内直接给定一个角度值，也可用拾取一个点的方法来指定旋转角度。

6. "分解"复选框

插入到图形的块可以是一个整体，也可以分解为多个对象。如果需要对块内的实体进行编辑修改，在插入块时应选取"分解"选项，这样插入的块就不再是一个整体，而是一些各自独立的实体，可以对实体进行编辑。这种方式将增大图形文件空间，一般较少使用。

完成设置后，单击"确定"按钮，系统给出如下提示：

指定插入点或"基点(B)/比例(S)/X/Y/Z/旋转(R)"：

在屏幕上直接拾取一个插入点，将图块插入到指定位置。如果需要重新设置缩放比例和旋转角度可在提示后输入相应选项。

8.2.4　多重插入

minsert 多重插入命令可用于以矩形阵列形式插入多个图块，使用 minsert 插入的块不能被修改或被分解。操作方法如下：

命令：minsert↙

输入块名 [?] <当前>:

在上一提示行中如果用"?"响应,则列出当前图形中已定义的所有块的名称,如果输入"～"则打开"选择图形文件"对话框,选择一个文件作为块被插入。输入块名后的提示如下:

指定插入点或[基点(B)/比例(S)/X/Y/Z/旋转(R)]:

提示行中各选项含义如下。

(1) 基点(B):设置图块的基点;

(2) 比例(S):设置图块的等比例因子;

(3) X、Y、Z:分别设置 X、Y、Z 轴比例因子;

(4) 旋转(R):设定单个块和整个矩形阵列的旋转角度。

完成上一操作后,后续提示如下:

输入行数 (---) <1>:
输入列数 (|||) <1>:

如果指定的行数大于 1,则 AutoCAD 提示:

输入行间距或指定单位单元(---):

上一提示中可输入一个值或指定两个点定义一个单元方框,这个方框的宽度就是列间距,高度就是行间距。

如果指定的列数大于 1 并且没有指定单位方框,则 AutoCAD 提示:

指定列间距 (|||):

8.2.5　图块与图形文件

使用 block 或 bmake 命令创建的块只能存在于文件内部,而不能脱离图形文件单独存在。如果在绘制另一图形时需要插入已定义的块,则有两种方法可实现块的共享,一种是在 AutoCAD 设计中心中拖放块到当前图形中,另一种是在定义块时,将块以独立图形文件(DWG)的形式保存到磁盘上,使用插入命令便可将图形文件与块的形式插入到当前图形中。

AutoCAD 提供了 wblock 命令,该命令可将已定义的图块以文件的形式保存,也可新定义一个图块并以文件的形式保存,还可将当前整个图形作为一个块加以保存。

wblock 命令只能在命令行中激活。激活后弹出"写块"对话框,如图 8-15 所示。

该对话框由两个选项组构成,各选项组的功能如下。

1. "源"选项组

设置写块的块源。选取"块"单选按钮,

图 8-15　"写块"对话框

则将已定义的块保存为文件,选取该项后,应在其后的下拉列表框内选取已定义的块名。选取"整个图形",则将当前绘制的整个图形作为块予以保存。选取"对象"单选按钮,则立即定义一个新的块并予以保存,选取该项后,"基点"、"对象"选项组激活,开始定义一个图块,操作方法与"块定义"对话框中的一样。

2. "目标"选项组

该选项组内的"文件名和路径"下拉列表框是确定将块写成文件的文件名及确定文件存放位置的,文件名与块名可以不同,也可以相同。如果要改变存放的文件夹,可单击"…"按钮,打开"浏览文件夹"对话框,选取存放文件的文件夹。"插入单位"输入框中单位的含义与"块定义"对话框中的相同。

完成对话框的设置后,单击"确定"按钮,便完成了写块操作。

8.2.6　修改图块

AutoCAD 提供了两种方式修改已插入的块。第一种是使用"对象特性管理器"对块进行修改,但这种修改方式只能改变插入块的比例、转角和插入基点。第二种是使用"在位编辑外部参照和块"功能,该方法可以增加和删除块中的成员,并且对插入块进行编辑后,插入当前图形中的所有相同的块都将自动更新。如果不需修改所有的块,而只是修改其中某一块时,显然不能使用在位编辑功能,而应使用 explode 命令将要修改的块炸开,然后编辑块中的实体。

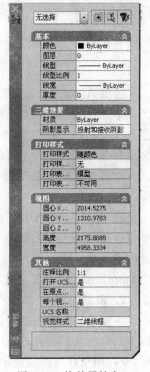

图 8-16　块的属性窗口

1. 使用对象特性管理器修改块的方法

首选在屏幕上单击要修改的块,使该块的夹点显示在屏幕上后,再单击下拉菜单"修改"→"对象特性",或在命令行输入 properties 命令,打开"对象特性管理器"窗口,该窗口是浏览和修改 AutoCAD 对象的主要方式,根据对象种类的不同,各种对象在该窗口中的属性项也是不同的。

如图 8-16 是名称为"螺母块"的图块被插入到当前图形中的属性窗口,用户可在该窗口内修改该图块的插入点坐标、比例系数和旋转角。完成所需修改后,单击窗口左上方的关闭按钮即可。

2. 使用在位编辑外部参照和块修改的方法

单击下拉菜单"工具"→"外部参照和在位编辑"→"在位编辑参照",或在命令行输入 refedit 命令,AutoCAD 给出如下提示:

选择参照:

用户在屏幕上选取一个块后,AutoCAD 弹出"参照编辑"对话框,所选择的块名将显示在"参照名"列表框内,然后单击其上的"确定"按钮,AutoCAD 提示如下:

选择嵌套的对象:

此时用户可选择块中需要编辑的对象,选择完后回车,AutoCAD 将打开"参照编辑"对话框,如图 8-17 所示。

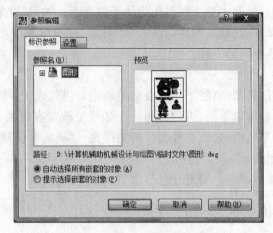

图 8-17　"参照编辑"对话框

这里提供了两种嵌套方式:"自动选择所有嵌套的对象"和"提示选择嵌套的对象"。

如果对所选择的对象进行编辑,如删除、添加,保存等,单击下拉菜单"工具"→"外部参照和在位编辑",在弹出的工具栏中有"添加到工作集"、"从工作集中删除"、"保存参照编辑"、"关闭参照",相应地可以实现编辑功能。

8.3　AutoCAD 绘图流程

使用 AutoCAD 绘制工程图样与传统的手工绘图存在着较大的差别,AutoCAD 绘图是在一个全新的工作环境下进行的,因此其绘图步骤和绘图技巧都与手工绘图存在较大差异。在 AutoCAD 中准确、高效地绘制工程图样的关键是合理使用 AutoCAD 提供给用户的各种绘图命令、编辑命令,尤其是要巧妙地使用辅助绘图工具。

本节以绘制如图 8-18 所示的踏脚座零件为例,讲解 AutoCAD 精确绘制图样的一般流程、方法与常用技巧。

1. 启动 AutoCAD,使用向导创建新图,设置绘图环境

启动 AutoCAD 后,在"启动"对话框中选取使用向导按钮,并选择"高级设置"选项,设置绘图环境。根据所绘图形的特点,设置长度单位为十进制,精度为"0.0",图幅为 A3,即 420 mm×297 mm,其余选项都选用默认值。

2. 设置图层

一般绘制工程图都需设置若干个层用以绘制粗实线、细实线、点划线、虚线。同时为了便于图形的编辑和管理,还需设置标注尺寸的图层、书写文本的图层。另外还设置一个图层,专门用于在作图过程中画辅助线,当图形绘制完成后,只要关闭该层即可,而不必逐一删除辅助线。以上图层中,除粗实线层需设置线宽外(一般设置为 0.7 mm),其余图层的线宽皆为默认线宽。点划线层、虚线层设置相应的线型外,其余层的线型都为连续线。各图层的颜色可根据自己的喜好设置。

3. 画基准线,确定各视图的位置

将辅助线层设置为当前层,设置并打开正交、栅格及栅格捕捉(snap)。用 xline 命令画三视图的基准线,结果如图 8-19 所示。

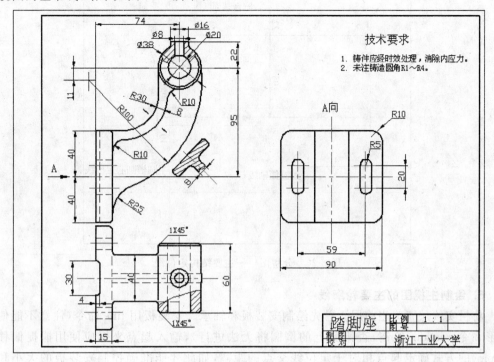

图 8-18　按尺寸绘图实例

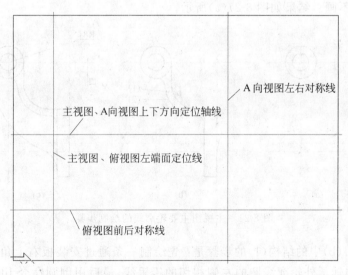

图 8-19　分解图——画基准线

对于图框和标题栏一般不在模型空间中绘制,而在图纸空间中绘制,也可使用相应的样板,如果没有所需的样板,用户可自行创建样板文件。

4. 绘制各视图主要结构的定位线

用等距线命令 offset 或用 xline 命令的 offset 选项,绘制各视图中的主要结构的定位线,在绘制过程中必须准确给出这些定位线与上述的基准线间的偏移距离。结果如图 8-20 所示。

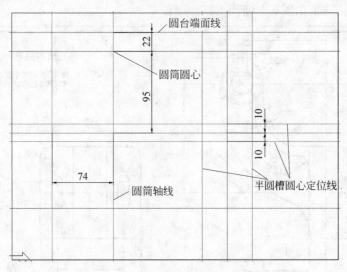

图 8-20　分解图——主要结构定位线

5. 绘制主视图的主要轮廓线

将粗实线层置为当前层。首先绘制安装板和轴承。安装板用 line 命令（注意不能使用矩形命令 rectang 绘制，否则其上的倒圆将无法进行），输入起点坐标应使用捕捉偏移点（from）的方式确定起点相对于定位线交点的距离，如此才能准确控制安装板的大小和位置。其余各点可用鼠标导向，键盘输入数据的方式绘制。轴承结构暂时画出完整的内、外圆，倒角圆暂时不画。结果如图 8-21(a)所示。

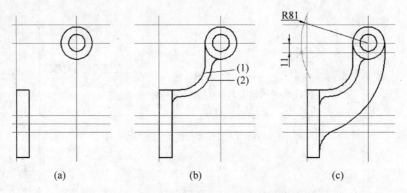

图 8-21　主视图主要轮廓线的绘制步骤

绘制图 8-21(b)中的结构(1)的步骤是：先绘制一条通过安装板右上角顶点的水平线，然后绘制一条与轴承外轮廓线圆的左侧相切的铅垂线，最后用倒圆命令 fillet，先设置倒圆半径 30，再对两条直线倒圆。

绘制图 8-21(b)中结构(2)的步骤是：首先用画圆命令 circle 绘制半径为 38 的圆，在绘制过程中使用捕捉圆心的方式，捕捉结构(1)中半径为 30 的圆弧的圆心，作为该圆的圆心。然后用 fillet 命令绘制右上侧半径为 10 的倒角圆。右下侧半径为 10 的倒角圆应使用 ttr（相切、相切、半径）方式绘制一个与安装板铅垂线和大圆（$R=38$）相切的圆。最后使用 trim 命令，修剪多余的线条。

绘制图 8-21(c) 中的筋板轮廓线的方法是：首先确定圆弧 ($R=100$) 的圆心，如图中所示，应绘制 $R=81$ 的辅助圆和向下偏移 11 的辅助线，交点为所求圆心。绘制出 $R=100$ 的圆后，再绘制 $R=25$ 的圆弧，该圆弧的绘制方法与图 8-21(b) 中结构(2)的左下侧圆弧的方法相同。最后用 trim 命令修剪多余的线条。

由于主视图中其余结构的绘制要根据俯视图和 A 向局部视图而定，因此这些结构要素的绘制应放在后一步进行。

6. 俯视图主要轮廓线的绘制

俯视图除剖面线外其余结构都是对称的，因此，先画出对称线上半部分图形，然后使用镜像命令 mirror 作出下半部分图形，最后再画剖面线。作图过程如图 8-22 所示。

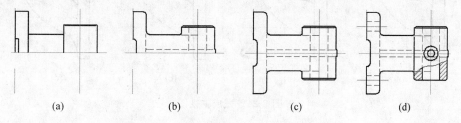

图 8-22 俯视图主要轮廓线的绘制步骤

如图 8-22(a) 所示，绘制轴承的轮廓线时，使用对象捕捉追踪，从主视图中轴承的最左、最右点确定左、右轮廓线位置。完成主要轮廓线后，再倒圆、倒角。然后将虚线层置为当前层，绘制如图 8-22(b) 中的虚线。对图 8-22(b) 作镜像，得到图 8-22(c)。在此基础上绘制长圆形孔的投影，先画一条轴线和一条虚线，利用镜像作出该长圆形孔的另一虚线，最后再作镜像得另一长圆形孔的投影。

将粗实线层置为当前层，绘制轴承上小圆台的水平投影。将细实线层置为当前层，绘制剖面线，图中的波浪线用样条曲线命令 spline 绘制。

7. 绘制 A 向局部视图

用 rectang 命令绘制外轮廓线，且使用圆角方式设置圆角半径 $R=10$。为了保证矩形的位置，使用捕捉偏移点 (from) 输入矩形左下角点相对于中心的距离 @-45，-40，右上角点输入相对坐标 @90，80。结果如图 8-23(a) 所示。

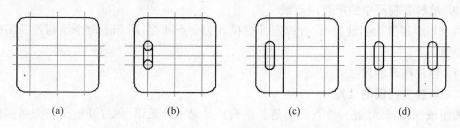

图 8-23 A 向局部视图的绘制步骤

然后绘制左侧的长圆形孔，绘制该结构可先画出两个半径为 5 的圆，以及相切的两条直线，如图 8-23(b) 所示，然后用 trim 命令修剪多余的半圆弧，得到图 8-23(c)。然后绘槽左侧的投影线，最后作镜像得图 8-23(d)。

8. 完成主视图

首先绘制圆台的投影和轴承的倒角圆,如图 8-24(a)所示。然后对圆台和安装板倒圆角,如图 8-24(b)所示。将细实线层置为当前层,用 spline 命令画波浪线,修剪掉多余的倒角圆后,再绘制剖面线,如图 8-24(c)所示。最后,将虚线层置为当前层,绘制安装板内的虚线,完成主视图的绘制,如图 8-24(d)所示。

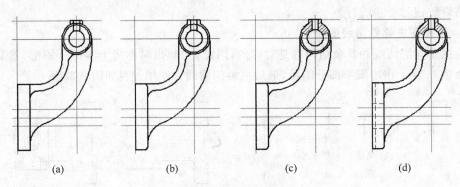

图 8-24　完成主视图

9. 绘制剖面图

移出剖面图由于处在倾斜位置,直接绘制比较困难。可按图 8-25 所示的步骤绘制。

首先,将辅助线层置为当前层,绘制对称线,然后将粗实线层置为当前层,绘制如图 8-25(a)所示的轮廓线。然后倒圆角,如图 8-25(b)所示。再作镜像得图 8-25(c),将图形旋转一定的角度(该角度根据剖面位置而定),然后在细实线层上用 spline 命令绘制波浪线,得到图 8-25(d),最后画剖面线,完成剖面图,如图 8-25(e)所示。

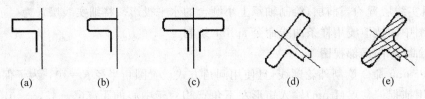

图 8-25　移出剖面的绘图步骤

10. 绘制各视图中的所有中心线

将点划线层置为当前层,设置固定捕捉模式为交点捕捉,用 line 命令绘制各视图中的所有中心线。

11. 标注图形的尺寸

12. 调整各视图的位置

关闭或冻结辅助线层,检查图形是否正确。如果正确无误,则打开正交与栅格捕捉。用 move 命令移动各视图,使整幅图形布置均称,但应注意,移动后的视图必须保证投影关系。

13. 书写技术要求,填写标题栏,完成整个图形的绘制

以上绘图步骤并不是一成不变的,但基本方法是相同的,用户在绘图过程中,随着经验的积累和绘图技巧的增加,自然会总结出一套适合自己的绘图方法。

第9章 工程图尺寸标注

尺寸标注是工程图中不可缺少的重要内容,它是精确表达零部件大小、位置和角度的依据。AutoCAD能实现国家标准《机械制图》中尺寸标注法的基本规定,通过预先定制的尺寸式样,不仅能快速地标注线性尺寸、角度尺寸、坐标尺寸、尺寸公差和形位公差等,还能方便地对尺寸进行修改。本章讲述尺寸标注的命令操作、尺寸标注式样和尺寸控制变量的设置。

9.1 尺寸的组成

1. 尺寸的组成

一个完整的尺寸标注由尺寸线、尺寸界线、尺寸箭头和尺寸文字四部分组成,如图9-1所示,现分别介绍如下。

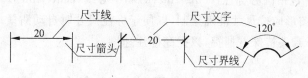

图 9-1 尺寸的组成

(1) 尺寸线(dimension line):尺寸线一般由一条直线段或两条直线段组成;对于角度尺寸标注,尺寸线可以是一段圆弧或两段圆弧。

(2) 尺寸界线(extension line):尺寸界线用以指明尺寸标注的起止范围,利用它可以使尺寸标注在几何图形之外,从而使标注清晰。尺寸界线也有省略一条或两条的情况,此时可由图形轮廓线或中心线替代。

(3) 尺寸箭头(dimension arrowheads):尺寸箭头实际是尺寸线的终端形式,用于标注尺寸线的起止位置。AutoCAD提供有箭头、斜线和圆点等19种尺寸箭头样式,此外用户可用块的形式定义自己的尺寸箭头样式。

(4) 尺寸文字(dimension text):尺寸文字是尺寸标注的核心内容,一般包括基本尺寸、尺寸公差、形状公差和字符代号等。

在 AutoCAD 图形中,尺寸标注是以块(block)的实体形式表示的,因而可以用 explode 命令分解成直线(line)、实心多边形(solid)和段落文本(mtext)等基本实体,一经分解便无法用尺寸编辑命令进行修改。

2. AutoCAD 提供尺寸标注的类型

如图9-2所示,AutoCAD提供尺寸标注的类型分为以下几种。

(1) 线性尺寸标注:包括水平尺寸标注(horizontal dimension)、垂直尺寸标注(vertical dimension)、旋转型尺寸标注(rotated dimension)、对齐标注(aligned dimension)、连续标注(continue dimension)和基线标注(baseline dimension)等。

(2) 径向尺寸标注:包括半径尺寸标注(radial dimension)、直径尺寸标注(diameter

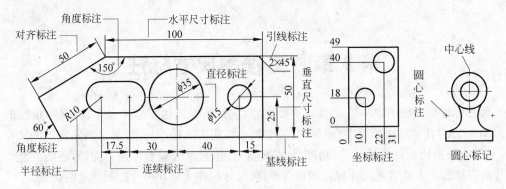

图 9-2 尺寸标注类型

dimension)等。

（3）角度标注（angular dimension）。

（4）引线标注（leader）。

（5）坐标标注（ordinate dimension）。

（6）圆心标记：包括圆心标注（center mark）和中心线（centerlines）。

要标注尺寸的图形应按尺寸准确绘制，以便于标注尺寸时自动测量；标注尺寸时可设置对象捕捉模式，打开有关特殊点捕捉，以提高标注速度。

9.2 基本尺寸标注命令

AutoCAD 尺寸标注通常可以采用下拉菜单、工具栏、屏幕菜单、命令方式进行操作。由于屏幕菜单远不及命令、工具栏、下拉菜单使用起来方便，因此一般都不使用它。尺寸标注的下拉菜单和工具栏如图 9-3 所示。

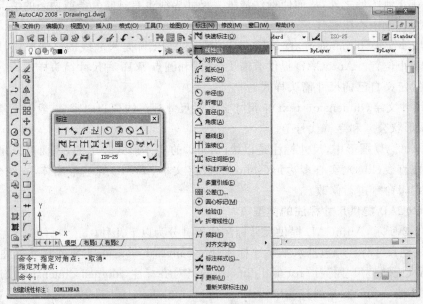

图 9-3 尺寸标注下拉菜单和工具栏

　　命令方式是尺寸标注的最基本方法,同绘图命令一样。用工具栏、下拉菜单进行尺寸标注,操作简便快捷,但在系统内部实质都是命令标注,而且尺寸标注命令是 AutoCAD 进行二次开发的基础。

1. 线性尺寸标注命令 dimlinear

　　该标注命令可以智能化地进行水平尺寸标注和垂直尺寸标注,通过选择提示行选项,还可实现旋转型尺寸标注和改变尺寸文字的角度等,如图 9-2 所示。该命令可用以下几种方式激活:

　　(1) 选取下拉菜单"标注"→"线性";

　　(2) 单击工具栏命令图标█;

　　(3) 输入命令 dimlinear。

　　该命令的操作过程如下:

命令: <u>dimlinear</u>↙
指定第一条尺寸界线原点或<选择对象>:
指定第二条尺寸界线原点:
指定尺寸线位置或[多行文字(M)/文字(T)/角度(A)/水平(H)/垂直(V)/旋转(R)]:

　　(1)"指定第一条尺寸界线原点"为当前状态,通过拾取两点进行尺寸标注。先指定点1,出现提示"指定第二条尺寸界线原点:",用户指定点 2 作为第二条尺寸界线的原点,这时就确定了两条尺寸界线。

　　(2)"选择对象"为默认选项,按回车键即可执行该选项,出现提示"选择标注对象:",用户选择直线、圆、圆弧和多段线等单一的实体后,AutoCAD 自动确定所选实体的两条尺寸界线。

　　(3)"指定尺寸线位置"为当前状态,通过移动鼠标确定是水平尺寸还是垂直尺寸,拾取一点来确定尺寸线的位置即可完成标注。

　　(4)"[多行文字(M)/文字(T)/角度(A)/水平(H)/垂直(V)/旋转(R)]:"为确定尺寸线位置和完成标注之前可改变的选项。各选项的含义如下。

　　① 多行文字(M):用多行文字编辑器进行段落文字的标注。选择后系统自动弹出多行文字编辑器。

　　② 文字(T):用于输入新的标注文字。选择后出现提示"输入标注文字〈当前测量值〉:"可改变默认测量长度值。若要给测量添加前缀或后缀,请用尖括号"〈 〉"代表该测量值,如:输入％％C〈〉。

　　③ 角度(A):用于设置尺寸文字与 X 轴方向的角度。选择后出现提示"指定标注文字角度:",输入角度值之后,AutoCAD 重新显示"指定尺寸线位置或[多行文字(M)/文字(T)/角度(A)/水平(H)/垂直(V)/旋转(R)]:"提示。

　　④ 水平(H):强制进行水平尺寸标注。选择后出现"指定尺寸线位置或 [多行文字(M)/文字(T)/角度(A)]:"提示。

　　⑤ 垂直(V):强制进行垂直尺寸标注。选择后出现"指定尺寸线位置或[多行文字(M)/文字(T)/角度(A)]:"提示。

　　⑥ 旋转(R):用于创建旋转型尺寸标注。选择后出现"指定尺寸线的角度〈当前值〉:"提示,输入角度值后,尺寸线作相应旋转。重新出现"指定尺寸线位置或[多行文字(M)/文字

（T）/角度（A）/水平（H）/垂直（V）/旋转（R）］：”提示。

（5）上述各选项操作后的后续提示和选项意义不变。出现上述选项时，若在绘图区右击鼠标，则出现包含命令行选项内容的光标菜单，如图 9-4 所示，因此也可以用鼠标选择各选项。

图 9-4　尺寸标注
　　　光标菜单

2. 对齐尺寸标注命令 dimaligned

该命令用于创建尺寸线平行于尺寸界线原点的线性标注。该命令可用以下几种方式激活：

（1）下拉菜单"标注"→"对齐"；

（2）单击工具栏命令图标 ；

（3）输入命令 dimaligned。

该命令的操作过程如下：

命令：dimaligned↙
指定第一条尺寸界线原点或<选择对象>：
指定第二条尺寸界线原点：
指定尺寸线位置或［多行文字（M）/文字（T）/角度（A）］：

（1）命令行提示的两选项与 dimlinear 命令相同，操作也相同。

（2）提示"指定尺寸线位置"与 dimlinear 命令相同，拾取一点确定尺寸线的位置即可完成标注。

（3）选项"［多行文字（M）/文字（T）/角度（A）］："与 dimlinear 命令中的三项相同，需在单击鼠标之前选择。

（4）上述各选项操作后，其后续提示选项的个数虽与 dimlinear 命令不同，但操作方法相同。对齐标注与 dimlinear 命令中的旋转型尺寸标注不同，对齐标注的尺寸线与尺寸界限总保持垂直。对齐标注也叫倾斜标注或两点校准型标注。

3. 坐标标注命令 dimordinate

该命令用于标注沿一条引线显示指定点的 X 或 Y 坐标，该标注也称为坐标点标注。AutoCAD 使用当前 UCS 决定测量的 X 或 Y 坐标值，并且在与当前 UCS 轴正交的方向绘制坐标线，符合流行的坐标标注标准，采用绝对坐标值。该命令可用以下几种方式激活：

（1）选取下拉菜单"标注"→"坐标"；

（2）单击工具栏命令图标 ；

（3）输入命令 dimordinate。

该命令的操作过程如下：

命令：dimordinate↙
指定点坐标：选择或输入待标注点
指定引线端点或［X 基准（X）/Y 基准（Y）/多行文字（M）/文字（T）/角度（A）］：

（1）指定引线端点：此选项为当前状态，移动鼠标将自动从标注点出现垂直或水平线。原因是 AutoCAD 依照坐标点位置和引线端点的坐标差来确定是 X 坐标标注还是 Y 坐标标注，如果 Y 坐标的坐标差大，标注就测量 X 坐标，否则就测量 Y 坐标。确认引线端点，即完成坐标标注。

（2）"X 基准（X）/Y 基准（Y）/多行文字（M）/文字（T）/角度（A）"：为确定测量坐标和完成坐标标注之前可改变的选项。各选项的含义如下：

① X 基准（X）：强制进行 X 坐标测量和标注。选择后重复出现上述提示和选项。

② Y 基准（Y）：强制进行 Y 坐标测量和标注。选择后重复出现上述提示和选项。

③ 多行文字（M）、文字（T）和角度（A）：其意义与 dimlinear 命令中的三项相同，选择后重复出现上述提示和选项。

4. 半径标注命令 dimradius

该命令用于测量和标注圆或圆弧的半径尺寸，并自动在测量值前加注字母 R。该命令可用以下几种方式激活：

（1）选取下拉菜单"标注"→"半径"；

（2）单击工具栏命令图标◉；

（3）输入命令 dimradius。

该命令的操作过程如下：

命令：dimradius↙
选择圆弧或圆：
标注文字＝当前值：
指定尺寸线位置或 [多行文字 (M)/文字 (T)/角度 (A)]：

（1）标注文字：提示当前半径测量值。

（2）指定尺寸线位置：为当前状态，光标的位置决定了标注文字的位置。移动光标时，标注也在圆或圆弧之内或之外移动。如果指定了一点，就以该点定位尺寸线，完成标注。

（3）"多行文字（M）/文字（T）/角度（A）"：此行选项在确定尺寸线位置和完成半径标注之前是可以改变的。其意义与 dimlinear 命令中的三项相同。选择后重复出现上述提示和选项。

（4）当尺寸线放到圆或圆弧之外时，该命令还可附带作圆心标注，这由 AutoCAD 系统变量 DIMCEN 确定。对于水平标注文字，如果半径尺寸线的角度大于水平 15°，系统自动在标注文字边上绘制一条水平折线。若选择"文字（T）"选项并输入替代文字，则需加注前缀"R"才能标出半径符号。

5. 直径标注命令 dimdiameter

该命令用于测量和标注圆或圆弧的直径尺寸，并自动在测量值前加注直径符号 ϕ。该命令可用以下几种方式激活：

（1）选取下拉菜单"标注"→"直径"；

（2）单击工具栏命令图标◉；

（3）输入命令 dimdiameter。

该命令的操作过程如下：

命令：dimdiameter↙
选择圆弧或圆：
标注文字＝当前值：
指定尺寸线位置或 [多行文字 (M)/文字 (T)/角度 (A)]：

(1) 该命令行提示与半径标注完全相同。

(2) 若选择"文字(T)"选项并输入替代文字,则需加注前缀％％C,才能标出直径符号 ϕ。

6. 角度标注命令 dimangular

该命令用于测量和标注圆、圆弧、直线间和三点形成的夹角角度,并自动在测量值后加注与角度测量单位相关的符号"°"、g 或 r。该命令可用以下几种方式激活:

(1) 选取下拉菜单"标注"→"角度";

(2) 单击工具栏命令图标▲;

(3) 输入命令 dimangular。

该命令的操作过程如下:

命令: dimangular↙
选择圆弧、圆、直线或<指定顶点>:

(1) 命令行提示表明了四种角度标注功能的选项,"选择圆弧、圆、直线"为当前状态,直接用光标选择标注对象,视已选对象情况,自动确定是圆弧角度标注、圆上弧段角度标注还是两直线角度标注。默认选项"〈指定顶点〉",按回车键选择该选项,即指定三点标注角度。如图 9-5 所示,下面分别叙述各选项功能。

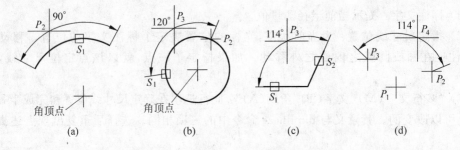

图 9-5　角度标注
(a) 选择圆弧;(b) 选择圆;(c) 选择直线;(d) 指定三点

① 选择圆弧:自动标注圆弧段的圆心角。圆心是角度的顶点,圆弧端点成为尺寸界线的起点,尺寸界线指向圆心。出现提示"指定标注弧线位置或[多行文字(M)/文字(T)/角度(A)]:",当前状态移动光标可确定优弧或劣弧标注,指定点即确定弧形尺寸线位置,标注结束。各选项操作完成后,重复出现该提示。

② 选择圆:自动标注圆周上两点间弧段的圆心角。圆心是角度的顶点,拾取圆周上的点用作第一条尺寸界线的起点,出现提示"指定角的第二个端点:",即要求确定第二条尺寸界线的起点,要使该点位于圆周上,需先设置捕捉最近点状态。接着出现提示"指定标注弧线位置或[多行文字(M)/文字(T)/角度(A)]:",其意义和操作同"选择圆弧"项。

③ 选择直线:标注两直线段的夹角或补角,不能标注平行线段。出现提示"选择第二条直线:",即必须选择另一条直线。此时,以先后选择的两条直线或其延长线作为两尺寸界线,出现提示"指定标注弧线位置或[多行文字(M)/文字(T)/角度(A)]:",其意义和操作同"选择圆弧"项。

④ 指定三点：用指定三点方式标注角度。按回车键，出现提示"指定角的顶点："，选点后出现提示"指定角的第一个端点："，该点用作第一条尺寸界线的起点，继续出现提示"指定角的第二个端点："，该点用作第二条尺寸界线的起点。选择完三点后，出现提示"指定标注弧线位置或［多行文字（M）/文字（T）/角度（A）］："，其意义和操作同"选择圆弧"项。

（2）构造线（xline）和射线（ray）不能用于角度标注。指定三点标注角度时拖动标注弧线可标注出大于 180°或小于 180°的角度。若三点一线时可标注出 180°。

7. 基线标注命令 dimbaseline

该命令用于创建基于同一尺寸界线的多个相关标注，又叫阶梯式标注或平行尺寸标注。它可以对已创建的线性标注、角度标注或坐标标注进行快速相关标注。每个新的尺寸线偏离一段距离，以避免与前一条尺寸线重合。该命令可用以下几种方式激活：

（1）选取下拉菜单"标注"→"基线"；

（2）单击工具栏命令图标；

（3）输入命令 dimbaseline。

该命令操作时，提示行内容取决于先前的标注类型，分为以下三种情况。

（1）若先前是线性标注或角度标注，则命令行提示为：

指定第二条尺寸界线原点或［放弃(U)/选择(S)］<选择>：

① 指定第二条尺寸界线原点：即在先前尺寸线外加注平行的尺寸线或尺寸弧线。之后重复出现上述提示。

② 放弃(U)：放弃在命令执行期间绘制的最后一个基线标注。

③ 选择(S)：用于重新选择一个线性、坐标或角度标注作为基线标注的基准，出现提示"选择基准标注："，指定一个已有标注后重新出现上述提示。

（2）若先前是坐标标注，则命令行的提示为：

指定点坐标或［放弃(U)/选择(S)]<选择>：

响应提示"指定点坐标"，即在与先前坐标标注平行的方向上加注新的坐标标注，文字自动对齐，之后重复出现上述提示。

（3）若没有先前标注，则命令行的提示为：

选择基准标注：

当指定一个已有标注后可出现前述（1）或（2）两种提示，按 Esc 键即可终止此命令。

尺寸线偏离距离由 DIMDLI 系统变量设置。在默认情况下，基线标注以先前标注的第一条尺寸界线作为基准尺寸界线，若想改变基准尺寸界线，选"选择（S）"或按回车键，出现提示"选择基准标注："，用光标选择基准标注，则离拾取点最近的尺寸界线将自动作为新基准尺寸的尺寸界线。

8. 连续标注命令 dimcontinue

该命令用于标注一系列首尾相接的连续尺寸。尺寸线共线或共弧，又叫链式标注。它可以对已创建的线性标注、角度标注或坐标标注进行快速相关标注，即从上一个或最近选定标注的第二尺寸界线处创建线性、角度或坐标标注。该命令可用以下几种方式激活：

(1) 选取下拉菜单"标注"→"连续"；

(2) 单击工具栏命令图标⊞；

(3) 输入命令 dimcontinue。

该命令操作时，提示内容取决于先前的标注类型。分为以下三种情况。

(1) 若先前是线性标注或角度标注，则命令行的提示为：

指定第二条尺寸界线原点或 [放弃(U)/选择(S)] <选择>：

① 指定第二条尺寸界线原点：即以先前标注的第二条尺寸界线作为当前连续标注的第一条尺寸界线，响应提示则确定连续标注的第二条尺寸界线。之后重复出现上述提示。

② 放弃(U)：放弃在命令执行期间绘制的最后一个连续标注，重新出现上述提示。

③ 选择(S)：用于重新选择一个线性、坐标或角度标注作为连续标注，出现提示为"选择连续标注："指定一个已有标注后，则重新出现上述提示。

(2) 若先前是坐标标注，则命令行的提示与命令 dimbaseline 一致。

(3) 若没有先前标注，则命令行的提示为：

选择连续标注：

当指定一个已有标注后可出现前述(1)或(2)两种提示，按 Esc 键即可终止此命令。

在默认情况下，连续标注以先前标注的第二条尺寸界线作为连续标注的第一条尺寸界线，若想改变基准尺寸界线，选"选择(S)"或按回车键，出现提示"选择连续标注："，用光标选择先前标注时，离拾取点最近的尺寸界线将自动作为连续标注的第一条尺寸界线。

9. 快速引线标注命令 qleader

该命令用于快速标注引线和引线注释。引线是连接图形对象到注释的线，它可以由直线段或平滑的样条曲线构成，注释就是文字、形位公差特征控制框和块参照等，可以设定引线注释的类型和格式。该命令可以用以下几种方式激活：

(1) 选取下拉菜单"标注"→"多重引线"；

(2) 单击工具栏命令图标⊿；

(3) 输入命令 qleader。

命令操作过程如下：

命令：qleader↙
指定引线箭头的位置或 [引线基线优先(L)/内容优先(C)/选项(O)] <选项>：

(1) "指定引线箭头"：为当前操作状态，选择引线的原点后连续出现两次（次数由图 9-6 中选项"最大引线点数"值减 1 确定）提示"指定下一点："，指定引线上的中间和结束点，若不想指定引线结束点则按回车键。这时出现有关内容的命令行提示，提示内容取决于先前设定的多重引线注释类型和格式，如图 9-7 中"内容"选项卡所示，为下述三种情况之一。

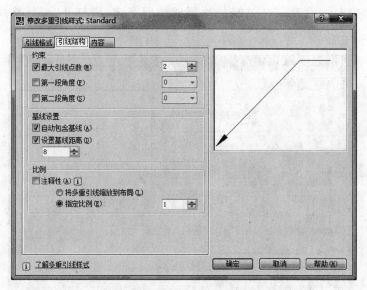

图 9-6　"引线结构"选项卡

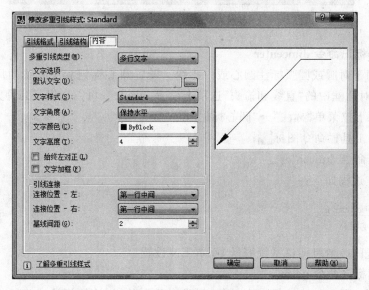

图 9-7　"内容"选项卡

① 若先前在"内容"选项卡中选定了"多行文字"，则命令行的提示为：

指定文字宽度<0>：
输入注释文字的第一行<多行文字(M)>：

在提示行中若按回车键，则弹出多行文字(mtext)对话框。

② 若先前在"内容"选项卡中选定了"块"，则命令行的提示为：

指定块的插入点或[引线箭头优先(H)/引线基线优先(L)/选项(O)]<选项>：

③ 若先前在"内容"选项卡中选定了"无"，将不显示内容提示。

（2）"［设置（S）］〈设置〉："选择该选项或按回车键，则打开"引线格式"选项卡。如图 9-8 所示。

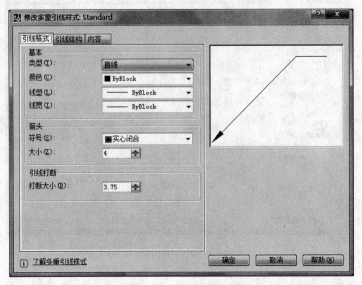

图 9-8 "引线格式"选项卡

10. 圆心标记命令 dimcenter

该命令用于对圆或圆弧标注圆心或中心线。设置圆心标记和中心线的尺寸格式由"新建标注样式"对话框中的"直线和箭头"选项卡设置。该命令可以用以下几种方式激活：

（1）选取下拉菜单"标注"→"圆心标记"；

（2）单击工具栏命令图标 ；

（3）输入命令 dimcenter。

命令操作过程如下：

命令：dimcenter↙

选择圆弧或圆：

圆心标记的改变可使用系统变量 DIMCEN 设置。

11. 快速标注命令 qdim

该命令用于通过一次选择多个对象，创建一系列基线、连续标注或坐标标注，或者为一系列圆或圆弧创建标注。对于水平尺寸和垂直尺寸类型的基线或连续标注，以及圆或圆弧的半径和直径尺寸标注，标注效率很高。该命令可以用以下几种方式激活：

（1）选取下拉菜单"标注"→"快速标注"；

（2）单击工具栏命令图标 ；

（3）输入命令 qdim。

用命令操作过程如下：

命令：qdim↙

选择要标注的几何图形：

此提示结束后，将自动获得所选对象的标注点。若用户选择了已标注的尺寸，则该尺寸

将被修改。按回车键结束选择,出现下列提示:

指定尺寸线位置或 [连续 (C) /并列 (S) /基线 (B) /坐标 (O) /半径 (R) /直径 (D) /基准点 (P) /编辑 (E) /设置 (T)]<当前选项>:

(1)〈当前选项〉:为默认选项,其内容由所选对象和前次快速标注类型确定。可能为:连续、相交(并列)、基线、坐标或半径等标注。按回车键,则继续进行当前选项所指示的标注。

(2)指定尺寸线位置:移动鼠标将动态显示〈当前选项〉所指示的标注类型,确认尺寸线位置,则完成快速标注。

(3)连续(C):对自动获得的标注点进行连续标注,即尺寸线共线。

(4)并列(S):对自动获得的标注点进行错开并列标注,即大尺寸在外,小尺寸在里,尺寸界线不重合。

(5)基线(B):对自动获得的标注点进行基线标注。

(6)坐标(O):对自动获得的标注点进行坐标标注。

(7)半径(R):对选择的一系列圆或圆弧标注半径尺寸。尺寸线倾斜角度相同。

(8)直径(D):对选择的一系列圆或圆弧标注直径尺寸。尺寸线倾斜角度相同。

(9)基准点(P):对已选择的基线或坐标标注设置新的基准点,从而改变基线标注的基线位置,或改变坐标标注的原点位置。出现下列提示:

选择新的基准点: (将返回前面的提示)

(10)编辑(E):其作用就是删除或添加标注点,执行该选项后当前所有的标注点用 X 符号标记,并出现下列删除标注点状态的提示:

指定要删除的标注点或 [添加 (A) /退出 (X)] <退出>:

① 指定要删除的标注点:用鼠标选定一带标记的标注点,则该点将从标注点中删除,并重复出现上述提示。

② 添加(A):由删除标注点状态变为添加标注点状态。出现下列提示:

指定要添加的标注点或 [删除 (R) /退出 (X)] <退出>:

添加标注点状态与删除提示相反,指定一点就用 X 符号标记,并重复出现该提示。选择"删除(R)"又重新出现删除标注点状态的提示。

③ 按回车键或选择"退出(X)"选项,将退出删除或添加标注点状态,重新出现前级提示和选项。

(11)设置(T):其作用就是设置关联标注优先级,并出现下列提示:

关联标注优先级 [端点 (E) /交点 (I)] <端点>:

选项"并列(S)"的英文是 staggered,在此应译为错开并列标注。对于选择"基准点"的操作,建议打开"对象捕捉"拾取特殊点,可精确指定基准点。

9.3　尺寸标注变量和尺寸标注样式

为了满足各种图样对尺寸标注的要求，AutoCAD 用尺寸标注变量设置尺寸标注的外观，比如控制尺寸箭头的实心或空心等外观以及角度尺寸的文字水平或平行尺寸线等布局。为了保持尺寸标注的风格一致，用尺寸样式(style)的方式保存几组标注变量的设置，便于实现标注风格的一致，或选择不同的标注风格。

9.3.1　尺寸标注变量

尺寸标注变量也是系统变量，部分尺寸标注变量与尺寸格式和外观的关系如图 9-9 所示，下面分类详述部分常用标注变量。

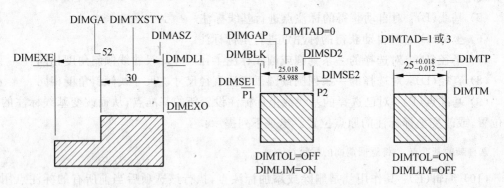

图 9-9　标注变量与尺寸格式和外观的关系

1. 尺寸总体的标注变量

(1) DIMSCALE：控制标注对象的全局缩放比例，为标注变量(即标注尺寸、距离或偏移量)设置全局比例因子，同时还影响 leader 命令生成引线对象的比例。初始值为1.0，表明当前处于图纸空间或模型空间，但未使用图纸空间的特征；取值为 0.0，表明 Auto-CAD 将根据图纸空间和当前模型空间视口两者之间的比例计算一个合理的默认值；取值大于 0，表明 AutoCAD 将为文字大小、箭头尺寸以及其他可缩放距离计算一个比例因子，按各自(缩放后)的值绘制。但是 DIMSCALE 不改变尺寸公差、测量长度、坐标或角度的数值。

(2) DIMASO：控制尺寸组成的关联性。有"开(ON)/关(OFF)"两种状态。当此变量处于 ON 时，将组成尺寸的尺寸线、尺寸箭头、尺寸界线和尺寸文字关联起来，组成一个尺寸实体；当此变量处于 OFF 时，将不组成尺寸元素的关联，尺寸标注后尺寸由直线、箭头、文字或圆弧等独立的对象组成，不可用尺寸编辑的有关命令对其进行修改。DIMASO 的值不存储在标注样式中。用 qdim 命令所标注的尺寸不受该变量影响。

2. 尺寸线的标注变量

(1) DIMDLE：当使用小斜线代替箭头标注时，设置尺寸线超出尺寸界线的距离。

(2) DIMDLI：控制基线标注和快速标注的错开并列标注中尺寸线之间的距离，每条尺寸线都将按此值偏离其前一尺寸线，以避免重叠。由 DIMDLI 所作的修改不会作用于已有的标注。

（3）DIMCLRD：为尺寸线、箭头和标注引线指定颜色，同时还可控制 qleader 命令所创建引线的颜色。

（4）DIMLWD：指定尺寸线的线宽，其值可以是标准线宽（随层、随块，整数代表 1‰毫米的倍数）。同时还可控制 qleader 命令所创建引线的线宽。

（5）DIMSD1：控制是否禁止显示用户标注时指定的第一条尺寸界线与文字之间的尺寸线和箭头，有"开（ON）/关（OFF）"两种状态。设置为 ON 时，将禁止显示。

（6）DIMSD2：控制是否禁止显示用户标注时指定的第二条尺寸界线与文字之间的尺寸线和箭头，状态与 DIMSD1 类似。常与 DIMSE2（控制是否禁止显示第二条尺寸界线的标注变量）配合使用。

3. 尺寸界线的标注变量

（1）DIMSE1：控制是否禁止显示第一条尺寸界线。ON 指禁止显示第一条尺寸界线，OFF 则显示第一条尺寸界线。常与 DIMSD1 配合使用。

（2）DIMSE2：控制是否禁止显示第二条尺寸界线。ON 指禁止显示第二条尺寸界线，OFF 则显示第二条尺寸界线。常与 DIMSD2 配合使用。

（3）DIMEXE：设置尺寸界线超出尺寸线的距离。

（4）DIMEXO：设置尺寸界线起点偏离标注点的距离。如果直接点中被标注对象上点，尺寸界线将不触及该对象。

4. 有关尺寸文字的标注变量

（1）DIMTXSTY：指定标注的文字样式。

（2）DIMTXT：若当前文字样式未设固定的文字高度，则设置标注文字的高度。

（3）DIMTFAC：设置一个比例系数，用于计算标注分数和尺寸公差的文字高度。文字高度等于 DIMTXT 乘以 DIMTFAC 所得的数值。

（4）DIMGAP：当标注文字放置在尺寸线分段处或在尺寸线上时，指定标注文字与尺寸线的左右或上方距离；设置 qleader 命令创建的注解和钩线之间的间距大小。如果 DIMGAP 为一负值，那么在标注文字周围放置一个方框。DIMGAP 还可设置形位公差符号与其特征控制框之间距。

（5）DIMTIH：除坐标标注外，控制各标注类型的标注文字在尺寸界线内的位置。有"开（ON）/关（OFF）"两种状态。OFF 表示将文字与尺寸线对齐，ON 表示水平绘制文字。

（6）DIMTOH：控制标注文字在尺寸界线外的位置，设置参见 DIMTIH。

（7）DIMTAD：控制文字相对尺寸线的垂直位置，其值为整数。取值为 0，表示标注文字在尺寸界线之间居中放置；取值为 1，表示将标注文字放置在尺寸线的上方，当尺寸线倾斜或垂直时需同时设置变量 DIMTIH＝OFF；取值为 2，表示将标注文字放在尺寸线远离定义点的一边；取值为 3，表示将标注文字按照日本工业标准（JIS）放置。

（8）DIMJUST：控制标注文字的水平位置，其值为整数。取值为 0，表示在尺寸界线之间沿着尺寸线居中；取值为 1，表示向第一条尺寸界线靠近；取值为 2，表示向第二条尺寸界线靠近；取值为3，表示与第一条尺寸界线对齐，文字位于尺寸界线的上方；取值为4，表示与第二条尺寸界线对齐，文字位于尺寸界线的上方。

5. 有关尺寸箭头与圆心符号的标注变量

(1) DIMTSZ：指定线性尺寸标注、半径标注以及直径标注中替代箭头的小斜线尺寸。取值为0，表示绘制箭头；取值大于0，表示绘制小斜线替代箭头。小斜线的尺寸由该变量值乘上DIMSCALE变量的值来确定。

(2) DIMASZ：控制尺寸箭头、引线箭头的大小以及钩线的长短。若DIMTSZ为非零值，DIMASZ系统变量将不起作用。

(3) DIMCEN：控制由命令dimcenter、dimdiameter和dimradius绘制的圆或圆弧的圆心标记和中心线。对于dimdiameter和dimradius，仅当尺寸线放到圆或圆弧之外时，才绘制圆心标记。取值为0，表示不绘制圆心标记和中心线；取值小于0，表示绘制中心线；取值大于0，表示绘制圆心标记。其绝对值是指中心标记的大小。

6. 尺寸公差的标注变量

(1) DIMTOL和DIMLIM：协同控制尺寸公差的标注形式。这两个变量均有"开(ON)/关(OFF)"两种状态。当它们均为OFF时，只注基本尺寸；当DIMTOL ON时标注上、下偏差，同时强制DIMLIM为OFF；当DIMLIM为ON时以极限尺寸的形式标注尺寸，同时强制DIMTOL为OFF；两变量不能同时为ON。

(2) DIMTP：在DIMTOL或DIMLIM设置为ON状态下，为标注文字设置上偏差。DIMTP接受带符号的值，当输入DIMTP值为正时，则自动标注带正号（＋）的上偏差值。

(3) DIMTM：在DIMTOL或DIMLIM设置为ON的状态下，为标注文字设置下偏差。DIMTM接受带符号的值。如果DIMTOL设置为ON并且DIMTM和DIMTP的值相同，则标注一个对称偏差值；如果DIMTM和DIMTP的值不同，则将上偏差放在下偏差的上面；当输入DIMTM的值无符号时，则自动在下偏差值前添加负号（－）；若需设定正值，则在数值前输入负号，则自动标注带正号（＋）的下偏差值。

7. 改变尺寸变量值的方法

尺寸变量均可用setvar命令观察或重新设置变量值。多数变量也可以直接在命令行下输入变量名观察或重新设置变量值（DIMSTYLE变量除外）。此外多数变量也可以用尺寸样式的"标注样式管理器"修改其状态或参数值。

用SETVAR命令设置尺寸标注变量，只改变当前尺寸样式的外观。

9.3.2　尺寸标注样式管理器

由尺寸标注变量的概念和设置可知，为了得到符合标准、均匀一致的尺寸标注，一个个修改标注变量是很不方便的，于是AutoCAD通过建立标注样式（dimension style）对尺寸标注的设置进行管理。标注样式是一组被命名的标注变量设置的集合，它可定义多种尺寸标注的格式和外观，并简化标注系统变量的设置。

用户可以命名和定制不同的标注样式，这些样式又可称为父样式。每一标注样式又分为线性标注、角度标注、半径标注、直径标注、坐标标注以及引线标注和公差标注等子样式。

若各子样式的格式和外观均相同,则只需设置父样式,子样式自动继承父样式的格式和外观;若子样式的格式和外观与父样式不同,就需对父样式所派生的子样式进行设置。例如:多数标注要求文字在尺寸界线之间居中,这应由父样式的设置实现,而直径标注的文字不应居中,应由子样式直径标注设置实现;角度文字要求水平,就应设置子样式角度标注的文字水平,其他文字将继承父样式的与尺寸线平行的设置。

(1) 选取下拉菜单"标注"→"标注样式",出现如图 9-10 所示"标注样式管理器"对话框。在"样式"列表框中可列出"所有样式"或"正在使用的样式"名。当子样式的格式或外观与父样式有别时,子样式名将以分支的形式出现在父样式名下方。选择样式名后将在"预览"框中出现该样式标注外观和格式的预览图片,单击"置为当前"按钮,将在对话框左上方把预览的父样式名设为当前正在使用的标注样式。

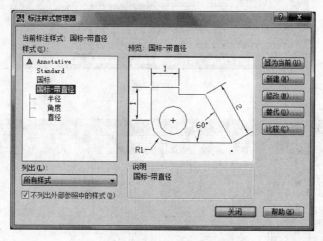

图 9-10　"标注样式管理器"对话框

(2) 单击"新建"按钮,将出现"创建新标注样式"对话框,如图 9-11 所示。"新样式名"可由用户指定,它是由"基础样式"的下拉列表项派生而来的。在"用于"下拉列表框中默认选项为"所有标注",则按"新样式名"创建新的标注样式;若选择了"线性标注"、"角度标注"、"半径标注"、"直径标注"、"坐标标注"以及"引线和公差"等,则创建"基础样式"下拉列表框所选标注样式的子样式,此时"新样式名"编辑框将置灰。单击"继续"按钮,将出现"新建标注样式"或"新建标注样式"的子样式对话框,其内容均相同,只是对话框中的示意图有所区别。为避免赘

图 9-11　"创建新标注样式"对话框

述,仅以"新建标注样式"对话框进行简要说明,如图 9-13 所示,该对话框中共有 7 个选项卡。为便于理解标注样式与标注变量的关系,特意在图上注明了相关的标注变量,部分标注变量的几何意义参见图 9-9。

① 设置"线"选项卡的内容如图 9-12 所示,建议各项内容按图示设置。

② 设置"符号和箭头"选项卡的内容如图 9-13 所示,建议各项内容按图示设置。

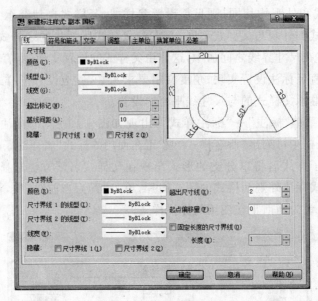

图 9-12　"线"选项卡

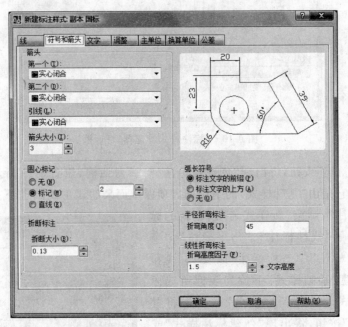

图 9-13　"符号和箭头"选项卡

　　③ 设置"文字"选项卡的内容如图 9-14 所示。其中"文字样式"选用已定义好的文字样式,应能标注直径符号 φ 和角度符号"。"。"文字位置"选项组的"垂直"选项是指在尺寸线上方、在尺寸线中间、在尺寸线外部和按 JIS 标准的位置,参见标注变量 DIMTAD。在创建"角度标注"子样式时,应选中"文字对齐"选项组的"水平"选项,以满足角度文字水平的国标要求。

　　④ 设置"调整"选项卡内容如图 9-15 所示。建议在创建"直径标注"子样式时,选中右

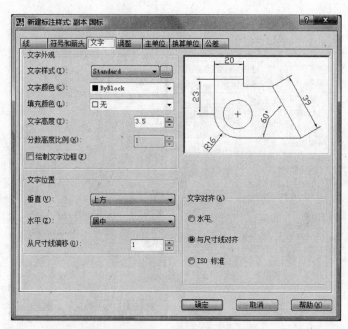

图 9-14　"文字"选项卡

下角"优化"选项组的"手动放置文字"选项,以避免直径文字标注与中心线重叠。

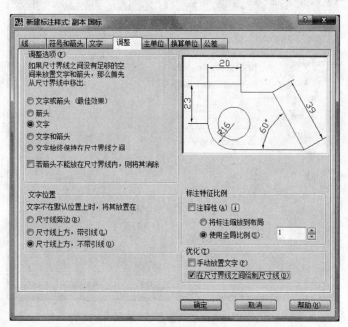

图 9-15　"调整"选项卡

⑤ 设置"主单位"选项卡的内容如图 9-16 所示。对于线性标注,若需在文字前自动加注直径符号 φ,需在"线性标注"选项组的"前缀"编辑框内输入％％C。

⑥ 设置"换算单位"选项卡的内容如图 9-17 所示。选择"显示换算单位"复选框可解除其他选项的置灰,从而进行选项操作,标注尺寸时会自动为换算单位数值添加方括号"[ ]"。

图 9-16　"主单位"选项卡

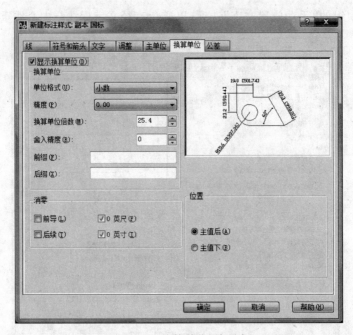

图 9-17　"换算单位"选项卡

　　⑦ 设置尺寸"公差"选项卡的内容如图 9-18 所示。若在"公差格式"选项组的"方式"下拉列表框中选择"极限偏差"选项,应同时在"高度比例"编辑框中输入 0.7。

　　(3) 单击"修改"按钮将显示"修改标注样式"对话框,其内容与"新建标注样式"对话框完全一致。

　　(4) 单击"替代"按钮将显示"替代当前样式"对话框,在此可以设置标注样式的临时替

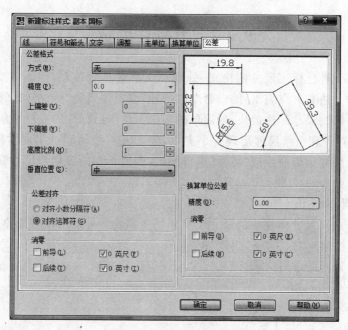

图 9-18　"公差"选项卡

代值。对话框的选项与"新建标注样式"对话框的选项相同。系统把替代值作为未保存的改动结果显示在"样式"列表里的样式名下。

（5）单击"比较"按钮将显示"比较标注样式"对话框，如图 9-19 所示。单击右上角复制图标，可将比较的结果复制到剪贴板中。按"关闭"按钮将返回主对话框。

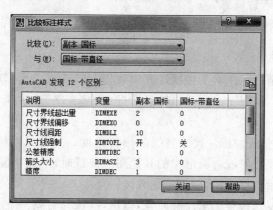

图 9-19　"比较标注样式"对话框

在"样式"列表框中，选择样式名后右击鼠标，会显示光标菜单，其内容为"置为当前、重命名、删除或保存到当前样式"等，可对当前所选择样式进行相应操作。

所设置的标注样式名，可在"标注"工具条的"标注式样控制"列表框中列出，被单击的样式名将作为当前标注样式。

9.4　尺寸标注编辑

尺寸编辑用于对已标注尺寸的格式、外观和文字等进行改动,但不改变尺寸的标注类型。修改尺寸的方法有夹点编辑、编辑命令、"特性"窗口编辑和"标注样式管理器"修改等多种。夹点编辑是修改尺寸标注最快、最简单的方法。单击已标注的线性和角度尺寸,会出现5个夹点,半径、直径和引线尺寸出现3个夹点,单击夹点拖动即可实现对尺寸的修改。若出现夹点时执行尺寸编辑命令或"特性"窗口编辑,则提示和内容均与尺寸编辑命令相似,在此详述尺寸编辑命令。

1. 尺寸编辑 dimedit

该命令用于编辑尺寸标注中的尺寸文字和尺寸界线。可以用以下几种方式激活:

(1) 选取下拉菜单"标注"→"倾斜";

(2) 单击工具栏命令图标 ;

(3) 输入命令 dimedit。

尺寸标注命令的操作过程如下:

命令:dimedit↙

输入标注编辑类型 [默认(H)/新建(N)/旋转(R)/倾斜(O)] <默认>:(输入选项或按回车键):

各选项的含义如下。

(1) 默认(H):将所选择尺寸的文字按其尺寸样式所定义的默认位置和方向重新归位。

(2) 新建(N):更新所选择的标注尺寸的尺寸文字。选择该项后出现"文字格式"对话框,可以输入新文字并进行设置。

(3) 旋转(R):旋转所选择的标注尺寸的尺寸文字。选择该项后先出现提示:

指定标注文字的角度:

在提示后输入0则把标注文字按默认方向放置。默认方向由"新建标注样式"对话框、"修改标注样式"对话框和"替代当前样式"对话框中的"文字"选项卡上"文字位置"中的"垂直"和"水平"来设置。

(4) 倾斜(O):调整线性标注尺寸界线的倾斜角度。通常线性标注的尺寸界线与尺寸线处于垂直状态。当尺寸界线与图形中的其他图线接近时,本选项很有用,比如标注锥形图形。选择该项后先提示选择对象,后提示输入倾斜角度。

上述各选项都需要选择被编辑尺寸对象,当出现"选择对象:"的提示时,可用对象选择方式选择标注对象或按回车键结束选择。

2. 尺寸文字编辑 dimtedit

该命令用于移动和旋转已标注的尺寸文字。可以用以下几种方式激活:

(1) 选取下拉菜单"标注"→"对齐文字",如图 9-20
所示;

(2) 单击工具栏命令图标 ;

(3) 输入命令 dimtedit。

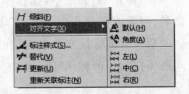

图 9-20　尺寸文字编辑菜单

该命令的操作过程如下：

命令：dimtedit↙：
选择标注：
指定标注文字的新位置或 [左(L)/右(R)/中心(C)/默认(H)/角度(A)]：
指定标注文字的角度：

（1）左（L）：沿尺寸线左移标注文字。本选项只适用于线性、直径和半径标注。

（2）右（R）：沿尺寸线右移标注文字。本选项只适用于线性、直径和半径标注。

（3）中心（C）：把标注文字放在尺寸线的中心。

（4）默认（H）：与命令 DIMEDIT 的同一选项意义相同。

（5）角度（A）：旋转所标注的尺寸文字。

3. 尺寸标注更新命令 dimstyle

该命令用于更新选定的标注对象使它们使用标注系统变量的当前设置，包括标注样式和任何替代。可以用以下几种方式激活：

（1）选取下拉菜单"标注"→"更新"；

（2）单击工具栏命令图标 ；

（3）输入命令 dimstyle。

该命令的操作过程如下：

命令：dimstyle↙
当前标注样式：Standard
输入标注样式选项 [注释性(AN)/保存(S)/恢复(R)/状态(ST)/变量(V)/应用(A)/?]<恢复>：_apply

9.5　公　差　标　注

在机械设计中主要有两类公差：尺寸公差和形位公差。

1. 尺寸公差标注

尺寸公差有极限偏差、极限尺寸和对称公差等标注形式。下面介绍三种常用的标注方法和技巧。

（1）设置"标注样式"对话框中的"公差"选项卡，如图 9-18 所示。若在"方式"列表框中选择了"极限偏差"或"极限尺寸"，需在"上偏差"和"下偏差"编辑框中输入偏差数值。在默认情况下，"上偏差"为正号，"下偏差"为负号，若需改变符号，则应在偏差输入数值前加注负号。若在"方式"列表框中选择了"对称"，只需在"上偏差"编辑框中输入偏差数值即可。

该标注方法可在尺寸标注前后进行，区别在于是创建、修改还是替代"尺寸公差选项卡"的内容。缺点是公差一经设定，用该标注样式所标注的尺寸均带有相同的公差标注，反而增加了修改的工作量。

（2）设置尺寸标注变量控制尺寸公差标注。DIMTOL 和 DIMLIM 协同控制尺寸公差的标注形式。DIMTP 为标注文字设置上偏差，DIMTM 为标注文字设置下偏差。不需标注尺寸公差时，关闭 DIMTOL 和 DIMLIM。

（3）标注尺寸时设置提示中的"文字"选项，然后按格式"〈〉{\H2.5;\S+0.1^−0.2;}"输入需标注的公差数值，其中：符号〈〉表示用测量数值作基本尺寸，2.5 表示公差的字高数值，+0.1 表示上偏差数值，−0.2 表示下偏差数值，其他符号及位置不可改变。在上述数值位置改变相应数值或正负号，就可标注所要求的公差。若要对已标注尺寸添加公差，只需在修改尺寸时，选择"文字"选项，并按格式"〈〉{\H 公差的字高数值;\S 上偏差数值^下偏差数值;}"输入所需标注的公差。

2. 形位公差标注命令 tolerance

该命令用于标注形状公差和位置公差。形位公差标注由特征控制框、几何特征符号（形位公差符号）、公差值、基准参照字母、包容条件和直径代号等内容组成，如图 9-21 所示。特征控制框由至少两个框格组成。第一个框格包含一个几何特征符号，表示所用公差的几何特征；第二个框格包含公差值，在公差值前有一个可选的直径代号，公差值后有一个包容条件代号。

图 9-21　形位公差的组成

采用下列任意一种方式都可激活 tolerance 命令：

（1）选取下拉菜单"标注"→"公差"；

（2）单击工具栏命令图标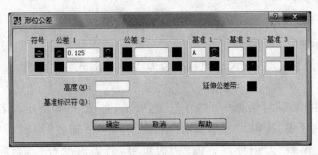；

（3）命令格式 tolerance。

命令执行后出现"形位公差"对话框，如图 9-22 所示。"形位公差"对话框的操作如下：

图 9-22　"形位公差"对话框

（1）"符号"用于选择形位公差符号，单击"符号"组下方的黑框，将弹出"特征符号"对话框，如图 9-23 所示，在其上单击所需符号，将返回"形位公差"对话框，并将所选符号显示在"符号"组下方的黑框中。若在"特征符号"对话框中选择右下角的白框，可取消"符号"下方已选的符号。

（2）"公差 1"用于创建特征控制框中的第一个公差值。单击"公差 1"左侧的黑框，出现直径符号；在编辑框中输入数值即为公差值；单击右侧的黑框，则弹出"附加符号"对话框，如图 9-24 所示，在其上单击所需符号，将返回"形位公差"对话框，并将所选符号显示在"公差

1"右侧的黑框中。"附加符号"对话框中右侧的白框用于取消已选的包容条件。

图 9-23　"特征符号"对话框　　　　　　　　　　图 9-24　"附加符号"对话框

（3）若需要创建特征控制框中的第二个公差值可设置"公差 2"，方法同"公差 1"。

（4）"基准 1"用于创建特征控制框中主要的基准参照。基准参照由字母和基准的包容条件符号组成。在编辑框中输入代表基准的大写字母，单击右侧的黑框，则弹出"附加符号"对话框，其操作与"公差 1"相同。

（5）若需要创建第二级和第三级基准参照，可用"基准 2"和"基准 3"设置，方式与创建第一级基准相同。

（6）"高度"编辑框用于输入投影公差带的值，并在特征控制框中创建投影公差带。

（7）"延伸公差带"右侧的黑框用于在延伸公差带值的后面插入延伸公差带符号。

（8）"基准标识符"编辑框用于输入基准字母，创建带特征控制框的基准标识符。

根据需要设置完"形位公差"对话框后，单击"确定"按钮关闭对话框，出现如下提示：

输入公差位置：

形位公差特征控制框随光标拖动，指定一个位置，特征控制框就被放到该处，从而结束此次的形位公差标注。

如果尺寸变量 DIMGAP 设为 0，某些公差符号将不能正确显示（符号中的水平线将与特征控制框的边界重叠）。我国的形位公差标注与 AutoCAD 所提供的形位公差标注不完全一致。要标注带指引线的形位公差，可用 leader 命令快速实现。

第 10 章　图形数据交换技术

10.1　概　　述

在绘图系统中,由于不同的软件系统的用途和功能不同,经常需要将图形数据从一个系统转到另一个系统中,进行进一步的设计工作。但是,每一种软件系统产生的数据文件的格式各不相同,这些数据文件的结构与软件系统密切相关,并且它们的文件结构一般是不公开的,这样就难以实现不同系统之间的数据交换。为了使不同的绘图软件系统之间能够进行数据交换,目前的绘图软件一般都支持多种数据交换文件,不同的软件系统可以通过共同支持的数据交换文件,实现数据交换。由于数据交换文件的结构都是公开的,因此,应用程序还可以利用接口程序从数据交换文件读取图形数据,进行设计计算和分析。通过交换技术,使一个系统可以利用另一个系统产生的结果,这样就避免了大量重复性的工作,大大地提高了工作效率。

AutoCAD 是一个集图形编辑、图形绘制、图形输出于一体的图形处理软件系统。由于 AutoCAD 具有良好的图形编辑环境,因此深受人们的青睐。AutoCAD 提供了较好的数据交换功能,从 AutoCAD 可以将设计和绘图产生的图形和文字数据输出为多种格式的文件,使其他的应用程序都可以使用 AutoCAD 的图形。另一方面,AutoCAD 还可以输入多种不同格式的图形和图像数据文件,使 AutoCAD 可以使用由其他应用程序产生的图形和图像。AutoCAD 支持的数据交换文件主要有以下几种格式。

1. DXF 文件

DXF 文件是 Drawing Exchange File(图形交换文件)的缩写,文件的扩展名为.dxf。DXF 文件是 AutoCAD 图形文件的 ACSII 或二进制格式文件,包含了 AutoCAD 图形中全部数据的描述。由于 AutoCAD 的应用范围很广,目前许多应用程序都可以输入和输出 DXF 文件,DXF 文件逐渐成为一种通用的数据交换标准。

2. 3D Studio 文件

3D Studio 文件是 Autodesk 公司的 3D Studio 动画和着色程序使用的文件格式,扩展名为.3ds。AutoCAD 可以将三维模型输出到 3D Studio 中,也可以将 3D Studio 产生的数据直接输入到 AutoCAD 中。

3. ACIS 文件

ACIS 文件的扩展名为.sat,它也是一个 ASCII 码格式文件,包含了 NURBS 曲面、区域和实体的三维模型数据。采用这种文件格式,可以实现 AutoCAD 和其他支持 ACIS 格式的三维建模应用程序进行数据交换。

4. PostScript 文件

PostScript 文件的扩展名为.esp。这种文件格式可以被许多应用程序使用,包括大多数文字处理软件、桌面印刷软件和一些演示程序。

5. 图像文件格式

AutoCAD 还可以将图形数据以各种不同的图像文件格式进行输入和输出，这些文件包括 BMP、GIF、PCX、TIFF、IGS 和 JPG 等格式。该功能使 AutoCAD 可以同许多图像处理软件之间进行数据交换。

10.2　AutoCAD 数据交换文件

1. 创建 DXF 文件

(1) 在 AutoCAD 的"文件"下拉菜单中，直接选取"另存为"菜单项。

(2) 在"图形另存为"对话框中输入图形文件的文件名。

(3) 在"存为类型"下拉列表中选择"AutoCAD DXF（∗.dxf）"类型，也可选择"选项"，然后选择"DXF 选项"指定格式（ASCII/二进制）、精度、选择特定对象或输出整个文件，然后选择"保存"。AutoCAD 将自动给文件附加扩展名.dxf。

2. 输入 DXF 文件

在 AutoCAD 中，DXF 文件可以直接用"打开"命令打开，还可以用"插入"命令，以图块的形式插入 DXF 文件。

3. 输出其他格式的数据文件

在"文件"菜单中选取"输出"菜单项，在"输出数据"对话框中输入文件的名称，并选择文件的类型（3ds、esp、sat、bmp…），然后按保存按钮。AutoCAD 会自动添加文件的扩展名。

4. 图像文件的输入

用 AutoCAD 的插入命令，可以输入 3D Studio 文件(.3ds)、ACIS 文件(.sat)、DXB 二进制文件(.dxb)、Windows 图元文件(.wmf)和 PostScript 文件(.esp)，还可以输入 BMP、GIF、JPG、TIFF、IGS 等多种光栅图像文件。

10.3　DXF 文件结构

DXF 的 ASCII 码文件是一个具有专门格式的文本文件。可以用文本编辑软件打开 DXF 文件，并可以对它进行修改。下面简要介绍一下 DXF 文件的结构。

1. DXF 文件的总体结构

DXF 文件由许多个称为组（group）的小单元构成。每一个组分成两行，第一行是组的代码（group code），第二行是组值（group value）。组代码相当于数据类型的代码，它由 AutoCAD 图形系统规定，而组值相当于数据具体的值，二者组合起来则表示一个数据的含义和它的值。例如：有一个组，它的第一行是"8"，第二行是"outline"。8 就是组代码，它表示这个组表达的图层名；outline 是组值，表示图层的名称。

多个组又构成了 DXF 文件的一个段（section）。一个完整的 DXF 文件是由七个段和一个结尾组成，七个段按顺序排列，次序不能改变，它们依次是：

(1) 标题段（HEADER section）；

(2) 类段（CLASSES section）；

(3) 表段（TABLES section）；

　（4）块段（BLOCKS section）；

　（5）实体段（ENTITIES section）；

　（6）对象段（OBJECTS section）；

　（7）图像预览段（THUMBNAILIMAGE section）；

　（8）结尾（EOF）。

　　DXF 文件的每一个段都以组值为字符串 SECTION 的 0 组开始，随后是组值为段名（如 HEADER）的 2 组以及组成段的其他各个组，最后以组值为字符串 ENDSEC 的 0 组结束该段。接下来是其他各段的定义，所有段都结束后，以组值为 EOF 的 0 组作为整个 DXF 文件的结束标志。DXF 文件的总体结构一般如下：

```
0                              //开始定义标题段
SECTION
2
HEADER                         //标题段的段名
9
⋮
0
ENDSEC                         //标题段定义结束
0                              //开始定义类段
SECTION
2
CLASSES                        //类段的段名
⋮
0
ENDSEC                         //类段定义结束
0                              //开始定义表段
SECTION
2
TABLES                         //表段的段名
⋮
0
ENDSEC                         //表段定义结束
0                              //开始定义块段
SECTION
2
BLOCKS                         //块段的段名
⋮
0
ENDSEC                         //块段定义结束
0                              //开始定义实体段
SECTION
2
ENTITIES                       //实体段的段名
⋮
0
```

```
ENDSEC                              //实体段定义结束
0                                   //定义开始对象段
SECTION
2
OBJECTS                             //对象段的段名
3
  ⋮
0
ENDSEC                              //对象段定义结束
0                                   //开始定义图像预览段(该段为可选项)
SECTION
2
THUMBNAILIMAGE                      //图像预览段的段名
3
  ⋮
0
ENDSEC                              //图像预览段定义结束
0
EOF                                 //DXF 文件的结束
```

2. 组代码和组值

1) 组代码和组值的类型

DXF 文件的组代码定义了组值的数据类型,表 10-1 列出了组代码范围和相应的组值类型。

表 10-1　组代码和组值的数据类型

组代码范围	组值的数据类型
0~9	字符串(说明扩展符号的名称,字符串的长度可以超过 255 个,并且每一行的字符个数也可以超过 2049 字节)
10~59	双精度三维点的坐标
60~79	16 位整型值
90~99	32 位整型值
100	字符串(最多 255 个字符,对非编码字符串还少于 255 个字符)
102	字符型(最多 255 个字符,对非编码字符串还少于 255 个字符)
105	字符串(表示十六进制的句柄值)
140~147	双精度标量浮点值
170~175	16 位整型值
280~289	8 位整型值
300~309	任意文本字符串
310~319	字符串(用十六进制数表示的二进制值)
320~329	字符串(表示十六进制的句柄值)

续表

组代码范围	组值的数据类型
330～369	字符串(表示十六进制的对象标识符)
370～379	8 位整型值
380～389	8 位整型值
390～399	字符串(表示十六进制的句柄值)
400～409	16 位整型值
410～419	字符串
999	注释字符串
1000～1009	字符串(定义与 0～9 组码相同)
1010～1059	浮点值
1060～1070	16 位整型值
1071	32 位整型值

2) 组代码的含义

表 10-2 列出了每个组代码的含义。其中有些组代码的含义是固定不变的,而有些组代码的含义是根据使用场合的不同要发生变化,表中有"固定"标记的表示该组代码的含义是不变的。

表 10-2　组代码的含义

组 代 码	组代码的含义
−5	APP：永久的反应器链
−4	APP：条件运算符(只用于 ssget)
−3	APP：扩展数据(XDATA)标记(固定)
−2	APP：实体名参照(固定)
−1	APP：实体名。每次打开图形文件,实体名都要变化,并且从不保存(固定)
0	表示实体类型的字符串(固定)
1	实体对象的主要文本名称(属性标签、块名等)
2	名称(表示段名、表名、块名和属性标志等)
3～4	其他文本或命名值
5	实体句柄,可以为多达 16 位的十六进制数文本字符串(固定)
6	线型名(固定)
7	文本样式名(固定)
8	图层名(固定)
9	DXF：变量名标志符(仅用于 DXF 文件的 HEADER 段)

组 代 码	组代码的含义
10	关键点(直线或文本的起点,圆的圆心等) DXF:关键点的 X 坐标(组码 20 和 30 是关键点的 Y 坐标和 Z 坐标) APP:三维坐标点(三个实数值)
11~18	其他点 DXF:其他点的 X 坐标 APP:三维坐标点(三个实数值)
20、30	DXF:关键点的 Y 坐标和 Z 坐标
21~28,31~37	DXF:其他点的 Y 坐标和 Z 坐标
38	DXF:实体的非零标高
39	实体的非零厚度值(固定)
40~48	浮点数(表示文本高度、比例系数等)
49	重复的浮点数值。例如:在线型表中定义各短划线的长度,重复出现几个 49 组
50~58	角度值(在 DXF 文件中用度表示,在 AutoLISP 和 ObjectARX 应用程序中用弧度表示)
60	实体可见性,用整数值表示。组值 0 表示实体可见;组值 1 表示实体不可见
62	颜色值(固定)
66	实体跟随标志(固定)
67	空间——模型空间或图纸空间(固定)
68	APP:表示视口的状态(开、关、最大化和非激活)
69	APP:视口标识号
70~78	整型值,用于表示重复次数、标志位或模式等
90~99	32 位整型值
100	子类数据标志。该标记对所有从其他具体类导出的对象和实体都是必需的,并且该标记用于分离从不同类继承的数据
102	控制字符串,其后是"{〈任意名〉}"或"}"。此控制字符串类似于 1002 组扩展数据,除了以"{"开始的字符串外,其后可以是任意对应用程序进行解释的任意字符串,另外一个允许的控制字符是作为组结束的"}"字符。AutoCAD 除了图形文件检查操作期间之外,对控制字符不作解释,这些规定仅对应用程序有效
105	DIMVAR 符号表条目对象句柄
210	拉伸方向(固定) DXF:拉伸方向的 X 值 APP:三维拉伸方向
220、230	DXF:拉伸方向的 Y、Z 值
280~289	8 位整型值
290~299	布尔型标志值
300~309	任意文本字符串

续表

组 代 码	组代码的含义
310~319	二进制字符串,其含义与 1004 组相同。用不超过 254 位的十六进制字符串表示不超过 127 个字节的数据串
320~329	任意对象句柄,在 INSERT 和 XREF 操作中不传送句柄值
330~339	软指针句柄。在同一个 DXF 文件或图形文件中包含的指向其他对象的任意的软指针,在进行 INSERT 和 XREF 操作中传送此句柄
340~349	硬指针句柄。在同一个 DXF 文件或图形文件中包含的指向其他对象的任意的硬指针,在进行 INSERT 和 XREF 操作中传送此句柄
350~359	软件所有者句柄。在同一个 DXF 文件和图形文件中,与其他对象关联的任意的软件所有权,在 INSERT 和 XREF 操作中传送此句柄
360~369	硬件所有者句柄。在同一个 DXF 文件和图形文件中,与其他对象关联的任意的硬件所有权,在 INSERT 和 XREF 操作中传送此句柄
370~379	线宽数值(AcDb：：LineWeight)
380~389	打印样式名类型(AcDb：：PlotStyleNameType)
390~399	代表 PlotStyleName 对象的句柄值的字符串
400~409	16 位整型值
410~419	字符串
999	注释字符串
1000	扩展数据中的 ASCII 码,可长达 255 个字节
1001	为扩展数据注册应用程序名,最长不超过 31 个字节的 ASCII 码字符串
1002	扩展数据的控制字符串("｛"或"｝")
1003	扩展数据的图层名
1004	扩展数据中的字符串,最长不超过 127 个字节
1005	扩展数据的实体句柄,最长可达 16 位的十六进制数的文本字符串
1010	扩展数据中的一个点 DXF：X 坐标值 APP：三维点坐标
1020~1030	DXF：点的 Y、Z 坐标
1011	扩展数据中的三维世界空间的位置 DXF：X 坐标值 APP：三维坐标
1021、1031	DXF：点的 Y、Z 坐标
1012	扩展数据中的三维世界空间的位移 DXF：位移的 X 分量值 APP：三维矢量
1022、1032	DXF：三维空间位移的 Y、Z 分量

续表

组 代 码	组代码的含义
1013	扩展数据中的三维世界空间的方向 DXF：方向的 X 分量值 APP：三维矢量
1023～1033	DXF：三维空间方向的 Y、Z 分量值
1040	扩展数据的浮点数
1041	扩展数据的距离值
1042	扩展数据的比例因子
1070	扩展数据的 16 位带符号的整数
1071	扩展数据的 32 位带符号的长整数

3. 各个段的具体结构

1) 标题段(HEADER)

标题段记录了 AutoCAD 系统的所有标题变量的当前值或当前的状态。这些标题变量记录了 AutoCAD 系统的当前的工作环境。例如：AutoCAD 的版本号、插入点、绘图界限的左下角、右上角、SNAP 捕捉方式的当前状态、栅格间距、当前图层名、当前线型名、当前的颜色等。

DXF 文件的标题段包含了与图形有关的系统标量的设置。每个变量在标题段中都以组值为变量名的 9 组开始，变量的具体值在该组的下一组中定义。标题段的具体定义格式如下：

```
0                        //开始定义标题段
SECTION
2                        //定义段名
HEADER
9                        //定义标题变量名
$ <变量名>                //标题变量名
<组码>                    //标题变量的组码
<变量值>                  //标题变量的具体值
⋮                        //重复定义每一个标题变量
0
ENDSEC                   //结束定义标题变量
```

2) 类段(CLASSES)

类段包含了应用程序定义的类信息，这些类的实例出现在图块段(BLOCKS)、实体段(ENTITIES)、对象段(OBJECTS)中，并且类的定义在类的继承过程中保持永久不变。类段的定义格式如下：

```
0
SECTION
2                        //开始定义类段
```

```
CLASSES
0
CLASS
1
<类的 DXF 记录名>
2
<类名>
3
<应用程序名>
90
<标志>
280
<标志>
0
ENDSEC                        //类段定义结束
```

3) 表段（TABLES）

表段中包含了一系列的表，每一个表又包含了数量不等的条目。AutoLISP 和 Object-ARX 应用程序也可以将这些组码用于实体定义列表中。

表段中表的顺序可以改变，但 LTYPE 表必须位于 LAYER 表的前面。每一个表都以组值为 TABLE 的 0 组开始，其次是组码为 2 的特定的表，其组值可以是 APPID、DIM-STYLE、LAYER、LTYPE、STYLE、UCS、VIEW、VPORT、BLOCK_RECORD；接着是组码为 5，组值为 HANDLE 的组；组码为 100，组值为 ACDBSYMBOLTABLE 的组；组码为 70，组值为表的条目数量的组；最后是组码为 0，组值为 ENDTAB 的组。表段的定义格式如下：

```
0
SECTION
2
TABLES
0                         //开始定义表段
TABLE
2
<表类型>                    //表的类型，如 LAYER、LTYPE 等
5
<句柄>                     //表的句柄
100
AcDbSymbolTable           //子类标记 r
70
<最大条目数>                //表的最大条目数
  ⋮
0
<表类型>                    //表的类型
5
<句柄>                     //表的句柄
100
```

```
AcDbSymbolTableRecord          //子类标记
⋮                              //重复定义表的各条目数据
0
ENDTAB                         //表定义结束
0                              //开始其他表的定义
TABLE
⋮                              //重复定义各个表
0
ENDSEC                         //表段定义结束
```

4）块段（BLOCKS）

块段中包含了所有块的定义，其中也包含了通过图案填充命令（HATCH）和尺寸标注命令（DIM）产生的块。每一个块的定义中包含了组成块的所有实体，并且在块段中实体的定义格式与实体段中的定义格式完全相同。块段中的所有实体都位于 BLOCK 和 END-BLK 实体之间，但 BLOCK 和 ENDBLK 实体仅出现在 BLOCK 节中。尽管块的定义中可以包含插入的实体，但不能嵌套其他的块。

```
0
SECTION
2
BLOCKS                         //开始定义块段
0
BLOCK
5
<句柄>
100
AcDbEntity                     //子类标记
8
<图层名>
100
AcDbBlockBegin                 //子类标记
2
<块名>
70
<标记>                         //图块类型标记
10
<X值>                          //插入基点的 X 坐标值
20
<Y值>                          //插入基点的 Y 坐标值
30
<Z值>                          //插入基点的 Z 坐标值
3
<块名>
1
<外部参照路径>                  //开始每个块条目
```

```
0
<实体类型>
　⋮
<数据>
　⋮                          //块中的每一个实体都定义一个条目
0
ENDBLK
5
<句柄>
100
AcDbBlockEnd                 //块条目定义结束
　⋮                          //定义其他各块
0
ENDSEC                       //块段定义结束
```

5）实体段（ENTITIES）

实体段中包含了图形文件的所有实体和插入图块的引用，包括每个实体的名称、所在的图层名、线型名、颜色号、基面高度、厚度以及有关的几何数据等。定义格式如下：

```
0
SECTION
2
ENTITIES                     //开始定义实体段
0
<实体类型>                    //如 LINE、ARC…
5
<句柄>                       //实体的标识号
330
<指向所有者的指针>
100                          //子类标记
AcDbEntity
8
<图层>
100                          //子类标记
AcDb<块名>
<数据>
　⋮                          //每个实体定义一个条目
0
ENDSEC                       //实体段定义结束
```

6）对象段（OBJECTS）

对象段中包含了组成图形文件的非图形对象。对象与实体不同，对象没有图形和几何的意义，而实体具有图形意义，是图形对象。对象段的定义格式如下：

```
0
SECTION
2
```

```
OBJECTS                    //对象段定义开始
0
DICTIONARY
5
<句柄>
100
AcDbDictionary            //命名对象的开始
3
<字典名>
350
<子句柄>
0
<对象类型>
<对象数据>
  ⋮                        //重复定义各条目
0
ENDSEC                     //对象段定义结束
```

7) 图像预览段（THUMBNAILIMAGE）

图像预览段是可选项，只有在 DXF 文件中包含可预览图像文件时才定义该段。

10.4　DXF 文件实例分析

如图 10-1 所示，是一个轴的剖面图，将此图形保存为 ASCII 码格式的 DXF 文件，用文本编辑器打开 DXF 文件，其格式如下：

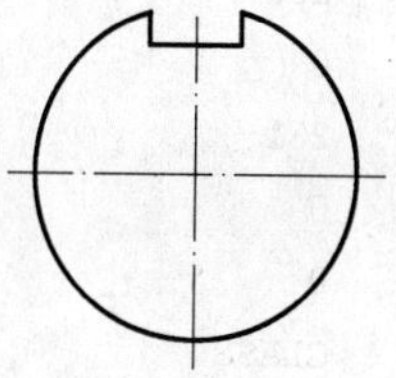

图 10-1　轴剖面图

```
0
SECTION
2                          //标题段开始
HEADER
9                          //定义标题变量
$ ACADVER                  //标题变量名,AutoCAD 图形数据库的版本号
1
AC1015                     //变量的值,AutoCAD 的版本号为 AutoCAD 2000
9
$ ACADMAINTVER             //确定版本号
70
6
9
$ DWGCODEPAGE              //图形代码页
3
ANSI_936                   //标准号
9
$ INSBASE                  //图形插入基点
10
```

```
0.0                              //插入基点的 X 坐标值
20
0.0                              //插入基点的 Y 坐标值
30
0.0                              //插入基点的 Z 坐标值
9
$<变量名>                         //定义其他的变量
⋮
0
ENDSEC                           //标题段定义结束
0
SECTION
2                                //类段定义开始
CLASSES
0
CLASS                            //类定义开始
1
ACDBDICTIONARYWDFLT              //类 DXF 记录名
2
AcDbDictionaryWithDefault        //C++ 类名
3
AutoCAD 2000                     //应用程序名
90                               //代理权标志
0                                //组值 0 表示不允许运算操作
280                              //是否代理对象标志
0                                //组值 0 表示该类已装入,1 表示该类未装入
281                              //实体对象标志
0                                //该类从 AcDbEntity 继承而来,则该值为 1,否则为 0
0                                //定义其他的各个类
CLASS
⋮
0
ENDSEC                           //类段定义结束
0                                //表段定义开始
SECTION
2
TABLES
⋮                                //定义 VPORT(视口)、LTYPE(线型)表
0                                //定义图层表开始
TABLE
2                                //表名,开始定义图层表 LAYER
LAYER                            //定义图层表
5                                //句柄
2
330                              //所有者对象的软指针句柄
```

```
0
100                              //子类标记
AcDbSymbolTable
70                               //位代码值
5                                //组值 5 表示冻结并锁定图层
0
LAYER
5                                //句柄
10
330                              //所有者对象的软指针句柄
2
100                              //子类标记
AcDbSymbolTableRecord
100                              //子类标记
AcDbLayerTableRecord
2
0                                //图层名,表示 0 层
70
0                                //最大表项数
62
7                                //图层的颜色号,组值 7 表示 White(白色)
6                                //图层的线型
Continuous                       //连续线
370                              //线型枚举值
-3
390                              //对象硬指针句柄
F
0                                //定义其他的图层
LAYER
 ⋮
0
ENDTAB                           //图层定义结束
0                                //其他表的定义
TABLE
 ⋮
0
ENDSEC                           //表段定义结束
0                                //块段定义开始
SECTION
2
BLOCKS
0
BLOCK                            //块定义开始
5                                //句柄
20
```

330	//指向拥有对象的软指针句柄
1F	
100	//子类标记
AcDbEntity	
8	//图层名
0	//0 层
100	//子类标记
AcDbBlockBegin	
2	//块名——模型空间
* Model_Space	
70	//块类型标记
0	//BLOCK 中的实体类型
10	//插入基点的 X 坐标值
0.0	
20	//插入基点的 Y 坐标值
0.0	
30	//插入基点的 Z 坐标值
0.0	
3	//块名——模型空间
* Model_Space	
1	//外部参照路径名
	//空串表示无外部参照
0	
ENDBLK	//ENDBLK 实体名
5	//句柄
21	
330	//指向拥有对象的软指针句柄
1F	
100	//子类句柄
AcDbEntity	
8	//图层名
0	//0 层
100	//子类标记
AcDbBlockEnd	
⋮	//定义其他的各个块
0	
ENDSEC	//块段定义结束
0	//实体段定义开始
SECTION	
2	
ENTITIES	//实体段
0	//实体类型
LINE	//直线
5	//句柄
46	

```
330                              //BLOCK_RECORD 对象的软指针句柄
1F
100                              //子类句柄
AcDbEntity
8                                //图层名
Center
100                              //子类标记
AcDbLine
10                               //直线起点的 X 坐标值
152.0
20                               //直线起点的 Y 坐标值
143.0
30                               //直线起点的 Z 坐标值
0.0
11                               //直线终点的 X 坐标值
244.0
21                               //直线终点的 Y 坐标值
143.0
31                               //直线终点的 Z 坐标值
0.0
0                                //实体类型
LINE
⋮
0
ARC                              //圆弧
5                                //句柄
48
330                              //BLOCK_RECORD 对象的软指针句柄
1F
100                              //子类标记
AcDbEntity
8                                //图层名
Outline
100                              //子类标记
AcDbCircle
10                               //圆心的 X 坐标值
199.0
20                               //圆心的 Y 坐标值
143.0
30                               //圆心的 Z 坐标值
0.0
40                               //圆弧半径
40.0
100                              //子类标记
AcDbArc
```

```
50                              //起始角
105.9620141628472
51                              //终止角
74.03798583715276
0
ENDSEC                          //实体段结束
0                               //对象段开始
SECTION
2
OBJECTS
0                               //对象类型
DICTIONARY                      //字典
5                               //句柄
C
330                             //物主字典的软指针标识号/句柄
0
100                             //子类标记
AcDbDictionary
281                             //重复记录合并标志
1                               //组值 1 表示不合并
3                               //条目名称
ACAD_GROUP
350                             //条目对象的软指针句柄
D
3                               //条目名称
ACAD_LAYOUT
350                             //条目对象的软指针句柄
1A
3                               //条目名称
ACAD_MLINESTYLE
350                             //条目对象的软指针句柄
17
3                               //条目名称
ACAD_PLOTSETTINGS
350                             //条目对象的软指针句柄
19
3                               //条目名称
ACAD_PLOTSTYLENAME
350                             //条目对象的软指针句柄
E
0                               //其他的对象
DICTIONARY
   ⋮
0
ENDSEC                          //对象段结束
0
EOF                             //DXF 文件的结束标记
```

10.5　初始图形交换标准 IGES

随着图形技术的不断发展,数据交换越来越频繁,新的产品数据交换规范不断问世,其中典型的包括 IGES、SET、PDDI、PDES、STEP 等。IGES(initial graphics exchange specification)是国际上产生最早、目前应用最成熟、也是当今应用最广泛的数据交换标准。目前几乎有影响的 CAX 系统均配有 IGES 接口。IGES 标准是由美国国家标准局(NBS)开发的,1980 年 1 月,NBS 公布了 IGES1.0 版本。该版本仅描述工程图纸的几何图形和注释实体。为解决电气及有限元信息的传递,1983 年 2 月又公布了 IGES2.0 版本,同时对图形描述也作了进一步的扩充。而 1986 年 4 月公布的 IGES3.0 则包含了建筑设计方面的内容。为表达三维实体,1988 年 6 月公布的 IGES4.0 版本收入了 CSG、装配模型、新的图形表示法、三维管道模型以及对有限元模型的功能改进等新内容,至于实体造型中采用的 B-rep 描述方法将出现在 IGES5.0 版本中。

1. IGES 数据交换方法

不同的图形系统之间可以利用 IGES 文件进行数据交换,如图 10-2 所示。两个系统是通过中性的文件格式实现数据交换。系统 A 数据库中的产品模型数据经过 IGES 前处理转换成 IGES 中性文件格式,再经过通信介质将 IGES 文件传送到系统 B,系统 B 对输入的 IGES 文件进行后处理,将 IGES 文件转换成系统 B 的产品模型数据格式,并存入数据库中。同样,把系统 B 的数据传递到系统 A 也需要相同的过程。

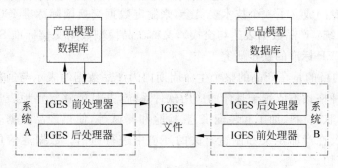

图 10-2　IGES 数据交换

2. IGES 的产品模型

IGES 中的基本单元是实体,IGES 的实体分为几何实体和非几何实体。几何实体是与产品的形状有关的信息,如点、线、面、体和实体集合的关系,包括几何定义、有限元模型、CSG 模型等;非几何实体用来描述实体的属性和特征,如尺寸标注、绘图注释说明等。

产品模型指用于定义某个产品的实体的集合。定义 IGES 产品模型是通过实体来描述产品的形状、尺寸以及产品的特性等信息。

3. IGES 的文件结构

IGES 文件是 ASCII 码表示的、由任意行数组成的顺序文件。一个文件由 5 个或 6 个段组成,它们依次是:

(1) 标志段(flag section) 用来表示文件是二进制格式(用字母 B 标识)还是压缩的 ASCII 码格式(用字母 C 标识)。ASCII 码格式文件不用此段。

（2）开始段（start section）用字母 S 标识，提供一般说明的文件序言。

（3）全局参数段（global section）用字母 G 标识，用来描述处理器的信息和处理该文件的后处理器所需的信息。

（4）目录条目段（directory entry section）用字母 D 标识，每一个实体在目录条目段中都有一个目录条目。

（5）参数数据段（parameter data section）用字母 P 标识，该段包含了与实体关联的参数数据。

（6）结束段（terminate section）用字母 T 标识，结束段只有一行，包含了前面各段的标识字母以及各段最末一行的序号。

4．IGES 存在的问题

（1）IGES 的目的只是传输几何图形和相应的尺寸标注、说明，它无法描述工业环境中所需的产品的全部信息。

（2）IGES 本身也不够完善，数据格式过于复杂，很难阅读；定义不够完善，类定义的界限不够清晰，容易造成数据交换不稳定。

10.6　STEP 标准简介

随着各种数据交换标准的不断问世，人们逐渐认识到，为解决不同的绘图系统间的数据交换，应当采用统一的、也是惟一的标准来实现相应的操作。为此，国际标准化组织（ISO）于 1983 年 12 月专门成立了一个技术委员会，来制定数据交换国际标准 ISO 10303，其全名是《工业自动化系统：产品数据表达与交换》，又称产品模型数据交换标准 STEP。1986 年，委员会完成了 STEP 标准的初步研究工作。

STEP 标准的目的是在产品的整个生命周期内为产品数据的表示与通信提供一种中性的数据格式。这种格式不依赖于具体的应用软件系统，并且能够完整地表达产品的全部信息，包括产品的形状、材料、加工和装配工艺、检验和测试等，使得产品数据表达能够在不同的计算机系统以及在产品定义和制造有关的环境中进行通信。数据通信包括了数据的传输、数据共享和存档。

1．STEP 标准的体系

STEP 标准包括了标准的描述方法、集成资源、应用协议、实现形式、一致性测试 5 个方面，如图 10-3 所示。

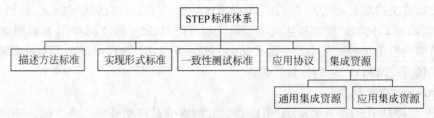

图 10-3　产品模型数据交换标准体系

2. STEP 标准简介

1）标准的描述方法

集成资源和应用协议中的产品数据描述使用形式化的数据规范语言来保证描述的一致性，避免产生歧义。形式化的语言既应该具有可读性，使人们易于理解其中的含义，又能够被计算机处理，生成应用程序和支持工具。EXPRESS 语言提供了规范化的描述产品数据的机制，并可以附加支持性的文字信息。EXPRESS 用数据元素、关系、约束、规则和函数来定义资源单元，对资源单元进行分类，建立层次结构。EXPRESS 还能够通过对现有的资源单元添加约束与属性，以满足开发应用协议的需要。

2）集成资源

集成资源提供了一套资源单元作为定义产品数据表达的基础。一个资源单元是由一套有关实体、类型、函数、过程、规则和 EXPRESS 模式组成。集成资源独立于应用程序和应用文本，但经过解释可以支持应用文本的信息需要。资源是按模块化的结构集成，分为通用资源和应用资源两类。通用资源与文本完全无关，应用上具有通用性，如产品描述、几何与拓扑表达、视图描述、产品结构等；应用资源则是用来描述某一应用领域的数据，它们依赖于通用资源的支持，如绘图、有限元分析等。

3）应用协议

应用协议是 STEP 标准的一个基本概念，它包括了应用领域的范围、文本与功能需求的定义，用来说明如何用标准的 STEP 集成资源来解释产品数据模型文本，以满足各个领域的工业需求。

STEP 标准支持广泛的应用领域，具体的应用系统很难采用标准的全部内容，一般只是实现标准的一个子集。如果两个不同的应用系统所实现的子集不一致，则在数据交换时还需要另外的附加处理。因此，必须根据应用领域的实际需要，认定标准的一个逻辑子集，再加上必要的补充信息作为标准，强制地要求各应用系统在交换、传输、与存储产品数据时符合应用协议的规定。ISO 10303 标准中已制定多种应用协议。对于特殊需要的应用领域，由专家专门制定应用协议。

4）实现形式

实现形式是指用什么方法和格式在具体领域实现信息交换。目前数据交换系统为用户提供数据交换的界面一般有如下三种：交换文件、数据存取软件和查询语言。STEP 标准将规范的实现大致分为四级：

第一级　　文件交换

第二级　　工作格式交换

第三级　　数据库交换

第四级　　知识库交换

由于不同的绘图系统对数据交换的要求不同，可以根据具体情况选择一种或多种交换方式。

文件交换是最低一级。STEP 文件有专门的格式规定，它是 ASCII 码顺序文件，采用 WSN（wirth syntax notion）的形式化语言。这是一种无二义、上下文无关的文法，易于计算机处理。STEP 文件有两个段：头部段（header）和数据段（data）。头部段的记录内容为文件名、文件生成日期、作者姓名、单位、文件描述、前后置处理程序名等。数据段为文件的主体,记录了实体的实例及其属性。

　　数据库交换是为了适应数据共享的要求。由于传递的数据信息量大,数据复杂,采用文件交换的方式很难满足要求,加上并行工程的发展,更加强了对数据共享的要求,而数据库交换恰恰能够很好地满足这一要求。

　　知识库交换与数据库交换的内容基本相同,仅对数据库进行约束检查,这一级主要是考虑到发展的需要而设立的。

　　工作格式是产品数据结构在内存的表现形式,工作格式交换是一种特殊形式。在绘图系统中对数据的操作很频繁,并且要求尽量快的处理速度,解决这一问题的方法是将要处理的数据常驻内存。STEP 标准提供了统一的产品数据结构,支持开发内存管理系统,并利用数据库技术对数据进行管理。

　　5) 一致性测试

　　即使资源模型定义得非常完善,但在具体应用中,不同系统之间通过应用协议进行的数据交换是否符合原来的意图,这还需要经过一致性测试。STEP 标准制定了一致性测试过程、测试方法和测试评价标准。

　　STEP 标准的内容非常庞大,以上仅仅对 STEP 标准作了简要的介绍,若要了解更加详细的内容可以参考 STEP 标准的有关资料。

3. STEP 标准的发展

　　由于 STEP 标准涉及了各个工程领域产品数据全部信息,制定 STEP 标准是一个极其复杂的工程。STEP 作为标准仍处于发展阶段,其中某些部分已经很成熟,基本定型,有的文本尚在形成之中。尽管如此,目前 STEP 标准在 CAD/CAM 系统集成化方面已经得到广泛的应用。

第11章　工程数据的数据库管理技术

11.1　工程数据与数据库管理

11.1.1　工程数据的特点及其管理

　　CAD/CAM 系统中所包含的数据统称为工程数据,工程数据主要包括产品的设计数据、设计规则和标准数据、几何图形数据、工程分析数据以及制造工艺等,这些数据包括了从产品设计到制造的各个方面的内容。工程数据不仅类型多、数据量大,而且结构相当复杂,其表现形式除了文字数据以外,还包括大量的几何图形数据。随着产品设计、制造过程的展开,这些数据动态地变化并支持整个生产过程。

　　工程数据的管理方法主要有程序直接管理、文件系统管理和数据库系统管理等。文件系统是操作系统中用来管理数据的一个子系统,主要提供数据的物理存储和存取方法,数据的逻辑结构和输入输出仍由程序员在程序中定义和管理。数据文件和程序紧密相关,每一个数据文件都属于特定的应用程序,一个应用程序对应一个或几个数据文件。不同的应用程序独立地定义和处理自己的数据文件。这样就造成了数据的存储较为分散、共享能力差的缺点,难以适应多用户的设计环境,并且数据的冗余度较大,难以保证数据的完整性和一致性。

　　数据库系统管理是在文件系统管理的基础上发展起来的一门新型数据管理技术。数据库系统把用户数据集中起来统一管理,大大地减少了数据的冗余度。数据库系统提供了数据的抽象概念表示,使用户不必了解数据库文件的存储结构、存储位置和存取方法等繁琐的细节就可以存取数据。这样就可以把用户程序和数据分离开来,提高了数据的独立性、一致性,实现了用户对数据的共享。不同用户可以逻辑地、抽象地使用数据,使数据的存储和维护不受其他用户的影响。数据库的结构模式如图 11-1 所示。

图 11-1　数据库管理系统

　　工程数据具有复杂性、动态性的特点,又要适应多用户设计环境,数据库系统管理是工程数据最为理想、最为有效的管理方法。

11.1.2　数据库系统原理

　　数据库系统(database system,DBS)包括数据库和数据库管理系统(database management system,DBMS)两部分。数据库是存储数据的仓库,它是按一定的组织形式存储相互关联的数据的集合。数据库管理系统是一个通用的软件系统,由一组计算机程序构成,能够对数据库进行有效的管理,包括存储管理、安全性管理、完整性管理等。数据库管理系统提供了一个软件环境,使用户可以快速地建立、维护、检索、存取或处理数据库中的**数据**,而不必了解数据库的物理结构。

广义地讲,数据库系统由以下几部分构成。

(1) 硬件系统:包括主机、外部存储设备、网络设备等。硬件资源要有足够大的内、外存空间,用来运行操作系统、DBMS 核心模块、应用程序及存储数据库中的数据等。

(2) 软件系统:包括操作系统(OS)、编译系统、网络操作系统、应用开发工具软件、**数据库管理系统**(DBMS)等。

(3) 数据库:存储在计算机外存的数据的集合。

(4) 管理人员:包括数据库管理员(database administrator,DBA)、应用程序员(application programmer)和用户(user)。

数据库系统的模式结构一般分为三级模式:

用户模式是数据库用户的数据视图,提供用户存取数据的窗口;

概念模式是对数据库中全体数据的逻辑结构和特性的描述;

存储模式是对数据库在物理存储设备上的数据存储结构的具体描述。

如图 11-2 所示,三级模式之间进行了两次转换:用户模式/概念模式的映像,概念模式/存储模式的映像。

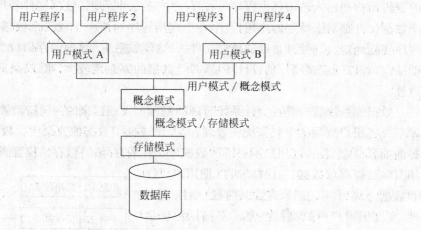

图 11-2　数据库系统的模式结构

数据库系统的三级模式是对数据抽象的工具,通过三级模式的两次转换,把数据库的具体组织留给 DBMS 来完成,使用户能在高层次上处理数据的逻辑结构,而不必去关心数据的物理结构。

11.1.3　数据库的数据模型

数据模型是指数据库内部数据的组织形式,它描述了数据与数据之间的联系、数据的语义和完整性约束,是实现数据抽象的主要工具,是数据库系统的重要基础。数据库系统所支持的常用数据模型有三种:层次型(hierarchical model)、网状型(network model)、关系型(relational model)。

1. 层次型

数据按层次划分,形成树型的组织结构,如图 11-3 所示。它体现了数据之间"一对多"的关系。

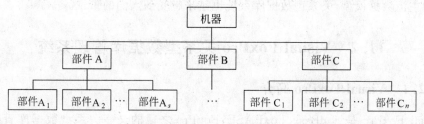

图 11-3　层次型

2. 网状型

数据之间的联系相互交叉,形成网状结构,如图 11-4 所示。它体现了事物之间"多对多"的关系。

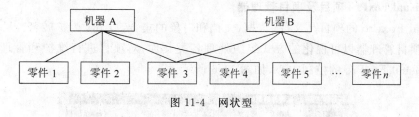

图 11-4　网状型

3. 关系型

以集合论中"关系"概念为理论基础,把复杂的数据集合定义为满足一定条件的若干张二维表的组织结构。每一张二维表称为一个关系,表中的每一行为一条记录,每一列对应事物的一个属性,表的顶端行指明了构成关系的属性名(又称字段名),关系中的各个元素称为属性值。如图 11-5 所示为圆柱齿轮减速器的零件明细表。

序　号	零件名称	数　量	材　　料	标　准	备　　注
1	调整垫片	2	08F		成组
2	可贯通端盖	1	TH15—33		
3	螺栓	24	A3	GB30—1976	M8×25
⋮	⋮	⋮	⋮	⋮	⋮

图 11-5　关系型

关系型二维表必须满足以下条件:

(1) 表中的每一列命名必须是惟一的。

(2) 表中的每一列必须是不能再分的基本数据项。

(3) 表中的每一列具有相同的数据类型。

(4) 表中有一列或几列组合起来能够惟一地标识表中每一行,这一列或几列称为关键字(primary key)。

（5）表中不存在完全相同的行。

（6）表中行列的次序可以任意交换，不影响所表示的信息。

关系型数据模型的结构比较简单，又能够处理复杂的事物之间的联系，因此成为当前 DBMS 的主流数据模型，关系型数据库系统也越来越受到人们的重视。

11.2　Visual FoxPro 关系型数据库管理系统

11.2.1　Visual FoxPro 简介

Visual FoxPro 是继 dBase、FoxBASE、FoxPro 之后的又一关系型数据库管理系统产品。它与 dBase、FoxBASE、FoxPro 等兼容。Microsoft 公司自 1995 年推出 Visual FoxPro 以来，其版本不断更新，目前已发展到 Visual FoxPro 6.0。它全面支持 Windows 95/98 程序设计，其可视化的编程环境和强大的开发功能可以更好地帮助用户快速完成数据库系统的开发。

1. Visual FoxPro 项目及项目管理器

Visual FoxPro 的项目是文件、数据、文档和对象的集合，以.pjx 为扩展名。Visual Fox-Pro 通过项目管理器以可视化的方式组织处理各类文件，对项目进行维护和管理。项目管理器是 Visual FoxPro 的控制中心，如图 11-6 所示。

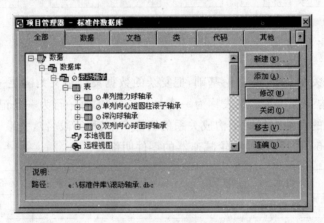

图 11-6　项目管理器

2. 表、视图与数据库

1）表（table）

表是关系型数据库的基本单元。在 Visual FoxPro 中，表文件的扩展名为.dbf。Visual FoxPro 有两种类型的表：数据库表和自由表。数据库表是数据库的一部分，而自由表是一个独立的表，不属于任何数据库。

表由结构和记录构成，表的结构是指二维表的表头，定义表结构时需要确定各字段的结构参数：字段名、字段类型、字段宽度/小数位数，是否允许空值，以及索引、显示标题等。

Visual FoxPro 规定字段名必须以字母或汉字开头，后跟字母、汉字或下划线，长度不能超过 128 个字符。Visual FoxPro 提供了 13 种字段类型，表 11-1 列出了常用的几种字段类型。

表 11-1　字段类型

字段类型	代　号	用　　途
字符型	C	存放文本数据,包括汉字和字符等
货币型	Y	存放货币值,例如 $ 327.36
数值型	N	存放由正、负号、小数点和 0～9 的数字组成的数值数据
逻辑型	L	存放逻辑真或假的逻辑型数值
日期型	D	存放包含年、月、日的日期数据
备注型	M	存放大块的文字信息,其长度可以超过 254 字符
整型	I	存放整数数据

2) 视图(view)

Visual FoxPro 的视图是数据库的组成单元,实际上它并不独立存在,而是按照一定的条件,从数据库的一个或几个表中过滤组合形成的一个虚表。当数据库的源表发生变化时,视图中显示的内容发生相应的变化。用户通过视图更新数据时,源表中的数据也随之更新。

3) 数据库(database)

数据库是存储数据的仓库,它可以包含一个或多个表和视图等内容,数据库文件的扩展名为.dbc。数据库和表都可以存放在一个项目中。

3. Visual FoxPro 的表达式与函数

1) 表达式

Visual FoxPro 按运算符分为数值型、字符型、关系型、逻辑型、日期型、货币型等类型。下面介绍常用的几种表达式。

表 11-2　常用的几种表达式

类型	运 算 符 号	用　　途
数值型	＋、－、＊、/、＊＊(乘方)、%(求余)	用于数值型数据之间的运算
字符型	＋(连接)、－(压缩连接)、$(包含)	用于字符型数据之间的运算
关系型	＞、＜、＞＝、＜＝、＝、＝＝(字符串相等)、♯或!(不等于)	用于对两个同类型的表达式进行比较,返回真(.T.)或假(.F.)
逻辑型	AND(逻辑与)、NOT(逻辑非)、OR(逻辑或)	对逻辑型数据进行运算,返回逻辑值真(.T.)或假(.F.)

2) 函数

Visual FoxPro 提供了众多的标准函数,还允许用户自己编写函数,称自定义函数。按函数的功能可分为数据类、数据库类、Visual FoxPro 环境类、数据共享类、输入输出类、程序设计类等。有关标准函数的具体用法可参考 Visual FoxPro 帮助主题。

11.2.2　Visual FoxPro 基本操作命令

Visual FoxPro 系统提供了多种方式来执行对数据库、表和数据的操作。它们主要有:

向导方式、菜单方式、命令方式和程序执行方式四种。应用程序实际上是通过执行一系列的命令来实现它的功能的。下面主要介绍几种常用的操作命令。

1. 创建数据库

数据库是存放表、视图和连接的一个容器，并不是直接存储数据。要创建数据库，可在命令窗口中输入 CREATE DATABASE 命令。在文件对话框中选择存放路径，并输入数据库的文件名，Visual FoxPro 自动在文件名后加上扩展名.dbc。

2. 数据库的打开和关闭

建立了数据库后，现在可以用 OPEN DATABASE 命令打开数据库。在命令窗口输入 OPEN DATABASE 命令后，Visual FoxPro 打开文件对话框，选择数据库的文件名，即可打开数据库；也可以在命令行中直接输入数据库文件名，命令格式如下：

```
OPEN DATABASE  <数据库名>
```

在文件名的前面应包含文件所在的路径。数据库打开以后，就可以向数据库添加数据库表、视图和连接。用 CLOSE DATABASE 命令可以关闭打开的数据库。

3. 创建数据库表（table）

打开数据库后，使用 CREATE TABLE 命令可以创建一个新表，Visual FoxPro 将新创建的表自动添加到打开的数据库中。下面的代码可以创建一个名为"深沟球轴承"的数据表，该表含有三个字段：id（字符型，长度 12）、in_d（数值型，位数 6）和 out_d（数值型，位数 6）。

```
CREATE TABLE  深沟球轴承  (id c (6),in_d n (6),out_d n(6))
```

也可以在命令行中输入"CREATE 深沟球轴承"，Visual FoxPro 自动起动表设计器。在表设计器中输入字段名、字段类型和字段长度等内容。

4. 删除数据库表

如果想删除数据库表，可在项目管理器中选定要删除的数据表，选择"移去"按钮，Visual FoxPro 出现提示信息："把表从数据库中移去还是从磁盘上删除？"，然后选择"删除"按钮。也可以用 DROP TABLE 命令删除数据库表。其命令格式为：

```
USE  <表名>
DROP TABLE  <表名>
```

5. 修改数据库表的结构

如果要修改数据库表的结构，可以在命令窗口中输入以下命令：

```
USE  <表名>
MODIFY STRUcture  (小写字母部分可以省略)
```

在命令窗口输入以上命令后，Visual FoxPro 将启动表设计器。在表设计器窗口中，可以很方便地更改表的各项结构参数。

6. 查看表中的数据

创建了一个数据表以后，就可以对数据表添加记录，或者修改和删除表中的数据等各种操作。如果需要查看数据表中的数据，可以用显示命令 LIST 或 BROWS，它们是 Visual

FoxPro 最常用的查看数据的命令。下面的两组命令都是显示数据表中的全部记录,不同的是:LIST 命令是将结果在屏幕上显示,而 BROWS 命令是将结果输出到浏览窗口中显示。

```
USE  <表名>      或      USE  <表名>
LIST                     BROWS
```

7. 添加记录

(1) 当用 CREATE 命令创建一个数据库表时,表的基本结构定义完成以后,系统会立即提示用户“现在输入数据记录吗?”,如果想输入数据,按“是”按钮,系统打开一个数据输入窗口,用户就可以向数据表输入记录了。

(2) 以数据库追加命令 APPEND 方式输入数据,在命令窗口输入下面的命令。相同地,系统打开如图所示的数据输入窗口,可以在表的最后添加新的记录。

```
USE  <表名>
APPEND
```

(3) 用浏览方式添加记录

若要在以浏览方式查看数据表时添加新记录,可以先用 BROWS 命令打开数据浏览窗口,再从“表”菜单中,选择“追加记录”。

(4) 用 INSERT 命令可以在任意记录之间插入若干条记录。

8. 删除记录

Visual FoxPro 在删除记录时,先对记录作一个删除标记,然后再移去作了删除标记的记录。记录被作了删除标记以后,它们仍然保存在磁盘上,并且还可以撤消删除标记,恢复原来的状态。

(1) 对记录作删除标记

若要对记录作删除标记,可以从“表”菜单中选择“删除记录”。如果设置 SET DELETED OFF,那么在浏览窗口查看表时,还可以看到删除的记录项,并且在它前面作了删除标记(黑色的方块或星号);如果设置 SET DELETED ON,则带有删除标记的记录项在浏览窗口中为不可见。

(2) 彻底删除记录

对记录作了删除标记后,如果想真正删除记录,可以在浏览窗口中,从“表”菜单中选择“彻底删除”;或者使用 PACK 命令彻底删除带有删除标记的记录。

```
USE  <表名>
PACK
```

9. 建立索引文件

索引文件能使用户在极短的时间内,从拥有大量记录的数据库中找出所需的信息。通常在建立数据表的时候,需要及时地建立索引文件。Visual FoxPro 能够按用户指定的关键字建立索引文件,同一数据表可以建立多个索引文件,索引文件的扩展名为.cdx。

建立索引文件,可以在创建数据表时,在“表设计器”中选择“索引”选项卡并输入关键字;或者使用 INDEX 命令,其命令格式如下:

```
INDEX ON  <关键字>TAG <索引文件名>
```

在用 INDEX 命令创建索引时，Visual FoxPro 自动使用新索引来设置记录的顺序。如果建立了多个索引，可以用"SET ORDER TO〈索引文件名〉"命令控制记录的排列顺序。

11.2.3　数据库应用举例

利用 Visual FoxPro 数据库管理系统可以建立工程数据的数据库，并可以通过执行一系列 Visual FoxPro 命令，对数据库中的数据进行添加、编辑、查询、统计报表和打印输出等各种操作，实现对工程数据的有效管理。

下面以建立一个滚动轴承的数据库为例，讨论工程数据的数据库建立和管理。如表 11-3 所示是深沟球轴承（GB267—1989）数据表的部分数据，图 11-7 是其结构图。

表 11-3　深沟球轴承

轴承型号	d	D	B	r_{smin}
⋮	⋮	⋮	⋮	⋮
305	25	62	17	1.1
306	30	72	19	1.1
307	35	80	21	1.5
308	40	90	23	1.5
⋮	⋮	⋮	⋮	⋮

滚动轴承数据库是一个容器，用来存放滚动轴承的数据表。滚动轴承的种类很多，包括深沟球轴承、角接触球轴承、圆锥滚子轴承、滚针轴承等。由于轴承的结构不同，相应的结构参数也不相同，因此必须为每一种类型的轴承建立一个数据表。为了便于管理，把所有的数据表都存放在滚动轴承数据库中。

1. 建立数据库文件

启动 Visual FoxPro，进入 Visual FoxPro 系统状态。在命令窗口输入命令：

CREATE DATABASE

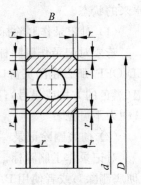

图 11-7　深沟球轴承

系统将打开文件对话框，输入数据库的文件名和存放目录，按保存按钮。Visual FoxPro 自动地在文件名后添加文件扩展名.dbc。为了便于说明，现假定文件名为"滚动轴承.dbc"。

2. 建立数据表

根据深沟球轴承的数据表（表），需要 5 个字段用于存放数据，各字段的名称、字段类型、长度和小数位数如表 11-4 所示。

表的结构设计完成以后，就可以在 Visual FoxPro 中定义深沟球轴承的表结构了。不过，在创建表之前，先要打开滚动轴承数据库"滚动轴承.dbc"，使新创建的表添加到数据库中。在命令窗口输入下面的命令：

OPEN DATABASE 滚动轴承

CREATE 深沟球轴承

假定深沟球轴承的表名为"深沟球轴承"。Visual FoxPro 打开表设计器窗口,如图 11-8 所示。按表 11-4 输入各字段名称、显示标题、字段类型、长度和小数位数。单击"确定"按钮,则深沟球轴承的表结构定义完毕。

表 11-4　深沟球轴承表结构

字段名称	显示标题	字段类型	长　度	小数位数
ID	轴承型号	字符型	12	
In_d	D	数值型	6	1
Out_d	D	数值型	6	1
B	B	数值型	6	1
Rs_min	Rs_min	数值型	6	1

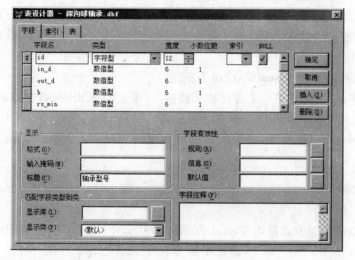

图 11-8　表设计器

3. 输入数据

数据表的结构定义完成后,系统并没有退出 CREATE 命令,而是继续提示用户:"现在输入数据记录吗?",如果想输入数据,单击"是"按钮,系统打开数据输入窗口(如图 11-9 所示),就可以向数据表添加记录了。输入全部记录以后,如果想关闭数据输入窗口,可以单击输入窗口的关闭按钮,则输入的数据就被保存到数据库中了。

4. 显示表中的数据

若要显示查看数据表中的数据,先要打开相应的数据库和数据表,然后在命令窗口输入 LIST 命令,则在屏幕上列出深沟球轴承的全部记录:

记录号	ID	IN D	OUT D	B	RS MIN
1	305	25.0	62.0	17.0	1.1
2	306	30.0	72.0	19.0	1.1

| 3 | 307 | 35.0 | 80.0 | 21.0 | 1.5 |
| 4 | 308 | 40.0 | 90.0 | 23.0 | 1.5 |

或者也可以在命令窗口输入 BROWS 命令,系统打开数据浏览窗口显示深沟球轴承的数据。如图 11-10 所示。

图 11-9 数据输入窗口

图 11-10 数据浏览窗

5. 编辑表中的数据

若要修改表中的数据,先要打开数据库和表,然后在命令窗口输入 BROWS 命令,系统打开数据浏览窗口,如图 11-10 所示,此时就可以进行数据的修改和删除等操作;如果想添加记录,则在命令窗口输入 APPEND 命令。编辑完毕,按关闭按钮关闭数据窗口,保存修改后的数据表。

6. 关闭数据库,退出 Visual FoxPro 系统

通过以上步骤,已建立了一个滚动轴承数据库(滚动轴承.dbc),数据库内包含了深沟球轴承的数据表(深沟球轴承.dbf)。重复以上步骤(2)～(6),还可以建立其他型号轴承的数据表。如果不再进行其他操作,可关闭数据库并退出 Visual FoxPro 系统。在命令窗口输入以下命令:

```
CLOSE DATABASE
QUIT
```

或者也可以用菜单方式退出 Visual FoxPro,在"文件"菜单下选择"退出"命令。

以上介绍的是 Visual FoxPro 的基本操作命令。通过命令方式,执行一系列的数据库操作命令,可以实现对工程数据进行管理。

11.3 数据库管理系统开发

Visual FoxPro 是一个应用程序开发平台,不仅能够对工程数据进行管理,而且通过编程可以生成应用程序,脱离 Visual FoxPro 系统独立运行。设计特定的数据库管理系统,能够充分发挥它的功能,使管理工作更加快捷有效。

在工程设计中会碰到大量的标准件,以往我们都是通过查设计手册得到标准件的数据。由于标准件的种类繁多,数据量大,手工查找费时又费力,很不方便。如果开发一个数据库管理系统来管理大量的标准件数据,将会使查询工作变得既轻松又方便。下面来分析一下标准件数据库管理系统的功能需求和系统结构。

1. 系统主要功能

按照系统的功能要求,将标准件数据库管理系统划分为五个功能模块,每一个功能模块

完成不同的功能要求,如图 11-11 所示。

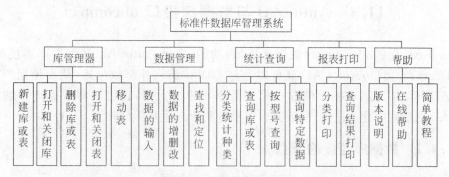

图 11-11　系统功能模块

(1) 库管理器模块:该模块用于组织和管理数据库文件。实现数据库和表的打开、关闭和删除的功能,实现数据库表的移动和修改功能。由于标准件的种类繁多,很难为每一种标准件建立数据库。因此系统还必须提供数据库和表的创建功能,允许用户添加新的标准件库,使数据库的内容可以不断扩充。

(2) 数据管理模块:该模块用于管理数据库中的数据。提供数据的输入界面,提高数据的输入效率;对数据库内数据可以自由地添加、删除和修改;提供数据的查找和定位功能,使记录标记快速指向特定的记录,便于修改数据。

(3) 统计查询模块:提供统计功能,可以按标准件的类型进行分类统计;提供多条件的查询功能,可以查询数据库中标准件的类型以及特定的数据项。

(4) 报表打印模块:可以将数据库中的数据按类别分类打印,还可以将查询结果打印出来。

(5) 帮助模块:提供友好的帮助系统,使用户在使用过程中随时都可以获得帮助;提供一个简明的学习教程,帮助用户快速掌握基本的操作方法。

2. 系统界面设计

按照系统功能模块,设计窗口、控件和菜单系统,为动作构件编写代码。如图 11-12 所示是标准件数据库管理系统的主窗口。

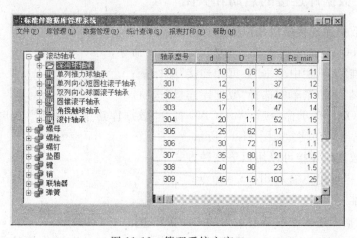

图 11-12　管理系统主窗口

11.4 AutoCAD 与数据库接口 dbconnect

AutoCAD 提供 dbconnect（数据库连接）功能，它是 AutoCAD 和数据库连接的接口。通过 dbconnect 接口，AutoCAD 就可以通过 ODBC 访问外部数据库，从而使用户能够在 AutoCAD 环境中访问和操作储存在外部数据库中的数据，还可以将数据库中的数据和 AutoCAD 图形对象建立连接，使数据和图形对象动态地关联起来。

11.4.1 数据库连接的特点

（1）AutoCAD 的 dbconnect 支持下列外部应用程序：

① Microsoft Access 97；

② dBase IV 和 III；

③ Oracle 8.0 和 7.3；

④ Paradox 7.0；

⑤ Microsoft Visual FoxPro 6.0；

⑥ SQL Server 7.0 和 6.5。

（2）AutoCAD 的 dbconnect 具有下列主要功能：

① 提供一个外部配置实用程序，使 AutoCAD 能访问特定的数据库系统中的数据。

② 提供数据库连接管理器（dbconnect manager），使用户可以将连接（links）、标签（labels）、查询（queries）与 AutoCAD 图形对象联系起来。

③ 提供"数据视图"窗口，用户可以在 AutoCAD 环境中显示数据库表中的数据。

④ 提供"查询编辑器"使用户可以构造、执行和存储 SQL 查询。

⑤ 提供连接选择操作，可以根据查询和图形对象构造可重复的选择集。

⑥ 提供一个移植工具，可以将以前版本中的连接和可显示属性转换为 AutoCAD 中的格式。

11.4.2 数据库连接的启动和关闭

（1）启动数据库连接可以用以下几种方式：

① 在 AutoCAD 命令提示符下输入 dbconnect 命令；

② 在"标准"工具栏中单击"数据库连接"图标 ；

③ 在"工具"下拉菜单中选择"数据库连接"选项。

激活 DBCONNECT 命令后，AutoCAD 打开"数据库连接管理器"，同时在菜单中自动添加"数据库连接"菜单栏，如图 11-13 所示。

（2）关闭数据库连接可以用以下几种方式：

① 在命令提示符下输入 dbclose 命令；

② 在"标准"工具栏中单击"数据库连接"图标 ；

③ 单击数据库连接管理器右上角的关闭按钮 。

关闭数据库连接后，数据库连接管理器自动关闭，并且从菜单中删除"数据库连接"菜单栏。

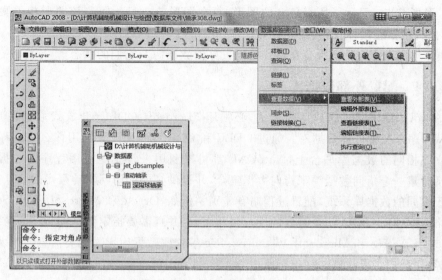

图 11-13　数据库连接

11.4.3　数据库连接管理器

数据库连接管理器是包含一组按钮和一个树状视图的窗口,如图 11-13 所示,窗口的位置可以锁定,也可以浮动和改变大小。在数据库连接管理器里,可以打开数据窗口来查看或者编辑数据表,也可以将各式各样的数据库对象(比如连接样板、标签样板和查询)与 Auto-CAD 图形对象相关联。

1. 命令按钮

数据库管理器提供了 6 个命令按钮(如图 11-13 所示),供用户查看和操纵数据对象。

现简要说明各个按钮的功能。

(1)"查看表"按钮:当在树状窗口选择了一个数据表、连接样板或标签样板后,单击此按钮,以只读方式打开数据窗口,显示外部数据库表的数据。

(2)"编辑表"按钮:当在树状窗口选择了一个数据表、连接样板或标签样板后,单击此按钮,以编辑方式打开数据窗口,显示外部数据库表的数据,在数据窗口可以对表中的数据进行编辑。

(3)"执行查询"按钮:当在树状窗口选择了一个已建立的查询时,单击此按钮将执行一个查询。

(4)"新建查询"按钮:当在树状窗口选择了一个数据表或连接样板时,单击此按钮将新建一个查询;当选择了查询时,单击此按钮对所选的查询进行编辑。

(5)"新建连接样板"按钮:选择了一个表后,单击"新建连接样板"按钮,将为所选的数据表建立一个连接样板。连接样板名称将会在数据库连接管理器中显示出来。

(6)"新建标签样板"按钮:当在树状窗口中选择了一个数据表或连接样板时,单击此按钮,系统将打开"新建标签样板"对话框。

2. 树状窗口

数据库连接管理器中的树状窗口中包含下列节点。

（1）图形节点：显示了所有打开的图形，每个图形节点显示了与该图形相关联的所有数据库对象，包括连接样板、标签样板等。

（2）数据源节点：显示所有在系统已配置好的数据源及它们的状态。

11.4.4　配置外部数据库

从 AutoCAD 访问外部数据库之前，必须用 Microsoft ODBC（开放式数据库互连）和 OLE DB 程序来配置外部数据库。通过 ODBC 和 OLE DB，无论数据用什么格式存储或者是否建立在相同的数据库平台上，AutoCAD 都可以利用来自其他应用程序的数据。配置过程包括新建一个指向数据源来指向数据集合，并提供必要的访问驱动程序的信息。

对于不同的数据库系统，配置过程略有差别。例如，Oracle 和 Microsoft SQL Server 这样的网络数据库需要输入一个有效的用户名和密码，并且需要指定数据库所在的网络位置。而 Microsoft Access 和 Microsoft Visual FoxPro 等这些数据库无需此类信息。正因为存在这些差异，使我们难以找到一种支持所有数据库的通用的配置方法。为此，AutoCAD 帮助文件 acad_asi.hlp 提供了 AutoCAD 支持的所有数据库的配置方法。

现以 Microsoft Visual FoxPro 数据库为例，说明外部数据库的配置方法。为了便于说明，我们以 11.2 节建立的滚动轴承数据库"滚动轴承.dbc"为例，配置 Visual FoxPro 数据库，首先必须配置 Microsoft ODBC 数据源，然后再在 AutoCAD 环境中配置 OLE DB 程序。

1. 配置 ODBC 数据源

（1）单击 Windows 的"开始"按钮，选择"设置"→"控制面板"选项，Windows 系统打开"控制面板"窗口。

（2）在"控制面板"窗口中双击"ODBC 数据源"图标。系统打开"ODBC 数据源管理器"对话框，如图 11-14 所示。

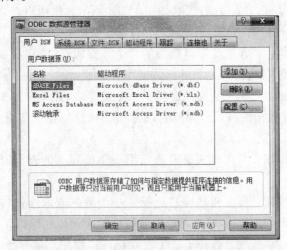

图 11-14　"ODBC 数据源管理器"对话框

（3）在"ODBC 数据源管理器"对话框中，选择"用户 DSN"选项卡，单击"添加"按钮。系统打开"创建新数据源"对话框，如图 11-15 所示。

（4）选择驱动程序 Microsoft Visual FoxPro Driver，单击"完成"按钮。

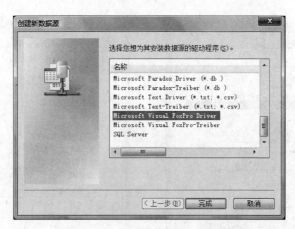

图 11-15 "创建新数据源"对话框

（5）在图 11-16 所示的对话框中，输入数据源的名称"滚动轴承"，数据源描述文字"滚动轴承数据库"，选择 Visual FoxPro database 选择项，输入数据库的路径和文件名，也可以通过"选择"按钮选择相应的数据库文件，最后单击"确定"按钮。

图 11-16 数据源名称

（6）在"ODBC 数据源管理器"对话框中，单击"确定"按钮。这样就完成了 ODBC 的配置，产生了一个名为"滚动轴承"的数据源。

2. 配置 OLE DB 程序

（1）单击工具栏中的数据库连接图标 🔲，启动数据库连接。

（2）单击"数据库连接"下拉菜单，选择"数据源"→"配置"选项。

（3）在"配置数据源"对话框中输入数据源的名称"滚动轴承"，在下面的列表框内列出了 AutoCAD 已经配置好的数据源名称，单击"确定"按钮。

（4）在"数据链接属性"对话框中（见图 11-17），"OLE DB 提供程序"为 Microsoft OLE DB Provider for ODBC Drivers；单击"下一步"按钮，在"连接"选项卡中，按下拉箭头，在下拉列表框中选择 ODBC 数据源的名称"滚动轴承"，如图 11-18 所示；单击"测试连接"按钮，检查数据库连接是否成功，如果数据库连接正确，AutoCAD 会提示"测试连接成功"的信息。最后单击"确定"按钮，关闭"数据链接属性"对话框。

图 11-17 "提供程序"选项卡　　　　图 11-18 "连接"选项卡

OLE DB 配置完成以后,在数据库管理器的数据源节点下自动添加了"滚动轴承"数据源,如图 11-19 所示。

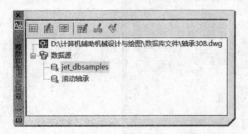 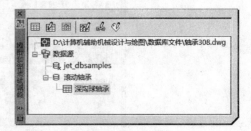

图 11-19 数据库连接管理器　　　　图 11-20 数据源连接

11.4.5 DBCONNECT 基本操作

1. 数据库的连接与断开

在数据库连接管理器中,列出了所有已配置好的数据源,如图 11-19 所示。选择"滚动轴承"数据源,右击鼠标,弹出快捷菜单,选择"连接"菜单项。这时,"滚动轴承"数据源图标中的红色小叉消失,AutoCAD 已经与外部数据库建立了连接关系。展开"滚动轴承"数据源节点,在它的下面列出了滚动轴承数据库中的所有数据库表,如图 11-20 所示。

2. 从 AutoCAD 中查看表中的数据

建立了数据库连接后,就可以从 AutoCAD 中访问数据源的表。可以用只读方式或编辑方式打开数据表,AutoCAD 提供了一个"数据视图"窗口,用来查看和编辑数据库中的记录。在以只读方式打开时,不能添加、删除或编辑表中的记录。打开一个表也就建立了一个到它父数据库的连接,所有对表的操作结果将保存到父数据库中。

若要打开"深沟球轴承"数据表,先在数据库管理器窗口中选择要打开的表,然后单击数据库管理器窗口中的"查看表"命令按钮。AutoCAD 以只读方式打开"数据视图"窗口,显示数据表中的记录，如图 11-21 所示。同时，在菜单中自动添加“查看数据”菜单栏。

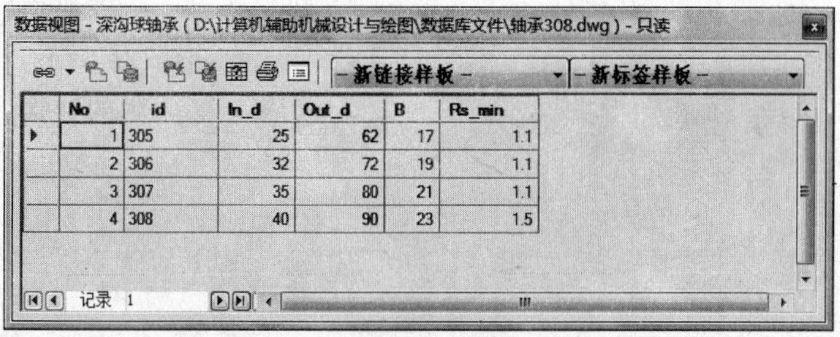

No	id	In_d	Out_d	B	Rs_min
1	305	25	62	17	1.1
2	306	32	72	19	1.1
3	307	35	80	21	1.1
4	308	40	90	23	1.5

图 11-21　数据视图

若要在数据表中搜索特定的值 id=308，可以利用数据视图的搜索功能。在“数据视图”窗口中，选择要搜索字段 id，单击字段标题，从“查看数据”菜单中选择“查找”菜单项。在“查找”对话框中，输入查找内容 308，并设定查找方向(向上或向下)，单击“查找下一个”。如果找到一个 id=308 的记录，则在“数据视图”窗口中，记录标记指向找到的记录。

3. 处理表中的记录

在 AutoCAD 中，由于还不能编辑 Visual FoxPro 数据库的表。无论用什么方式打开 VFP 数据表，在“数据视图”窗口中都是以“只读”方式打开的，无法编辑表中的数据。工程数据的结构复杂，数量繁多，对于数据库的维护管理工作主要通过 Visual FoxPro 系统或者应用程序来完成，而在 AutoCAD 中主要是对工程数据进行访问和查询。如果确实需要在 AutoCAD 中进行数据表的编辑操作，则可以将 VFP 数据库先转换成 Microsoft Access 数据库，而 Access 数据库在 AutoCAD 中以“编辑”方式打开时，可以进行以下的各种编辑操作。

1）编辑数据库中的记录

在“数据视图”窗口中选择需要编辑的单元，输入该单元的新值。重复上面的操作，就可以完成有的编辑操作。

2）添加新记录

在“数据视图”窗口中选择一个记录，在记录标题上右击鼠标，然后选择“添加新记录”，AutoCAD 在数据表的末尾添加了一条空白的记录，输入每一个字段的值。

3）删除数据库中的记录

在“数据视图”窗口中选择一个要删除的记录，在记录标题上右击鼠标，然后选择“删除记录”。

4. 创建到图形对象的链接

“数据库连接”特性的主要作用就是把外部数据和 AutoCAD 图形对象关联在一起。例如，可以把滚动轴承数据库中轴承的数据和 AutoCAD 图形中描绘轴承的线段对象建立链接，使它们关联起来。图层和线型等这些非图形对象不能建立链接。链接和它们关联的图形对象紧密相关，如果移动或者复制被链接的对象，那么链接也一块被移动或复制。如果删除被链接的对象，那么链接也将被删除。

创建链接，意味着在数据库记录和图像对象之间建立了动态联系。AutoCAD 提供了“同步”功能，使储存在图形对象中的信息和数据库表中的数据保持一致。例如，当轴承数据库表中的数据改变时,则与其链接的图形对象中储存的信息也随之改变。

要在图形对象和表记录之间建立链接,必须先创建链接样板。链接样板确定表中哪些字段与共享该样板的链接相关联。在数据库连接管理器的图形节点下面列出了与图形关联的链接样板。链接样板是指向源数据库的捷径,在通过与图形关联的链接样板可以很方便地查看或编辑表中的数据。

1) 建立链接样板的步骤

(1) 在"数据库连接管理器"中,选择数据表"深沟球轴承",单击"新建链接样板"命令按钮。

(2) 在"新建链接样板"对话框中,输入链接样板的名称"深沟球轴承链接 1",然后单击"继续"按钮。

(3) 在"连接样板"对话框中,选择关键字段 id,单击"确定"按钮,创建链接样板。在数据库连接管理器的图形节点下面显示了新创建的链接样板的名称。

2) 创建到图形对象的链接

(1) 在"数据库连接管理器"中,打开已定义了链接样板的表"深沟球轴承"。

(2) 在"数据视图"窗口的"链接样板"列表中选择链接样板"深沟球轴承链接 1"。

(3) 在"数据视图"窗口选择要链接的记录,选择 id＝308 的这条记录。

(4) 从"查看数据"菜单中,选择选择"链接和标签设置",单击"创建链接"。

(5) 从"查看数据"菜单中,选择"链接"。

(6) 在 AutoCAD 图形中选择要链接的图形,选取"轴承 308"的图形,如图 11-22 所示。

(7) 按 Enter 键,完成图形对象和数据表记录之间的链接。

3) 查看链接记录

图形对象和数据表记录之间建立了链接以后,AutoCAD 图形对象与外部数据库就关联起来。通过图形对象,可以快速地访问外部数据库表中的记录。例如,现在要查看与"轴承 308"这个图形对象链接的记录。可以通过以下的步骤:

(1) 在"数据库连接管理器"中,打开已定义了链接样板的表"深沟球轴承"。

(2) 从"查看数据"菜单栏中,选择"查看链接记录"。

(3) 选择图形对象"轴承 308"。在"数据视图"窗口中显示了与"轴承 308"图形对象链接的记录,如图 11-23 所示。

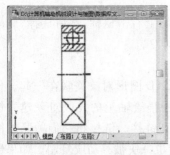

图 11-22　轴承

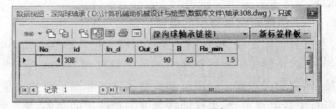

图 11-23　查看链接记录

5. 创建标签

标签是文字对象,它在 AutoCAD 图形中显示存储在外部数据库表中选定字段的数据。

用 AutoCAD 可以创建独立标签,也可以创建附着标签。独立标签不依赖任何图形对象而独立存在于图形之中;附着标签是将标签和图形对象紧密连接,如果移动了图形对象,则附着在图形对象上的标签也随之移动。如果复制或删除了图形对象,则对应的附着标签也跟着被复制或删除。

要创建标签,必须先创建一个标签样板,用来指定标签中显示哪些字段、标签文字的格式等内容,然后再利用标签样板建立链接,创建标签。

现举例说明标签的创建过程。图 11-22 是"轴承 308"的图形,现在为图形对象创建一个附着标签,显示"轴承 308"的结构参数。

1) 创建标签样板

(1) 选择"数据库连接"→"样板"→"新建标签样板"选项。

(2) 在"选择数据库对象"对话框中,选择用来与标签样板结合的链接样板"深沟球轴承链接 1",然后单击"继续"按钮。

(3) 在"新建标签样板"对话框中的"新建标签样板"栏中输入标签样板的名称"深沟球轴承标签 1",然后单击"继续"按钮。

(4) AutoCAD 打开"标签样板"对话框。选择"标签字段"选项卡,在多行文字编辑框中输入标签的静态文字"型号:",在"字段"列表中选择标签字段 id。

(5) 重复步骤(4),依次设置标签中要显示的其他字段,如图 11-24 所示。

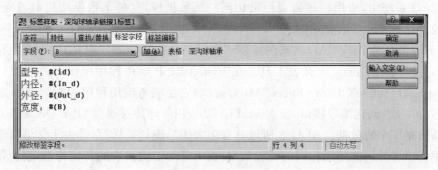

图 11-24　标签样板

(6) 单击"确定"按钮,保存修改并关闭对话框。在"数据库连接管理器"中的图形节点显示了新建的标签样板"深沟球轴承样板 1"。

2) 创建附着标签

(1) 在"数据库连接管理器"里,打开"深沟球轴承"数据表。

(2) 从"数据视图"窗口的"链接样板"列表中选择"深沟球轴承链接 1",从"标签样板"列表中选择"深沟球轴承标签 1"。

(3) 在"数据视图"窗口中选择要链接的记录,选择 id=308 这一条记录。

(4) 从"查看数据"菜单的"链接和标签设置"中选择"创建附着标签"。

(5) 从"查看数据"菜单中选择"链接"。

(6) 在 AutoCAD 图形中选择与记录关联的图形对象,选择轴承图形中的图线 A。

(7) 按回车键,完成附着标签,如图 11-25 所示。由于标签的字太小,看不清楚,将其放大后,如图 11-26 所示。

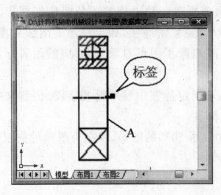

图 11-25　创建标签

图 11-26　标签放大图

以上是关于 DBCONNECT 的一个简要介绍,要完全了解 DBCONNECT 还需进一步参考有关书籍和资料。另外,通过编写 Visual LISP 或 VBA 程序可以充分发挥 DBCON-NECT 的功能,其使用方法在此不作详细介绍。

11.5　在 Visual LISP 中访问外部数据库

在 CAD 系统中,应用程序需要经常访问外部数据库,从外部数据库提取工程数据,进行产品的设计计算和参数化绘图。

Visual LISP 是 AutoCAD 内嵌的编程语言,用于扩展 AutoCAD 的功能,满足用户应用的需要,它是一种常用的二次开发工具。在 Visual LISP 应用程序中访问外部数据库可以通过 Microsoft ActiveX Data Object(ADO)接口,它是联系应用程序和 OLE DB 之间的桥梁。通过 ADO 自动化编程接口,使 Visual LISP 应用程序能够通过 OLE DB 提供者访问和操作外部数据库中的数据。ADO 之所以具有强大的功能和灵活性,是由于它可以连接到不同的数据提供者并仍能使用相同的编程模型,而不管给定提供者的特定特性,使应用程序访问外部数据库变得更加简单方便。

1. 基于对象的 ADO 编程模型

ADO 的目标是访问、编辑和更新数据源,而编程模型体现了为完成该目标所必需的活动顺序。ADO 提供类和对象以完成以下活动:

(1) 连接到数据源(connection),并可选择开始一个事务。

(2) 可选择创建对象来表示 SQL 命令(command)。

(3) 可选择在 SQL 命令中指定列、表和值作为变量参数(parameter)。

(4) 执行命令(command、connection 或 recordset)。

(5) 如果命令按行返回,则将行存储在缓存中(recordset)。

(6) 可选择创建缓存视图,以便能对数据进行排序、筛选和定位(recordset)。

(7) 通过添加、删除或更改行和列编辑数据(recordset)。

(8) 在适当情况下,使用缓存中的更改内容来更新数据源(recordset)。

(9) 如果使用了事务,则可以接受或拒绝在完成事务期间所作的更改。结束事务(connection)。

2. Visual LISP 应用程序访问数据库实例

以滚动轴承数据库为例。在 Visual LISP 应用程序访问数据库之前，同样必须完成 ODBC 数据源和 OLE DB 的配置工作。在 11.4 节中已经详细地介绍了 ODBC 和 OLE DB 的配置方法。OLE DB 配置完成以后，会在 Acad2008\Data Links\目录下产生一个扩展名为.udl 的数据链接文件。滚动轴承数据库配置完成后，产生"滚动轴承.udl"数据链接文件。ADO 通过 OLE DB 数据链接，访问 ODBC 数据源。

下面是滚动轴承参数化绘图的例子。用户输入轴承的型号，Visual LISP 应用程序通过 ADO 编程接口，访问滚动轴承数据库，并提取该型号轴承的结构参数。根据轴承的结构参数调用绘图子程序画出滚动轴承的图形。Zc.vlx 程序代码如下：

```
;;;*************
;;; *   主程序   *
;;;*************
(defun c:zc(/bearingvalues)
  (setq typeid (getstring "\n输入轴承型号:"))
  (setq olelinkfile "e:\\Acad200\\Data Links\\滚动轴承.udl")
  (if (setq bearingvalues(TDATA typeid olelinkfile))
    (progn
      (c:bearing)                      ;;;轴承绘图子程序,该程序请参阅 14.6.1
    )
    (exit)
  )
);defun
;;;****************************************************
;;;本子程序的功能是从滚动轴承数据库提取轴承的数据
;;;输入轴承型号和 OLE DB 数据链接文件,输出一条记录
;;;****************************************************
(defun TDATA(typeid olelinkfile/gADO-DLLpath )
  ;; 装入支持 ActiveX 的 Visual LISP 扩展函数
  (vl-load-com)
  ;; 装入 ADO 类型库
  (setq gADO-DLLpath "c:\\program files\\common files\\system\\ado\\msado15.dll")
  (if (null (findfile gADO-DLLpath))
    (progn
    (alert (strcat "找不到 ADO 类型库: " gADO-DLLpath))
    (exit)
    )
  )
  (if (null adok-adStateOpen)
    (vlax-import-type-library :tlb-filename gADO-DLLpath
      :methods-prefix "adom-"
      :properties-prefix "adop-"
      :constants-prefix "adok-")
  )
```

```
;;---------------------------------
  (ConnectDataSource olelinkfile)                  ;;连接数据源
  (searchrow typeid)                               ;;返回记录集 rs
  (setq bearingvalues (getFieldValues rs))         ;;返回轴承数据
  (disconnectADOConnect)                           ;;断开连接
  bearingvalues
);defun Tdata
;;;----------------------------------------------------
;;; 根据 OLE DB 数据链接文件,创建连接对象 AdOconnect,与数据源建立连接
;;;----------------------------------------------------
(defun ConnectDataSource (olelinkfile/ConnectionString)
  (if (null (findfile olelinkfile))
      (progn
        (alert (strcat "未找到 OLE DB 数据链接文件: " olelinkfile))
        (exit)
      )
  )
  (if adoConnect
      (if (= adok- adStateOpen (vlax- get- property ADOConnect "State"))
        (vlax- invoke- method ADOConnect "Close")))
  (setq adoconnect nil)
  (setq ADOConnect (vlax- create- object "ADODB.Connection") )
  (setq ConnectionString (strcat "File Name=" olelinkfile "; User ID=;Password=;" ))
  (vlax- put- property ADOConnect "ConnectionString" ConnectionString)
  (vlax- invoke- method ADOConnect "Open" ConnectionString "" "" - 1)
);;defun
;;;------------------------------------------------------
;;; 创建命令对象 cmd,用 SQL 语句查找给定型号的轴承,并返回查询结果 rs 对象
;;;------------------------------------------------------
(defun searchrow (typeid/cmd)
  (setq cmd (vlax- create- object "ADODB.Command"))
  (vlax- put- property cmd "ActiveConnection" ADOConnect)
  (vlax- put- property cmd "CommandTimeout"  30)
  (vlax- put- property cmd "CommandText" (strcat "SELECT * from " "深沟球轴承" " where id= "
"'" typeid "'"))
  (setq rs (vlax- create- object "ADODB.Recordset"))
  (vlax- invoke- method rs "OPEN" cmd nil adok- adOpenDynamic adok- adLockBatchOptimistic
adok- adCmdUnknown)
  (if (equal :vlax- true (vlax- get- property rs "EOF"))
      (progn
        (alert "数据库中无此型号!")
        (exit)
      )
  )
  rs
```

```
);;defun
;;;----------------------------------------------------------------
;;; 从记录集对象 rs 中提取各字段的值,返回一个 LISP 表 strOneRow,表中的元素为各字段的值(字
符串形式),如 ("308 " "40" "90" "23" "1.5")
;;;----------------------------------------------------------------
(defun getFieldValues( rs/fields fieldsIndex thisField fieldsCount
                           strFieldValue strOneRow thisValue )
   (setq fields (vlax-get-property rs "Fields")
       fieldsCount (1- (vlax-get-property fields "Count")) ;索引从零开始
         fieldsIndex 0
         strOneRow nil)
   (while (<=fieldsIndex fieldsCount)
       (setq thisField (vlax-get-property fields "item" fieldsIndex))
       (setq thisValue (vlax-variant-change-type
       (vlax-get-property thisField "Value") 8))
       (setq strFieldValue (vlax-variant-value thisValue))
       (setq strOneRow(append strOneRow (list strFieldValue)))
       (setq fieldsIndex (1+fieldsIndex))
         );_while fieldsIndex
    strOneRow       ;;返回数据
);;defun
;;;------------------------------------------------------
;;; 关闭 ADODB.recordset、rs 和 ADODB.connect、ADOconnect
;;;------------------------------------------------------
(defun disconnectADOConnect()
  (if rs
     (if (/=adok-adStateClosed (vlax-get-property rs "State"))
         (vlax-invoke-method rs "CLOSE")
     )
  )
  (setq rs nil)
  (if adoConnect
     (if (=adok-adStateOpen (vlax-get-property ADOConnect "State"))
        (vlax-invoke-method ADOConnect "Close")))
  (setq adoconnect nil)
);;defun
;;;------------------------------------------------------
(princ "\n 运行程序在命令提示符下输入 'zc'。")   ;;; 显示命令的名称
;;;**********THE END*************
```

第 12 章　参数化设计绘图技术

利用交互图形系统,可以非常容易地绘制、编辑和修改产品的图形,但是交互式图形系统只能定义图形本身的形状和大小,无法定义图形的变化规律,要改变图形大小尺寸,只能对图形进行编辑。在机电产品设计中,有大量结构相似的零部件,如标准件、通用件、系列化产品的零部件等,这些零部件的结构基本相同或相似,往往只是某些尺寸的大小不同,图形与尺寸之间存在一定的变化规律,如图 12-1 所示。特别是对于结构定型的系列化产品设计,常常需要根据用户的需求进行设计。另一方面,在工程设计中,新产品的设计不可避免地需要多次反复修改,需要进行零件结构和尺寸的综合协调、优化。因此,希望有一种比交互式绘图更方便、更高效、更适合结构相似图形绘制的方法,本章介绍的参数化设计方法比较好地解决了这一问题,在实际工程设计中得到了非常广泛的应用。

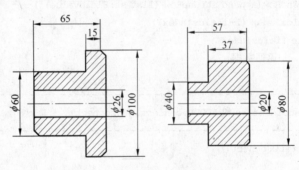

图 12-1　图形随尺寸参数的变化

12.1　参数化编程原理

参数化编程是指对基本结构相似的零部件,利用该类零件的图形结构具有相似性的特点,采用编程的方法编制程序,当给出图形各个部分的控制参数时便可快速得到所需要的零件图形的绘图方法。

完整地描述一个图形需提供以下几方面的信息:

(1) 图形的几何参数(一般为图形中点的坐标);

(2) 图形的结构参数(如轴的长度和直径);

(3) 几何参数与图形结构参数之间的关系;

(4) 图形的拓扑关系。

以绘制齿轮减速器中调整垫片的主视图(如图 12-2 所示)为例,该图形由下列信息给予准确描述。

(1) 几何参数:四个角点的坐标(x_1, y_1)、(x_2, y_2)、(x_3, y_3)、(x_4, y_4)。

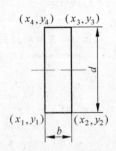

图 12-2　调整垫片

(2) 结构参数：垫片的厚度 b 和外径 d。

(3) 上述参数之间的关系：$x_1 = x_4$，$y_1 = y_2$，$x_2 = x_3$，$y_3 = y_4$，$x_2 = x_1 + b$，$y_3 = y_1 + d$。

(4) 图形的拓扑关系：四个点的连线关系，即点 1—2—3—4—1 有连线。

用 C 语言编写调整垫片的参数化绘制程序如下：

```
float x1, y1, x2, y2, x3, y3, x4, y4;
shim (x0,y0, b, d) ;
float x0, y0, b ,d;
{
  x1=x0;
  y1=y0;
  x2=x1+b;
  y2=y1;
  x3=x2;
  y3=y1+d;
  x4=x1;
  y4=y3;
  line (x1, y1, x2, y2);
  line (x2, y2, x3, y3);
  line (x3, y3, x4, y4);
  line (x4, y4, x1, y1);
}
```

从程序中可看出，要画出垫片的主视图，只需给定一个角点坐标(定位点)和两个垫片参数：宽度 b 和外径 d。当这三个参数发生变化时，即可在不同的位置绘制大小不同的垫片主视图，这就是参数化绘图的灵活性。

由于许多标准件的结构存在相似性，因而它们的二维图形也存在相似性，图形的相似性是参数化编程的基本条件。

参数化编程步骤如下：

(1) 分析图形的拓扑关系及其变化规律，结合图的工程意义提炼出图形结构参数。

(2) 建立图形结构参数与几何参数之间的关系，创建图形的参数化模型。

(3) 编制、调试图形程序。

参数化编程的实质，是将可完整描述图形的信息记录在程序中，并通过控制参数实现图形的调整，因此，选择和确定控制参数是参数化绘图的关键工作。

以螺栓为例，一般情况下，图形参数化的控制参数有以下四类。

(1) 位置参数：确定图形位于零件图上的定位基点的坐标，如图 12-3 中的 $P_0(x_0, y_0)$。

(2) 方位参数：用来确定图形的方位，如图 12-3 中的 α 角。

(3) 结构参数：确定图形的结构形状，如图 12-3 中的 d、b、l、k、e。

(4) 控制参数：控制图形的结构或视图的方向。如图 12-5 中，设定 $m=0$ 绘制螺栓主视图，$m=1$ 绘制螺栓左视图。

零件控制参数的确定，应从以下几方面综合考虑。

(1) 惟一性：应保证图形参数可以惟一地确定图形。

(2) 工程性：参数的名称和定义应符合工程实际。比如普通平键的俯视图应以 d、L 为参数，而不是以 R、L 为参数，如图 12-4 所示。

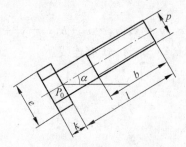

图 12-3　螺栓的控制参数(GB 5780)

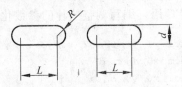

图 12-4　普通平键的图形参数

（3）优先考虑零件规格、性能的参数作为图形参数。例如,螺纹连接件以螺纹的公称直径为图形参数;滚动轴承应以其内径、外径和宽度为图形参数;齿轮应以其模数、齿数、变位系数等作为齿轮的图形参数。

（4）在不影响零件表达的前提下,可对图形的某些结构采用简化画法或利用参数之间的关系完成作图。譬如,螺栓可采用如图 12-5 所示的简化比例法作图,以螺栓公称直径 d 为参数,对其头部曲线用半径分别为 $1.5d$ 和 $0.4d$ 的圆弧代替,螺纹长度为 $2d$,螺纹内径为 $0.85d$ 等。上述方式同样可解决螺柱、螺钉、螺母和垫圈等的作图问题。

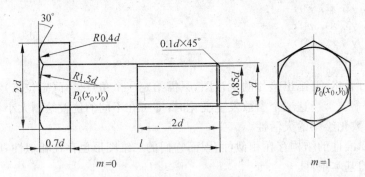

图 12-5　螺栓的比例画法

（5）为方便用户操作,应尽量减少参数的数量,对不同的参数可采用不同的输入方式。

在工程手册中可查阅到的标准件或标准结构的尺寸,可事先将这些数据建立数据文件或保存在数据库中,届时只需给定规格尺寸,便可检索出其他相关尺寸的数值。

例如螺栓(GB 5780),其结构参数如表 12-1 所示,将表中数据建立一数据文件,在程序执行时,只需将 $d=5$ 与 $l=25$ 作为图形参数,便可从数据文件中检索出所需的其余图形参数值 $b=16,k=3.5,s=8,e=8.31$。

表 12-1　螺栓的参数(GB 5780)

D	b	e	k	s	l
M5	16	8.31	3.5	8	25
M6	18	10.89	4	10	30
M8	22	14.20	5.3	13	35
M10	26	17.59	6.4	16	40

【例 12-1】　用 AutoLISP 编制图 12-3 所示螺栓主视图的参数化程序。

解：程序如下：

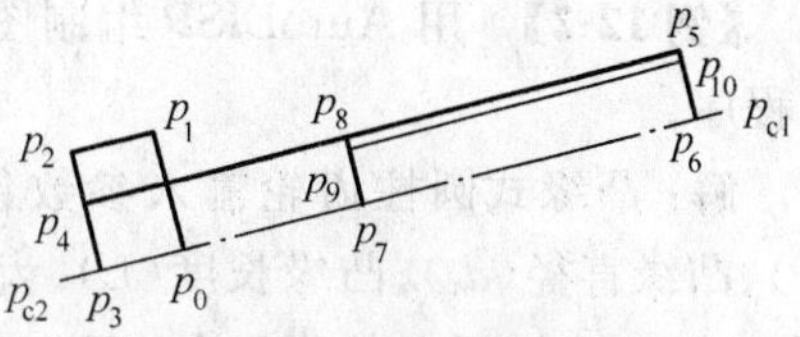

```
;;; DRAWING LUO SHUAN GB5780 MAIN PICTURE
(defun drawmain1 ()
  (setq p0 (getpoint "\n 请输入基点: "))
  (intiget 7)
  (setq ang (getangle p0 "\n 请输入旋转角: "))
  (intiget 7)
  (setq d (getreal "\n 请输入螺栓的公称直径 d: "))
  (intiget 7)
  (setq b (getreal "\n 请输入有效螺纹长度 b: "))
  (intiget 7)
  (setq e (getreal "\n 请输入螺栓头直径 e: "))
  (intiget 7)
  (setq k (getreal "\n 请输入螺栓头厚度 k: "))
  (intiget 7)
  (setq l (getreal "\n 请输入螺栓的长度 l: "))
  (setq pc1 (polar p0 ang (+ l 3.0))
        pc2 (polar p0 (+ ang pi) (+ k 3.0)))      ;;计算中心线的起始点和终止点坐标
  (setq p1 (polar p0 (+ ang (/ pi 2.0)) (/ e 2.0))
        p2 (polar p1 (+ ang pi) k)
        p3 (polar p0 (+ ang pi) k))
  (setq p4 (polar p3 (+ ang (/ pi 2.0)) (/ d 2.0))
        p5 (polar p4 ang (+ k l))
        p6 (polar p0 ang l)
        p7 (polar p0 ang (- l b))
        p8 (polar p7 (+ ang (/ pi 2.0)) (/ d 2.0))
        p9 (polar p7 (+ ang (/ pi 2.0)) (* (/ d 2.0) 0.85))   ;p8,p9是螺纹牙底线的起止点
        p10 (polar p9 ang b))
  (setvar "osmode" 0)                       ;关闭目标捕捉方式
  (command "layer" "s" "中心线" "")          ;将中心线层置为当前层
  (command "line" pc1 pc2 "")               ;绘制中心线
  (command "layer" "s" "粗实线" "")          ;将粗实线层置为当前层
  (command "pline" p0 p1 p2 p3 "")          ;绘制螺栓头的上半部分
  (setq ss (entlast))                       ;将上一行绘制的实体构造选择集
  (command "mirror" ss "" pc1 pc2 "")       ;作螺栓头的镜像
  (command "pline" p4 p5 p6 "")             ;绘制螺杆的上半部分
  (setq ss (entlast))
  (command "mirror" ss "" pc1 pc2 "")       ;作螺杆的镜像
  (command "pline" p7 p8 "")                ;绘制螺纹终止线的上半部分
  (setq ss (entlast))
  (command "mirror" ss "" pc1 pc2 "")       ;作螺纹终止线的镜像
  (command "layer" "s" "细实线" "")          ;将细实线层置为当前层
  (command "line" p9 p10 "")                ;绘制螺纹牙底线
```

图 12-6　螺栓图形各坐标点

```
    (setq ss (entlast))
    (command "mirror" ss "" pc1 pc2 "")            ;作牙底线的镜像
)
```

【例 12-2】 用 AutoLISP 编制图 12-7 所示凸缘式圆柱齿轮的参数化程序。

解：凸缘式圆柱齿轮输入参数包含模数(m)、齿数(z)、变位系数(x)、凸缘直径(d_t)、凸缘长度(L)、齿轮宽度(B)、轴孔直径(d_k)和图形插入基点，主视图参数化程序如下：

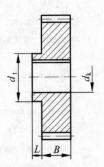

图 12-7　圆柱齿轮

```
;;子程序 key,输入齿轮轴孔直径 dk,输出键槽的宽度 kb 和键槽的深度 t1
(defun key(dk)
  (cond ((and (>dk 6)  (<=dk 8))  (setq t1 1 kb 2))
        ((and (>dk 8)  (<=dk 10)) (setq t1 1.4 kb 3))
        ((and (>dk 10) (<=dk 12)) (setq t1 1.8 kb 4))
        ((and (>dk 12) (<=dk 17)) (setq t1 2.3 kb 5))
        ((and (>dk 17) (<=dk 22)) (setq t1 2.8 kb 6))
        ((and (>dk 22) (<=dk 30)) (setq t1 3.3 kb 8))
        ((and (>dk 30) (<=dk 38)) (setq t1 3.3 kb 10))
        ((and (>dk 38) (<=dk 44)) (setq t1 3.3 kb 12))
        ((and (>dk 44) (<=dk 50)) (setq t1 3.8 kb 14))
        ((and (>dk 50) (<=dk 58)) (setq t1 4.3 kb 16))
        ((and (>dk 58) (<=dk 65)) (setq t1 4.4 kb 18))
        ((and (>dk 65) (<=dk 75)) (setq t1 4.9 kb 20))
        ((and (>dk 75) (<=dk 85)) (setq t1 5.4 kb 22))
        ((and (>dk 85) (<=dk 95)) (setq t1 5.4 kb 25))
        ((and (>dk 95) (<=dk 110)) (setq t1 6.4 kb 28))
        ((and (>dk 110) (<=dk 130)) (setq t1 7.4 kb 32))
        (t   (alert "键槽表中无此数据!") (exit))
  );cond
);defun
;;子程序 mirror,用于求点 pt 的对称点。输入基点的 Y 坐标 p0_y 和点 pt,输出 pt 关于 y=p0_y 的
对称点
(defun mirror(p0_y pt )
  (list (car pt) (- (*2.0 p0_y) (cadr pt)))
);defun
;;凸缘式圆柱齿轮的绘图子程序
(defun draw_tysgear(m z x dt L B dk/os sn p1 p2 p3 p4 p5 p6 p7 p8 p9 p10 p11 p12 p13 p14 p15 p16
p17 p18 p19 p20 p21 p21_y p22 p0 p0_x p0_y)
  (setq os(getvar "osmode"))
  (setvar "osmode" 0)            ;关闭目标捕捉方式
  (setq sn(getvar "snapmode"))
  (setvar "snapmode" 0)          ;关闭捕捉方式
  (setq d(*m z))
  (setq da(*m (+z 2 (*2 x))))
```

```
(setq df (* m (+ (- z 2.5) (* 2 x))))
(setq p0 (getpoint "\n选择插入点："))
(setq p0_x (car p0))
(setq p0_y (cadr p0))
(setq p1 (list p0_x (+ p0_y (/ dt 2.0))))
(setq p2 (mirror p0_y p1))
(setq p3 (list (+ p0_x L) (cadr p1)))
(setq p4 (mirror p0_y p3))
(setq p5 (list (car p3) (+ p0_y (/ da 2.0))))
(setq p6 (mirror p0_y p5))
(setq p7 (list (+ (car p5) B) (cadr p5)))
(setq p8 (mirror p0_y p7))
(setq p9 (list (car p3) (+ p0_y (/ df 2.0))))
(setq p10 (mirror p0_y p9))
(setq p11 (list (+ (car p9) B) (cadr p9)))
(setq p12 (mirror p0_y p11))
(setq p13 (list (- (car p9) 4.0) (+ p0_y (/ d 2.0))))
(setq p14 (mirror p0_y p13))
(setq p15 (list (+ (car p11) 4.0) (cadr p13)))
(setq p16 (mirror p0_y p15))
(setq p17 (list p0_x (- p0_y (/ dk 2.0))))
(setq p18 (list (car p11) (cadr p17)))
(key dk)                                    ;根据齿轮孔径 dk 得到键槽的结构尺寸 bk、t1
(setq p19 (list p0_x (+ p0_y t1 (/ dk 2.0))))
(setq p20 (list (car p7) (cadr p19)))
(setq p21_y (/ (expt (- (expt dk 2) (expt kb 2)) 0.5) 2.0))
(setq p21 (list p0_x (+ p21_y p0_y)))
(setq p22 (list (car p7) (cadr p21)))
(setq p23 (list (- p0_x 4.0) p0_y))
(setq p24 (list (+ (car p11) 4.0) p0_y))
(command "layer" "m" "gear0" "c" "white" "" "L" "continuous" "" "lw" "0.7" "" "") ;创建图层
(command "line" p1 p3 p5 p7 p8 p6 p4 p2 "c")
(command "line" p9 p11 "")
(command "line" p10 p12 "")
(command "line" p17 p18 "")
(command "line" p19 p20 "")
(command "line" p21 p22 "")
(command "layer" "m" "gear1" "c" "red" "" "L" "center" "" "lw" "default" "" "")
(command "line" p13 p15 "")
(command "line" p14 p16 "")
(command "line" p23 p24 "")
(command "layer" "m" "gear2" "c" "blue" "" "L" "continuous" "" "lw" "default" "" "")
(command "hatch" "ANSI31" "2.0" "0" "" "n" p1 p3 p9 p11 p20 p19 "c" "")
(command "hatch" "ANSI31" "2.0" "0" "" "n" p2 p4 p10 p12 p18 p17 "c" "")
(setvar "osmode" os)
```

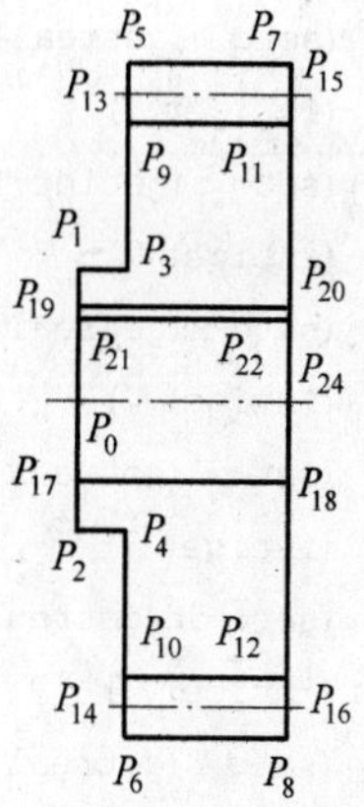

图 12-8　齿轮各坐标点

```
        (setvar "snapmode" sn)
    );defun
;;主程序 tysgear,用于接受用户输入值 (模数、齿数、变位系数、齿宽、凸缘直径、凸缘长度、轴孔直径)
(defun c:tysgear( )
    (intiget 7)
    (setq m(getreal "\n齿轮模数:"))
    (intiget 7)
    (setq z(getint "\n齿数:"))
    (intiget 7)
    (setq x(getreal "\n变位系数:"))
    (intiget 7)
    (setq B(getreal "\n齿宽:"))
    (intiget 7)
    (setq dt(getreal "\n凸缘直径:"))
    (intiget 7)
    (setq L(getreal "\n凸缘长度:"))
    (intiget 7)
    (setq dk(getreal "\n轴孔直径:"))
    (draw_tysgear m z x dt L B dk)          ;调用圆柱齿轮绘图子程序
    (princ)
);defun
```

12.2　参数化图素拼装

　　对形状相似的图形,参数化编程绘图方法提供了一个提高设计与作图效率的途径。然而,机械图样非常复杂,并非所有图形都可直接采用参数化编程方法绘制。对于一些具有局部相似的图形可以采用参数化图素拼装方法绘制。

　　对机械图样进行分析、归纳后,不难发现,无论多么复杂的图形都是由一些简单图形组成的,因此只要把一些常用的几何图形和零件结构要素图形分别编成子程序构成一个图形库,调用库中相应的子程序就可拼画出复杂的零件图和装配图,这就是参数化图素拼装原理。下面以一个具体实例——轴类零件图绘制,来分析使用参数化图素拼装的实现方法。

　　如图 12-9 所示,轴类零件是机械工程中最常用的零件之一,其结构特点是由若干同轴的圆柱段构成。尽管轴的结构千变万化,通常都是由倒角、圆角、退刀槽、键槽以及不同直径的圆柱段构成的,这是一种如图 12-10 所示的层次关系。这种相对独立具有一定功能的子结构被称为形状特征,其图形可称为子图,如图 12-11 所示。由于这些子结构其本身具有相似性,因此,完全可以将轴上出现的所有子结构都用参数化编程方法绘图实现,然后通过子结构的拼装就可较快地实现轴的设计与绘制。

　　参数化图素拼装是一种参数式与交互式相结合的绘图方式。参数化图素拼装解决了整体形状不同但局部形状具有相似性的这一类零件的绘制问题。它通过子图的拼装来实现整体的设计与绘制。这种参数式与交互式的结合的绘图方式具有较广泛的适应性。

　　【例 12-3】　以齿轮减速器中的轴零件为例说明参数化图素拼装步骤。

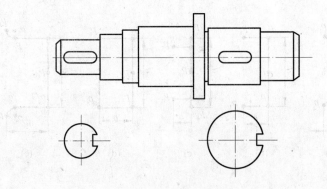

图 12-9　圆柱齿轮传动轴

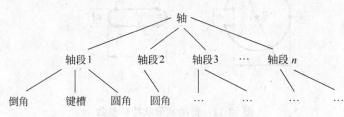

图 12-10　轴结构的层次关系

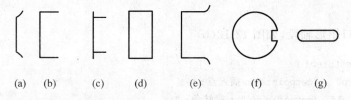

(a)　　(b)　　　(c)　　　(d)　　　　(e)　　　　(f)　　　　(g)

图 12-11　构成轴的形状特征

解：步骤如下：

（1）将轴的结构分解为可实现参数化的子结构（形状特征、子图）；

（2）编制各子图的参数化程序，建立子图库；

（3）根据设计需要确定各子结构的控制参数值并将子结构拼装以完成整体设计图。

图 12-12 为传动轴常见的形状特征参数，用 AutoLISP 语言编制轴的各个形状特征的参数化程序如下：

1. 绘制倒角，如图 12-12(a)

```
(defun c : featurea ( )
    (setq  p0    ( getpoint "\n 插入点："))
    (setq  alf   (getangle p0 "\n 旋转角："))
    (setq  d     (getsdist p0 "\n 轴径："))
    (setq  c     (getdist p0 "\n 倒角宽："))
    (setq  p2    (polar p0 (+ ( * 0.5 pi) alf) (- ( * 0.5 d)c)))
    (setq  p1    (polar p2 (+ ( * 0.25 pi)alf) ( * 1.414 c)))
    (setq  p3    (polar p2 (+ ( * 1.5 pi) alf) (-d( * 2 c))))
    (setq  p4    (polar p1 (+ ( * 1.5 pi) alf) d))
```

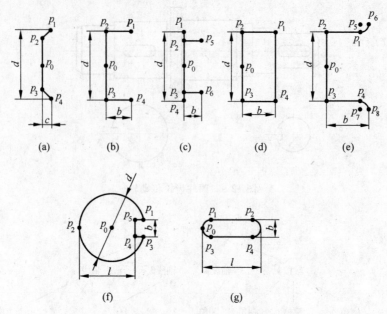

图 12-12　传动轴形状特征参数

```
    (command "line" p1 p2 p3 p4 "")
)
```

2. 绘制开口矩形轴段,如图 12-12(b)

```
(defun c: featureb( )
    (setq  p0   (getpoint "\n 插入点:"))
    (setq  alf  (getangle p0 "\n 旋转角:"))
    (setq  d    (getsdist p0 "\n 轴径:"))
    (setq  b    (getdist p0 "\n 轴段宽:"))
    (setq  p2   (polar p0 (+ ( * 0.5 pi) alf) ( * 0.5 d)))
    (setq  p1   (polar p2 alf b))
    (setq  p3   (polar p2 (+ ( * 1.5 pi) alf) d))
    (setq  p4   (polar p3 alf d))
    (command "line" p1 p2 p3 p4 "")
)
```

3. 绘制退刀槽,如图 12-12(c)

```
(defun c: featurec ( )
    (setq  p0   (getpoint "\n 插入点:"))
    (setq  alf  (getangle p0 "\n 旋转角:"))
    (setq  d    (getsdist p0 "\n 轴径:"))
    (setq  d1   (getdist p0 "\n 退刀槽轴径:" ) )
    (setq  b    (getdist p0 "\n 退刀槽宽:") )
    (setq  p1   (polar p0 (+ ( * 0.5 pi) alf) ( * 0.5 d)))
    (setq  p2   (polar p0 (+ ( * 0.5 pi) alf) ( * 0.5 d1)))
    (setq  p3   (polar p2 (+ ( * 1.5 pi) alf) d1))
```

```
        (setq  p4    (polar p2 (+ ( * 1.5 pi) alf) d))
        (setq  p5    (polar p2 alf b))
        (setq  p6    (polar p3 alf b))
        (command "line" p1 p4 "")
        (command "line" p2 p5 "")
        (command "line" p3 p6 "")
)
```

4. 绘制矩形轴段，如图 12-12(d)

```
(defun c: featured( )
        (setq  p0    (getpoint "\n 插入点："))
        (setq  alf   (getangle p0 "\n 旋转角："))
        (setq  d     (getdist p0 "\n 轴径："))
        (setq  b     (getdist p0 "\n 轴段宽："))
        (setq  p2    (polar p0 (+ ( * 0.5 pi) alf) ( * 0.5 d)))
        (setq  p1    (polar p2 alf b))
        (setq  p3    (polar p2 (+ ( * 1.5 pi )alf)d))
        (setq  p4    (polar p3 alf d))
        (command "line" p1 p2 p3 p4 "c")
)
```

5. 绘制带圆角轴段，如图 12-12(e)

```
(defun c: featuree ( )
        (setq  p0    (getpoint "\n 插入点："))
        (setq  alf   (getangle p0 "\n 旋转角："))
        (setq  d     (getdist p0 "\n 轴径："))
        (setq  b     (getdist p0 "\n 轴段宽："))
        (setq  r     (getdist p0 "\n 圆角半径："))
        (setq  p2    (polar p0 (+ ( * 0.5 pi) alf) ( * 0.5 d)))
        (setq  p1    (polar p2 alf b))
        (setq  p3    (polar p2 (+ ( * 1.5 pi) alf) d))
        (setq  p4    (polar p3 alf d))
        (setq  p5    (polar p1 (+ ( * 0.5 pi) alf) r))
        (setq  p6    (polar p5 alf r))
        (setq  p7    (polar p4 (+ ( * 1.5 pi) alf) r))
        (setq  p8    (polar p7 alf r))
        (command "arc" p1 "c" p5 p6 )
        (command "line p1 p2 p3 p4 "")
        (command "arc" p8 "c" p7 p4 )
)
```

6. 绘制带键宽的轴截面，如图 12-12(f)

```
(defun c: featuref ( )
        (setq  p0      (getpoint "\n 插入点："))
        (setq  alf     (getangle p0 "\n 旋转角："))
```

```
(setq  d        (getdist p0 "\n 轴径: ")
(setq  b        (getdist p0 "\n 键槽宽: "))
(setq  t        (getdist p0 "\n 键槽深: "))
(setq  r        (* 0.5 d) b1 (* 0.5 b))
(setq  l        (sqrt (- (* r r) (* b1 b1))))
(setq  sit      (atan b1 l))
(setq  p1       (polar p0 (+alf sit) r))
(setq  p2       (polar p0 (+pi alf) r))
(setq  p3       (polar p0 (-alf sit) r))
(setq  p4       (polar p3 (+alf pi) (-d t)))
(setq  p5       (polar p1 (+alf pi) (-d t)))
(command "arc" p1 p2 p3 )
(command "line" p3 p4 p5 p1 "")
)
```

7. 绘制键槽，如图 12-12(g)

```
(defun c: featureg ( )
(setq  p0       (getpoint "\n 插入点: "))
(setq  alf      (getangle p0 "\n 旋转角: "))
(setq  l        (getdist p0 "\n 键槽长: "))
(setq  b        (getdist p0 "\n 键槽宽: "))
(setq  r        (* 0.5 b) l1 (-l b))
(setq  p1       (polar po (+alf (* 0.5 pi)) r))
(setq  p2       (polar p1 alf l1))
(setq  p3       (polar p2 (+alf (* 1.5 pi)) b))
(setq  p4       (polar p1 (+alf (* 1.5 pi)) b))
(command "pline" p1 p2 "a" p3 "l" p4 "a" "c1" )
)
```

调用上述形状特征(子图)进行轴的拼装工作步骤为：

(1) 用文本编辑软件编辑程序，并将其存储在带有扩展名为.lsp"的文件中，并给此文件命名为 shaft. lsp。

(2) 在 AutoCAD 图形编辑状态下，加载此文件，格式为 Command：(load "shaft")。

(3) 如果加载成功，这些形状特征就可像 AutoCAD 的普通命令那样被调用。

对于局部结构具有相似性的系列化零件，可以通过开发具有参数化图素拼装功能的 CAD 系统来实现参数化设计。

12.3　参数化设计方法

参数化设计提供了一种符合工程设计人员设计思维和过程的方法。它用约束来表达产品几何模型的形状特征，定义一组参数对设计结果加以控制，修改设计模型可通过调整参数来实现，因此，可以实现多套设计方案，供设计人员决策。

参数化设计方法一般可分为尺寸驱动法和变量几何法。

12.3.1　尺寸驱动法原理

工程图是在正投影方式下得到的投影图,设计思想的表达是通过正投影图的绘制及尺寸的正确标注来实现的。尺寸标注的变动会带来几何形体中各组成图元大小及其相对位置的变动,从而导致几何形体整体形状的变动。因此,如能实现将尺寸标注的变化自动转换几何形体的相应变化,即可实现几何形体的局部修改。

一个确定的几何形体由两类主要约束构成:结构约束和尺寸约束。

结构约束是不可被修改的约束,它控制图形的拓扑关系。

尺寸约束是一个可变约束,它控制图元的坐标、长度、角度或半径以及图元之间的位置与方向等。

尺寸趋动技术就是利用尺寸约束,用计算的方法自动将尺寸的变化转换成几何形体的相应变化,并保证变化前后的结构约束不变,完成图形的局部修改。

图 12-13(a)是轴承端盖的一个图形,图 12-13(b)是尺寸修改后的轴承端盖图形,修改前后图形的拓扑关系不变。

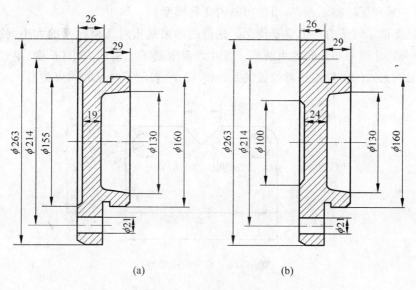

(a)　　　　　　　　　　　　(b)

图 12-13　图形的尺寸趋动

因此,对设计系列化零件或对原有产品作进一步修改,尺寸驱动法提供了理想手段。

尺寸链的求解是实现尺寸趋动的关键所在。工程图的尺寸链多为水平方向和垂直方向,而角度标注、斜标注、半径标注往往也可转换成相应的水平或垂直尺寸标注。因此,对水平或垂直方向的尺寸链的求解,完全可得到各图元特征点的坐标值。

图 12-14 所示为一水平尺寸链,图 12-15 所示为该尺寸链构成的树结构。结点表示一条尺寸界线所处的坐标点,结点间的连线表示尺寸线。当某一标注尺寸发生变化时,与其有联系的所有结点将作相应改变,从而自动完成整个几何形体的修改。

尺寸驱动的几何模型由几何元素、尺寸元素和拓扑元素三部分组成。当对某一尺寸进行修改时,系统自动检索该尺寸在尺寸链中的位置,找到它的起始几何元素和终止几何元素,并将它们按新尺寸值进行调整,得到新模型;接着检查所有几何元素是否满足约束,若不

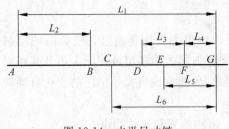

图 12-14　水平尺寸链

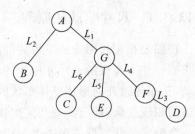

图 12-15　树结构

满足,则在保持结构约束不变的前提下,根据尺寸约束的递归来修改几何模型,直到满足全部约束条件为止。

12.3.2　变量几何法

变量几何法是一种基于约束的代数方法。它将几何模型定义成一系列特征点,并以特征点坐标为变量形成一个非线性约束方程组。当约束发生变化时,利用迭代方法求解方程组,可得到一系列新的特征点,从而输出新的几何模型。

约束是变量几何法的一个重要概念。这里的约束是指对几何元素的大小、位置和方向的限制,分为尺寸约束和几何约束两类。尺寸约束限制了元素的大小(长度、半径和角度);几何约束限制元素的方位或相对位置关系。图 12-16 表示了常见的约束类型。

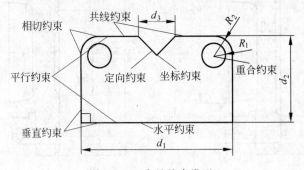

图 12-16　常见约束类型

在三维空间中,可用一组特征点来定义一个几何模型。因为每个特征点有三个方向的自由度,所以用 N 个特征点定义的几何模型共有 $3N$ 个自由度,这样确定形体的形状和位置需要建立 $3N$ 个独立的约束方程。

将所有特征点的未知分量写成矢量:

$$\boldsymbol{x}=[x_1,y_1,z_1,x_2,y_2,z_2,\cdots,x_N,y_N,z_N]^{\mathrm{T}}\quad N\text{ 为特征点个数};$$

或

$$\boldsymbol{x}=[x_1,x_2,x_3,x_4,x_5,x_6,\cdots,x_{n-2},x_{x-1},x_n]^{\mathrm{T}}\quad n=3N,\text{表示形体的总自由度}。$$

将已知的尺寸标注的约束方程的值也写成矢量:

$$\boldsymbol{d}=[d_1,d_2,d_3,\cdots,d_n]^{\mathrm{T}}$$

$$\begin{cases} f_1(x_1,x_2,x_3,\cdots,x_n) = d_1 \\ f_2(x_1,x_2,x_3,\cdots,x_n) = d_2 \\ \qquad\qquad\vdots \\ f_n(x_1,x_2,x_3,\cdots,x_n) = d_n \end{cases}$$

或写成一般形式

$$F_i(x,d) = 0 \quad i = 1,2,\cdots,n$$

约束方程中有 6 个约束用来阻止刚体(模型)的平移和旋转,剩下的 $n-6$ 个约束取决于具体的尺寸标注方法。

只要尺寸标注正确和合理,上述方程组便会存在惟一解。

用牛顿迭代法来求解上述非线性方程组:迭代过程可写成

$$x^{n+1} = x^n - [f'(x^n)]^{-1}F(x^n)$$

或

$$J\Delta x = r$$

其中雅可比矩阵:

$$\boldsymbol{J} = \begin{bmatrix} f_{11} & f_{12} & \cdots & f_{1n} \\ f_{21} & f_{22} & \cdots & f_{2n} \\ \vdots & \vdots & & \vdots \\ f_{n1} & f_{n2} & \cdots & f_{nn} \end{bmatrix}$$

$$f = \frac{\partial F_i}{\partial x_j} \quad i = 1,2,\cdots,n; \quad j = 1,2,\cdots,n$$

$\Delta \boldsymbol{x} = [\Delta x_1,\Delta x_2,\cdots,\Delta x_n]^{\mathrm{T}}$　　表示各个自由度的少量位移

$\boldsymbol{r} = [-F_1,-F_2,\cdots,-F_n]^{\mathrm{T}}$　　表示方程组的残余数

用上式反复迭代,直至 $|\Delta x| \leqslant \varepsilon$,便可得到满足方程组的解。

当约束方程数与几何矢量自由度不等时,方程组无解。

由于变量几何法是一种基于约束的方法。几何模型越复杂,尺寸约束与几何约束也越多,非线性方程组的规模将越大,当约束发生变化时,求解方程组的难度也越大。此时构造具有惟一解的约束也不容易。

约束是否充分可用自由度来考察。自由度大于零表示约束不足或表示无足够的约束方程使约束方程组有惟一解,此时几何模型的形状不确定。

如在图 12-17 中,当未标注尺寸 d_2 时,V 型槽可处于图形的不同位置,模型自由度为 1。要确定模型,必须增加一个约束,将模型定为对称图形可添加一约束为 $d_2 = d_1/2$,则该模型的自由度为 0,当 d_1 变化时,V 型槽将始终位于图形对称线上。

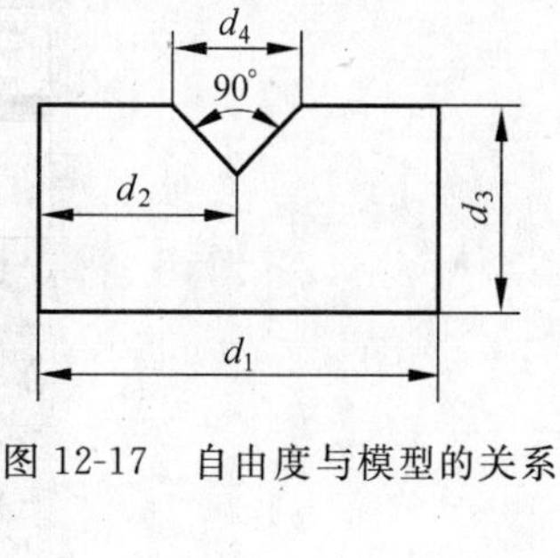

图 12-17　自由度与模型的关系

12.4　参数化图形库技术

在产品或工艺装备设计中,通常需要大量使用标准件,如螺纹紧固件、轴承、电器和液压元器件等。完成一个部件装配图往往需在图纸上多处绘制标准件,因此,为提高设计与绘图

效率,常常建立标准件图形库。

建立图形库通常可采用三种方式:

(1) 对于形状固定的图形,可以用图块或形文件建立图库。如液压原理图上的液压元器件符号、焊接符号等,可用图块方式建立图形库,设计与绘图时以插入方式调用。

(2) 标准件和通用件采用参数化编程的方法,编制相应的标准件图形生成程序库。标准件的形状类似但大小不固定,其各部分尺寸随规格不同而变化,而且标准件往往有较多的规格。因此,可用参数化编程的方法建立标准件的图形库。

图 12-18 为采用参数化编程方法建立的螺栓图形库。用户可根据需要选择某一螺栓标准件。

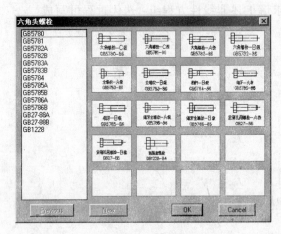

图 12-18　螺栓图形库

当用户选定某螺栓标准件时,系统会弹出该螺栓标准件的不同规格数据,图 12-19 所示为 GB5780 标准螺栓,用户可根据设计绘图需要来选取所需规格的标准螺栓,在图中指定位置,按一定方位插入。

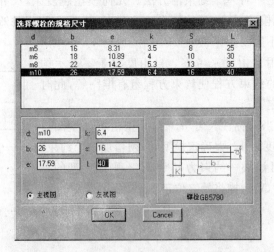

图 12-19　"选择螺栓的规格尺寸"对话框

（3）利用 CAD 系统中提供的参数化图库管理工具建立图库。图 12-20 为参数化图库管理工具的组成。

图 12-20　参数化图库管理工具的组成

第 13 章 AutoCAD 系统开发基础

AutoCAD 作为一个通用的绘图系统,广泛应用于各行各业。但由于行业标准不同、设计人员的工作方式不同,AutoCAD 不可能完全满足每个用户的要求。因此 AutoCAD 设计成开放式的体系结构,允许用户根据各自的需求进行功能的改进和扩充,实现二次开发或定制。本章将介绍与二次开发有关的基础知识以及菜单、工具栏、面板、线型、填充图案的定制。

13.1 自定义用户界面

使用 AutoCAD 自定义工具,可以调整图形环境使之满足用户需求。

使用自定义用户界面编辑器可轻松创建和修改自定义的内容。基于 XML 的 CUI 文件取代 AutoCAD 2006 之前版本中使用的菜单文件。用户不必使用文字编辑器来自定义菜单文件,而可以在 AutoCAD 内自定义用户界面。在"自定义用户界面"编辑器内可以完成如下定制工作:①添加或更改工具栏和菜单(包括快捷菜单、图像平铺菜单和数字化仪菜单);②创建或更改工作空间;③为各种用户界面元素指定命令;④创建或更改宏;⑤定义 DIESEL 字符串;⑥创建或更改别名;⑦添加工具栏提示;⑧在状态行上给出说明文字。

13.1.1 自定义命令

使用自定义用户界面编辑器,用户可轻松地创建、编辑和重复使用命令。选取下拉菜单"工具"→"自定义"→"界面"或输入命令 CUI 打开"自定义用户界面"对话框如图 13-1 所示。对话框内"自定义"选项卡的左侧有两个窗格,位于上方的窗格称为"自定义设置位置"窗格,位于下方的窗格称为"命令列表"窗格。

"自定义设置位置"窗格用于浏览加载的自定义文件中的不同用户界面元素。在此窗格中,用户可以创建和修改用户界面元素(例如菜单、工具栏和快捷菜单等)。树状图用于创建新的用户界面元素。新的用户界面元素创建后,则可以通过从"命令列表"窗格中拖动命令来添加命令。除了能够创建用户界面元素并将命令添加到用户界面元素中之外,用户还可以通过上下拖动命令来更改它们在工具栏和菜单上的显示顺序。

"命令列表"窗格用于创建和定位包含在加载的自定义文件中的命令。使用"创建新命令"按钮创建新的自定义命令。必须先创建命令,然后才可以与用户界面元素关联。

自定义用户界面对话框内"自定义"选项卡的右侧叫"动态显示"窗格,该窗格用于控制对应于在"自定义设置位置"窗格或"命令列表"窗格中选定的项目的附加窗格的显示。根据选定的项目,将显示按钮图像、信息、面板预览、工具栏预览、特性、快捷键和工作空间内容等一个或多个窗格。

创建新命令的操作步骤如下:

(1) 使用命令列表窗格内的"创建新命令"按钮 ★,在命令列表框内出现一条新创建的

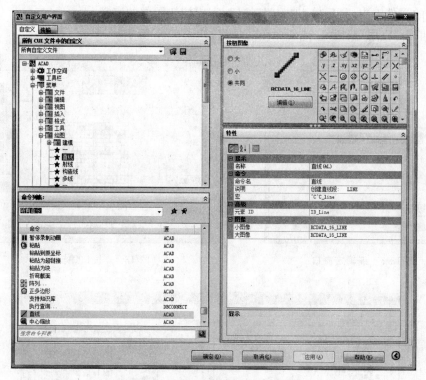

图 13-1 "自定义用户界面"对话框

命令,同时在特性窗格中显示新创建命令的特性,如图 13-2 所示。

(2)在特性窗格的命令"名称"栏内输入新命令的名称,在"说明"栏内输入字符串,当该命令被选取时,"说明"栏内的字符串将在状态栏中显示。在"宏"栏内输入特定的字符串(该字符串称为宏,用于定义选择某个界面元素后将发生的动作,其定义规则将在随后介绍),可单击该栏右侧的按钮,打开"长字符串编辑器",在其内输入宏,如图 13-3 所示。

(3)在按钮图像窗格中选取一幅合适的按钮图像。如果无合适的图像可选,则可任选一幅图像,然后单击"编辑"按钮,打开"按钮编辑器"窗体,如图 13-4 所示。首先单击"清除"按钮,然后使用按钮编辑器中提供的工具绘制按钮图像,然后单击"另存为"按钮,将图像保

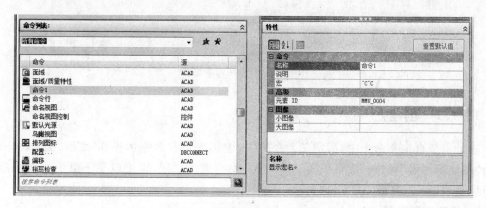

图 13-2 创建新命令初始状态

存在设定的文件夹内,最后单击"关闭"按钮,完成按钮图像的定义。

（4）单击"应用"按钮,完成新命令的创建,如图 13-5 所示。

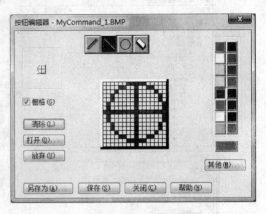

　　图 13-3　编辑宏窗口　　　　　　　　　　　　图 13-4　按钮编辑器

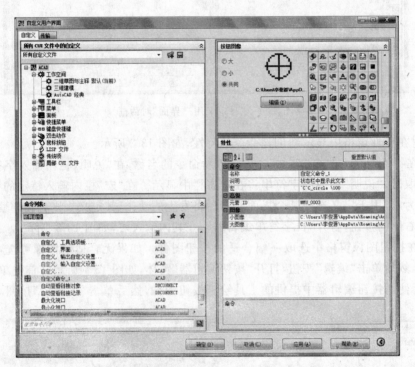

图 13-5　创建新命令结果

13.1.2　创建宏

在上一节自定义命令中,需定义命令的宏,宏用来定义命令的操作,如^C^C_New 表示执行"创建新图形"操作。宏可以是 AutoCAD 命令或关键字,也可以是子菜单的调用命令,还可以是 AutoLISP 或 ARX 语句。

1. 特殊控制字符

可以在宏中使用特殊字符(包括控制字符)。在宏中,插入记号"^"的作用相当于在键盘上按 Ctrl 键。可以将插入记号与其他字符组合来构造宏,用以完成诸如打开和关闭栅格(^G)或取消命令(^C)等操作。表 13-1 列出了宏中使用的特殊字符及其功能。

表 13-1　宏特殊控制字符及其含义

字符	含 义 简 述
;	等价于按回车键
^M	等价于按回车键
^I	等价于按 Tab 键
［空格］	输入空格;命令中命令序列之间的空格相当于按空格键
\	暂停等待用户输入,当用户拾取一点或按回车键或空格键后,宏继续执行
.	使用户可以访问内置的 AutoCAD 命令,即使该命令未使用 UNDEFINE 命令定义
_	转换其后的 AutoCAD 命令和选项
= *	显示当前顶层的下拉、快捷或图像菜单
* ^C^C	重复执行某个命令直到选择了另一个命令
$	引入附加的 DIESEL 宏,要求下拉菜单项标记计算字符串宏表达式
^C	取消活动的命令或命令选项(相当于 Esc 键)

2. 在宏中暂停以等待用户输入

如果要在命令执行过程中接受来自键盘或定点设备(如鼠标)的输入,则在宏中需要进行输入的位置添加反斜杠"\"。

例如宏 circle \100,字符串 circle 是画圆命令,其后的空格相当于回车,激活画圆命令后,系统等待用户输入圆心或选择其他画圆方式,因此在宏中添加反斜杠"\",要求系统等待用户输入圆心坐标,当用户给定一个点后,系统将绘制半径为 100 的一个圆。

宏通常会在用户输入后恢复执行。因此,不能构造接受不确定个数的输入,再继续执行的宏。但是,select 是一个例外,反斜杠"\"将挂起 select 命令直到完成对象选择。例如:

select \change previous ;properties color red;

在该宏中,select 将创建包含一个或多个对象的选择集(select\)。然后,该宏将启动 change 命令,然后使用"上一个"选项来引用创建的选择集(previous;),并将所有选定对象的颜色改为红色(properties color red;)。

3. 在宏中使用条件表达式

通过使用 DIESEL(direct interpretively evaluated string language,直接解释求值字符串表达式语言)编写的宏表达式的命令,向宏中添加条件表达式。格式为:

$M=expression

引用带有 $M＝的宏,指示 AutoCAD 将字符串作为 DIESEL 表达式来计算,并通知程序 expression 是 DIESEL 表达式。下例定义了宏中的其他表达式:

FILLMODE $M=$ (-,1,$(getvar,fillmode))

宏通过用 1 减去 FILLMODE 的当前值,并将结果值返回给 FILLMODE 系统变量,从而打开和关闭 FILLMODE 系统变量。可以使用此方法切换系统变量(有效值为 1 或 0)。

4. 在宏中使用 AutoLISP

可以使用 AutoLISP 变量和表达式来创建用于执行复杂任务的宏。要在宏中有效地使用 AutoLISP,可将 AutoLISP 代码放在一个单独的 MNL 文件中。AutoCAD 在加载 CUI 文件时,会加载同一位置的同名 MNL 文件。

以下宏使用 AutoLISP 函数,在执行该宏时,系统将提示输入两个点,然后用指定的点作为对角点绘制一个矩形多段线。

```
^P(setq a (getpoint "输入第一个角点:"));\+
(setq b (getpoint "输入另一个角点:"));\+
pline !a (list (car a)(cadr b)) !b (list (car b)(cadr a)) c;^P
```

13.1.3　创建下拉菜单

菜单栏下显示的列表称为下拉菜单。

下拉菜单可以包含多达 999 个命令。此命令限制包括层次结构中的所有命令。如果菜单文件中的命令超过这些限制,程序将忽略超出的命令。表 13-2 显示了"绘图"菜单的特性,其显示方式与自定义用户界面对话框中的特性窗格中的项目对应。

表 13-2　菜单特性

特性窗格项目	说　　明	样　　例
名称	字符串用作菜单栏上菜单的标题	绘图(&D)
说明	文字用于说明元素,不显示在用户界面中	
别名	为菜单指定别名。单击省略号按钮"…"将打开"别名"对话框。CUI 文件中的每个别名都应是惟一的,并用于使用编程方法参照菜单	POP7、DRAW
元素 ID	用于识别菜单的惟一标记	ID_MnDraw

下拉菜单应具有一个别名,其范围为 POP1 到 POP499。加载菜单时,将会默认加载别名为 POP1 到 POP16 的菜单。其他所有菜单必须添加到工作空间中才能显示。

创建下拉菜单后,还必须向该菜单中添加命令。否则,不能将该菜单保存到文件中。

在"自定义用户界面"编辑器的"自定义"选项卡中,可以创建下拉菜单、添加子菜单以及添加命令。其操作步骤如下:

(1) 依次单击"工具"→"自定义"→"界面"选项,打开"自定义用户界面"编辑器。

(2) 在"自定义用户界面"编辑器的"自定义"选项卡的"〈文件名〉中的自定义"窗格中,在"菜单"上右击鼠标。单击"新建菜单",如图 13-6 所示。"菜单"树底部将出现一个新菜单(名为"菜单 1")。

(3) 更改菜单名。操作方法有 3 种:输入新名称覆盖"菜单 1"文字;在"菜单 1"上右击鼠标,单击"重命名",输入新的菜单名;单击"菜单 1",稍候,然后再次单击该菜单的名称,可在位编辑其名称。

(4) 在树状图中选择新菜单,然后在"特性"窗格的"说明"框中

图 13-6　创建下拉菜单

为该菜单输入说明。在"别名"框中,系统将基于已经加载的菜单数量自动为新菜单指定别名,用户不需修改其内容。

（5）在"命令列表"窗格中,将对应命令拖到"〈文件名〉中的自定义"窗格中该菜单下方的位置。

（6）单击"确定"按钮,完成操作。

创建子菜单的方式与创建菜单大致相同,其区别仅第二步,如图 13-7 所示。表 13-3 列出了"自定义用户界面"编辑器中可以使用的非字母数字字符。

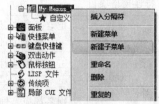

图 13-7　创建子菜单

表 13-3　子菜单非字母数字字符

字符	说　　明	样　　例
$(	如果"$("是首字符,将启用下拉菜单或快捷菜单的命令标签以计算 DIESEL 字符串宏	
~	使命令不可用	
!.	用复选标记来标记命令	
&	直接放在某个字符前面,指定该字符作为下拉菜单标签或快捷菜单标签中的菜单访问键	S&ample 将显示 Sample(其中字母 a 带有下划线)
\t	将在这些字符后面输入的所有标签文字推到菜单右侧	Help\tF1 将在下拉菜单左侧显示 Help,而在右侧显示 F1

13.1.4　自定义工具栏

自定义工具栏的操作步骤如下:

（1）依次单击"工具"→"自定义"→"界面"选项,打开"自定义用户界面"编辑器。

图 13-8　创建工具栏

（2）在"自定义用户界面"编辑器的"自定义"选项卡的"〈文件名〉中的自定义"窗格中,在"工具栏"上右击鼠标。单击"新建工具栏",如图 13-8 所示。"工具栏"树底部将出现一个新工具栏(名为"工具栏 1")。

（3）更改工具栏名。

（4）设置工具栏特性,在工具栏特性窗格中设置相关特性值,特性值含义见表 13-4。

表 13-4　工具栏特性

特性窗格项目	说　　明
名称	字符串用作工具栏的标题
说明	文字用于说明元素,不显示在用户界面中
默认打开	指定第一次加载 CUI 文件时,是否显示该工具栏。值为"隐藏"或"显示"
方向	指定第一次加载 CUI 文件时,工具栏是浮动还是固定(俯视、仰视、左视或右视)
默认 X 位置	指定工具栏显示为浮动工具栏或固定工具栏时,工具栏距离屏幕左边的位置。如果工具栏固定,值 0(零)表示工具栏位于固定区域最左边的位置

续表

特性窗格项目	说　　明
默认 Y 位置	指定工具栏显示为浮动工具栏或固定工具栏时,工具栏距离屏幕上边的位置。如果工具栏固定,值 0(零)表示工具栏位于固定区域最上边的位置
行	工具栏浮动时,指定显示在工具栏上的项目的行数
别名	为工具栏指定别名。单击省略号按钮"…"将打开"别名"对话框。CUI 文件中的每个别名都应是惟一的,并用于使用编程方法参照工具栏
元素 ID	用于识别工具栏的惟一标记

(5) 在"命令列表"窗格中,将对应命令拖到"〈文件名〉中的自定义"窗格中该工具栏下方的位置。

(6) 单击"确定"按钮,完成操作。

13.1.5　自定义面板

面板是一种特殊的选项板,用于显示与基于任务的工作空间关联的按钮和控件。面板提供了与当前工作空间相关的操作的单个界面元素。面板使用户无需显示多个工具栏,从而使得应用程序窗口更加整洁。因此,可以将可进行操作的区域最大化,使用单个界面来加快和简化工作。

面板自定义使用户可以通过添加或删除"面板"窗口上显示的按钮和控件来创建和修改面板。通过使用面板而不是工具栏,用户可以组织常用的命令,并从"面板"窗口访问这些命令。这样可以增大可用的绘图区域。

自定义面板的操作过程如下:

(1) 依次单击"工具"→"自定义"→"界面"选项,打开"自定义用户界面"编辑器。

(2) 在"自定义用户界面"编辑器的"自定义"选项卡的"〈文件名〉中的自定义"窗格中,在"面板"上右击鼠标。单击"新建面板",如图 13-9 所示。"面板"树底部将出现一个新面板(名为"面板 1")。

(3) 更改面板名,其默认结构由"第 1 行"和"〈面板分隔符〉"组成,如图 13-10 所示。

(4) 向面板中添加命令。在"命令列表"窗格中,将对应命令拖到"〈文件名〉中的自定义"窗格中该面板下的"第 1 行"中,同样的方法可反复添加命令。

(5) 如果右击"〈面板分隔符〉",选取"新建行",便可在面板中添加一新的行,如图 13-11 所示。同时,也可在新行上添加命令。

图 13-9　新建面板

图 13-10　面板的默认结构

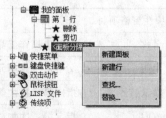

图 13-11　在面板中添加行

（6）自定义工作空间。如图 13-12，首先单击"AutoCAD 经典"树节点，然后单击"工作空间内容"窗格下的"自定义工作空间"按钮，向工作空间添加新的内容。此时对话框界面如图 13-13 所示。单击"我的面板"节点前的选取框，完成新面板的添加，其结果如图 13-14 所示。

图 13-12　自定义工作空间

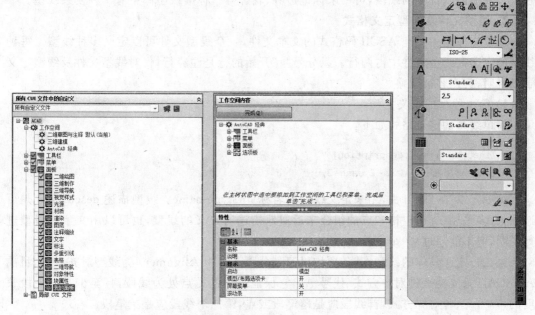

图 13-13　添加新面板到工作空间　　　　　图 13-14　结果

13.2　定制线型和填充图案

AutoCAD 在标准线型文件 ACAD.LIN 和标准图案文件 ACAD.PAT 中提供了许多线型和图案，并允许对线型和图案进行二次开发。

13.2.1　开发定制线型

1. 线型分类

在 AutoCAD 提供的标准线型文件中包含了通用、ISO 和复杂三种线型。

1) 简单线型

由线段、点和空格组成的线型称简单线型,标准线型文件中的通用线型和 ISO 线型均属此类。标准线型文件定义了 25 种通用线型,除连续线外(continuous),其余 24 种分为 8 类,每类有 3 种不同的线型,其名分别是"类名"、"类名 2"和"类名 X2",如中心线类线型名分别为 CENTER、CENTER2、CENTERX2,其中 CENTER2 的线段和空格长度是 CEN-TER 的一半、CENTERX2 的线段和空格长度是 CENTER 的两倍。

ISO 线型按 ISO128(ISO/DIS120Ⅱ)标准且笔宽为 1mm 时定义,共有 14 种。当用 ISO 线型定义其他线型时,可通过改变相应的线型比例 LTSCALE 的值来得到。例如,当笔宽为 0.5mm 时,可令 LTSCALE=0.5。

2) 复杂线型

复杂线型除含有线段、点和空格外,还包含了嵌入的"形"(简单图形)和"文本"(字符),它定义一根插入符号的线段,可用来标记边界、轮廓等。标准线型库中有 7 种复杂线型。

2. 线型文件及线型定义格式

线型文件是一种纯 ASCII 码格式的文本文件,一个线型文件可以定义多种线型。每种线型的定义在线型文件中占两行。以分号";"开始的行是注释行,仅对线型文件及线型定义予以说明,其内容被忽略。

1) 简单线型的定义

简单线型的定义格式如下:

```
* linetype-name [,description]
Alignment,dash-1,dash-2,dash-3,…
```

第一行以"*"号开头,用来定义线型的名称 linetype-name。线型描述 description 是可选项,大多采用线段、空格和点的组合来近似地描述所定义的线型,也可以用文字对线型进行说明,但不能超过 47 个字符。

第二行定义具体的线型,其各项均以逗号分隔。其中 Alignment 为线型对齐方式,目前 AutoCAD 只支持一种对齐方式(代号 A),它保证线型的端点处为线段,且至少是第一段长度的一半。这种对齐方式,首线段应是落笔段或点,第二个线段应是抬笔段。

dash-n 字段指定组成线型的线段或空格长度值,若是正值则表示落笔段,即画线;若为负值则表示抬笔段,即空格;长度为 0 则画点。每个线型定义应限制在 12 个线段、12 个点和 12 个空格。

如有一名叫 DD1 的线型,其基本结构依次为线段:0.5 个绘图单位长;空格:0.25 个绘图单位长;点;空格:0.25 个绘图单位长。则该线型可定义成如下形式:

```
* DD1,___ . ___ . ___
A,0.5,-0.25,0,-0.25
```

2) 复杂线型的定义

复杂线型不再局限于线段、点和空格,还可在线型中嵌入文本字符或形文件中的形。其定义格式与简单线型基本相同,不同的是在定义行中增加了用方括号括起的特殊参数,用来表示如何嵌入文本或形。其定义的格式如下:

```
* linetype-name [,description]
Alignment,dash-1,dash-2,…,[文本字符串或形定义],dash-n,
```

嵌入文本字符的定义格式为:

```
["string",stylename,R=n,A=n,S=n,X=n,Y=n]
```

嵌入形的定义格式是:

```
[shapename,shapefilename,R=n,A=n,S=n,X=n,Y=n]
```

除嵌入部分外,其他各项的含义和用法与简单线型相同,其中 Alignment 的对齐方式还将保证嵌入的文字或形被完整地显示出来。嵌入部分的定义各项说明如下:

(1) string 是文本字符串,用双引号括起;shapename 是形文件中的形名。

(2) stylename 是文本样式名,该样式名必须已在当前图形中定义,否则不允许使用。shapefilename 为形文件名(.shx),含有当前所需的形,可包括路径。

(3) 字段 R$=n$、A$=n$、S$=n$、X$=n$ 和 Y$=n$ 为可选择的转换分类,n 表示所定的值。

R$=n$ 表示文本或形相对于当前线段的转角(相对转角),默认时为 0。

A$=n$ 表示文本或形相对于世界坐标系 X 轴的绝对转角。当文本或形以水平形式出现而与线段的方向无关时,则 A$=0$。这里只能指定 R 或 A 中的一个。

S$=n$ 对于文本,则确定文本或形的比例系数,如果使用固定高度的文本样式,Auto-CAD 将此高度乘以 n;如果使用的是可变高度的式样,AutoCAD 把 n 看作绝对高度。对于形,n 为缩放系数,使形从其默认缩放系数 1.0 进行放大或缩小。在任何情况下,AutoCAD 通过 n 与 LTSCALE 和 CELTSCALE 的乘积来确定高度或缩放系数。

X$=n$ 和 Y$=n$ 用来确定相对于线型当前点的偏移量,使文本或形精确定位。默认时系统将文本字符的左下角或形的插入点作为此当前点。这好比一个局部坐标系,原点在该当前点,X 轴正向为当前线段的画线方向,Y 轴正向垂直于 X 轴且逆时针转向。

例如定义含字符"X"的复合线型,名为 X_LINE。则该复合线型定义如下:

```
* X_LINE,— X — X — X —
A,1.0,-0.25,["X",STANDARD,S=0.2,R=0,X=-0.1,Y=-0.1],-0.25
```

再如定义含图案□的复合线型 BOXLINE。图案□在复合线型形文件 Ltypeshp.shx 中已定义了形,形名 box,这里可直接引用。若所需的形不存在,应先定义形并将其编译后才可引用。该复合线型的定义如下:

```
* BOXLINE,—□ —□ —□ —□ —
A,1.0,-0.25,[box , Ltypeshp.shx ,S=0.2,R=0,X=-0.1,Y=-0.1],-0.25
```

3. 线型定制

AutoCAD 既可在其系统内部生成新线型,也可用文本编辑程序在系统之外生成线型文件。新线型既可加在标准线型文件 ACAD.LIN 中,也可以创建自己的线型文件,但是文件的扩展名必须是.LIN。对于简单线型两种方法均可使用,但复杂线型只能在系统之外编辑已有线型文件或建立新的线型文件。

1) 在 AutoCAD 内部生成新线型

进入 AutoCAD 后,使用-linetype 命令可定制自己的线型。下面以 dd1 线型为例说明具体的操作过程:

```
命令:-linetype↙
输入选项[?/创建(C)/加载(L)/设置(S)]:c↙
输入要创建的线型名:dd1↙
```

此时屏幕上出现如图 13-15 所示的"创建或附加线型文件"对话框。这时有两种选择:一是在原有线型文件中增加新线型,二是建立新线型文件来定义新线型。

图 13-15 "创建或附加线型文件"对话框

(1) 在原有线型文件中增加新线型

在图 13-15 的对话框中选择某一文件名(如 acadiso.lin)并单击"保存",此时对话框关闭,屏幕提示如下信息:"请稍候,正在检查线型是否已定义"。这是 AutoCAD 提供的安全措施,目的是防止用户定义的线型名与原有的线型名重复而覆盖原有线型。如果发现重复,需回答是否覆盖原有的同名线型。接着提示:

```
说明文字:___.___.___↙
输入线型图案(下一行):A,0.5,-0.25,0,-0.25↙
输入选项[?/创建(C)/加载(L)/设置(S)]:
```

到此,新线型 dd1 已加在原线型文件(acadiso.lin)中。若要继续增加新线型,则重复上述过程。否则回车,结束-linetype 命令。

(2) 建立新线型文件

在图 13-15 对话框的"文件名"编辑框中输入新线型文件名(如 NEWLINE)并回车,则 AutoCAD 会生成一个扩展名为.LIN 的线型文件,此后出现的屏幕提示和操作与前述相同。

这样就将新线型定义在新线型文件 NEWLINE.LIN 中。

2）直接编辑线型文件生成新线型

该方法可以用文本编辑程序直接在已有线型文件中修改原有线型定义或增加新的线型定义，也可以建立新的线型文件来定制新线型。无论使用哪种方法，文件的扩展名必须是.LIN。

线型文件编辑完成后存盘，退出编辑程序，即完成了操作。

新线型定义后，在 AutoCAD 中必须用-linetype 命令中的 Load 选项或线型对话框中的"装入"按钮将其装入，并设置为当前层的当前线型，才可用于绘图。

13.2.2　定制填充图案

在绘图中，经常需要图案填充，如画剖面线等，这些图案是在标准图案文件 ACAD.PAT 中定义的，这个文件包含了所有系统提供的标准图案。AutoCAD 也允许用户对图案进行二次开发。为此需了解图案的构成、定义及开发方法。

1. 图案的定义格式

1）图案的构成

一个填充图案由一簇或几簇有规律的图案线组成，每一簇图案线中的各条线相互平行且线型相同。因此，确定一簇图案需定义三方面的要素：

（1）基准图案线的方位。一条线段的方位由三个参数决定，即线段起点在绘图坐标系中的坐标 dx、dy，线段与 X 轴的夹角 A（逆时针方向为正）。

（2）基准图案线的线型。该线型与 AutoCAD 的线型定义完全相同。当线型为实线时可以不定义。

（3）相邻平行线与该基准线的相对位置。该相对位置由两个参数确定，即相邻平行线起点与基准图案线起点在线的长度方向上的距离 dL 和平行线间的距离 ds。

若一个图案线由几簇平行线叠加而成，则要对每一簇平行线分别确定上述参数。

如图 13-16 为一倒 U 字形按行列分布的图案，它由三簇平行虚线叠加而成，第一簇是左边竖线簇，第二簇是上边横线簇，第三簇是右边竖线簇。每一簇平行线定义时都须确定其基准线起点的方位、线型和平行线间的相对位置。

2）图案的定义

每个图案的定义由一个标题行和一个或多个定义行组成，其中标题行定义该图案的名称，格式如下：

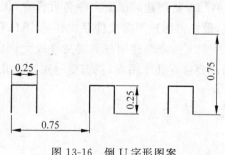

图 13-16　倒 U 字形图案

```
* pattern-name[,description]
```

* 号为标题行的标志，不能省略；pattern-name 为图案名，最长 31 个字符；方括号内的 description 为该图案的描述说明，是可选项，仅起说明作用。

定义行的格式如下：

```
angle,dx,dy,dL,ds[,dash-1,dash-2,…]
```

angle 为该组平行线与水平方向的夹角,dx、dy 为基准线起点在绘图坐标系中的坐标;dL 为相邻两平行线起点在线长度方向上的位移,线型为实线时,dL＝0;ds 为相邻平行线间的距离;[,dash-1,dash-2,…]用来定义填充线的线型,为可选项,定义方法及各参数含义与线型相同。

每一平行线簇的定义占一行,各参数之间用逗号分开。对于如图 13-17 所示的图案,定义时第一簇竖线的起点定在左边原点处,自下而上画线;第二簇横线的起点定在第一簇竖线的终点处,自左向右画线;第三簇竖线的起点定在第二簇横线的终点处,自上而下画线。若把此图案取名为 DUZ,图案说明为 dao you xing zi,则其定义为:

```
* DUZ,dao you xing zi
90,0,0,0,0.75,0.25,-0.5
0,0,0.25,0,0.75,0.25,-0.5
-90,0.25,0.25,0,0.75,0.25,-0.5
```

2. 填充图案的定制

填充图案的定制依赖于图案文件,这是一个用来存放 AutoCAD 和用户定义的填充图案的文本文件,扩展名为.PAT。用文本编辑程序可以修改 AutoCAD 的标准图案文件 ACAD.PAT,也可以建立自定义的填充图案文件,实现图案的定制。

1) 编辑标准图案文件

编辑标准图案文件可用于新增图案或修改原有图案定义。方法是先用文本编辑程序打开 ACAD.PAT,在其中任一图案定义的结束处,插入新增加的图案定义,注意不能插在原有图案定义的中间。若需修改原有的图案定义,只需找到该图案的定义,直接修改参数。完成后存盘退出。然后启动 AutoCAD,即可用新增加或修改后的图案进行填充。填充的方法与原标准图案相同。

2) 建立用户图案文件

用户自定义的图案文件的建立方法与线型文件基本相同,但需注意以下几点:

(1) 新创建的图案文件名可任意,但不能是 ACAD,且扩展名必须是.PAT。为使用方便,最好将用户图案文件存放在 ACAD.PAT 所在的目录下。

(2) 一个新建用户图案文件只允许定义一种图案,且图案名必须与文件名相同。如果用户要建立几个图案,就需要分别建立几个图案文件。

第 14 章　Visual LISP 程序设计语言

14.1　概　　述

　　LISP(list processing language)语言是人工智能领域广泛应用的一种程序设计语言,是一种计算机的表处理语言,又称为符号式语言(symbolic language)。在 LISP 语言中,最基本的数据类型是符号表达式(symbolic-expression),处理符号是 LISP 语言的特性之一,LISP 语言的程序和数据二者都以符号表达式的形式表示,也就是说,一个 LISP 程序可以把另一个 LISP 程序作为它的数据处理。

　　AutoLISP 语言是一种嵌入在 AutoCAD 内部的 LISP 编程语言,由 Autodesk 公司在 1985 年 6 月推出的 AutoCAD R2.17 中首次推出,是 LISP 语言和 AutoCAD 有机结合的产物。AutoLISP 采用了和 LISP 的语法和习惯约定,具有 LISP 的特性,但它针对 AutoCAD 又增加了许多功能。例如,AutoLISP 可以方便地调用 AutoCAD 的绘图命令,使设计和绘图完全融为一体。还可以实现对 AutoCAD 当前图形数据库的直接访问、修改,为实现对屏幕图形的实时修改、交互设计、参数化设计以及在绘图领域中应用人工智能提供了方便。概括地说,AutoLISP 综合了人工智能语言 LISP 的特性和 AutoCAD 强大的图形编辑功能的特点,可谓是一种人工智能绘图语言。

　　随着 AutoCAD 版本的不断更新,AutoLISP 的功能也得到了不断完善,但是始终存在一些明显的缺点,例如缺乏集成开发环境;没有面向对象的编程能力;采用解释执行方式运作,程序运行速度慢;无法编译,程序安全性差等。为此,Autodesk 公司于 1998 年 3 月首次推出新一代可视化 LISP 语言——Visual LISP for AutoCAD R14,1999 年 3 月发行的 AutoCAD 2000 中内嵌了新版本的 VLISP——Visual LISP for AutoCAD 2000,AutoCAD 2008 中的 VLISP 与 AutoCAD 2000 中的版本相同。

　　与 AutoLISP 比较,Visual LISP 具有以下显著特点。

1. 兼容 AutoLISP

　　为了充分利用 AutoLISP 语言的优势和资源,Visual LISP 采用了以 AutoLISP 兼容的模式,因此使得原有的 AutoLISP 程序稍加修改便可在 Visual LISP 环境下运行。

2. 面向对象编程技术

　　Visual LISP 同 Microsoft ActiveX、VC++、VB 和 Object ARX 等一样都是面向对象编程的。通过 Visual LISP ActiveX 接口,用户所开发的应用程序不仅兼容 AutoCAD 软件,而且同其他 Active-Compliant 应用程序一样通过联合库可以方便地引用。

3. 功能强大的集成开发环境

　　Visual LISP 集成了程序开发期间所需的主要工具,主要体现在以下几方面:

　　(1) 文本编辑采用彩色编码数据检查表及 LISP 语法支持技术,极大地方便了程序源代码的编辑,同时也改善了程序的可读性;

（2）多种语法检查器用来检查程序结构错误和函数变元错误，并且提供了对数据结构中变量和表达式值的浏览和编辑功能；

（3）提供了程序动态调试功能，如动态跟踪、断点设置、单步执行等调试手段；

（4）提供对话框设计的预览功能；

（5）提供了文件编译器，可以编译成二进制格式文件。

14.2　AutoLISP 数据类型

AutoLISP 语言的数据类型有以下几种。

1. 整型数

整型数是由 0、1、2、…、9、一、＋字符组成，不许出现其他字符，＋号可有可无。例如：＋256、103、0。

整型数为 16 位带符号数值，其范围是－32768～＋32767，如果所用整型数或计算后的整型数超出了这个范围，计算机将产生溢出，输出错误的结果。在 32 位机工作站上，AutoLISP 的整型数为 32 位带符号数字，其范围是－2 147 483 648～＋2 147 483 647，但 AutoLISP 和 AutoCAD 之间的整数传输被限制在 16 位数值。

2. 实型数

实型数是用双精度的浮点数表示并且有至少 14 位有效精度。它表示为：一个或更多的数字，后跟一个小数点，再跟一个或更多的数字，例如，0.125、1.23。但和其他语言（如 BASIC）不同，对于绝对值小于 1 的实数必须加前导 0，不要直接以小数点开头，否则，计算机误认为是点对而出错。例如，.4 是错误的表示，0.4 才是正确的写法。实型数也可以用科学计数法表示，即数字后可有一个可选择的 e 或 E，后跟数的指数。例如：0.12×10^9 表示为 0.12E9。

3. 字符串

字符串是用双引号引起来的字符序列，字符串中的大小写和空格都是有意义的，如 "123"、"This is a string"。字符串中字符的个数（不含双引号）称为字符串长度，若字符串中没有字符，则称为空串，其长度为 0。字符串可以包含 ASCII 表中的任何字符，通用表示格式为 "\nnn"，其中 nnn 是字符的八进制 ASCII 码，如字符串 ab 也可表示为 "\141\142"。反斜杠作为前导标识字符在字符串中有特殊作用，如果字符串中要包含它，则必须用两个连续反斜杠来表示："\\"，当然也可表示为 "\134"。在 LISP 中常用的控制字符可通过 "\" 与其他字符的组合来表示，如表 14-1 所示。

表 14-1　常用控制字符的表示形式

控制字符	含　义	通用表示格式
\n	表示换行(LF)码	\012
\r	表示回车(CR)码	\015
\e	表示 ESC 码	\033
\t	表示制表(TAB)码	\011

注意,表中反斜杠后的字母必须小写,否则控制字符无意义。

4. 符号

符号也称作符号原子,在 LISP 语言中,符号原子可以是除下列字符以外的任何可打印字符:

( )　　　　　　用作表的定义

.　　　　　　　用作点对

'　　　　　　　用作 quote 函数的简写

"　　　　　　　用作字符串常数的界定符

;　　　　　　　用作程序的注释标志

例如,number、value、x1、2y 是合法的原子,而(A)、A. B、"String"是非法原子。

关于符号原子还有如下规定:

(1) 符号原子之间的空格起分隔原子的作用,且多个空格与一个空格的作用等效。

(2) 符号原子的大小写是等效的。

(3) 尽管符号原子的长度不受限制,但尽量不要使用超过 6 个字符的符号名,以节省有限的节点空间,提高程序运行速度。

(4) 在 AutoLISP 语言中,"约束"是指一对符号和值。当将一个值赋给符号后,就说符号被约束到那个值。这里符号不能决定它所代表的信息的数据类型,也就是说同一符号可以被约束到一个整型数,也可以被约束到一个字符串,这一点和其他程序设计语言不同。

(5) 如果一个符号原子从未被赋值,则其初始值自动取为 nil(空),且不占用内存空间。符号在使用前不用预先定义或说明。

(6) 通常将存储程序数据的符号名叫做"变量",即一般所指的符号名是指存储静态数据的符号名,例如,AutoLISP 内部函数和用户自定义函数都称为符号。因此,变量只是符号的另一种称谓。

(7) AutoCAD 提供了三个预定义变量,用户可以在程序中使用它们,这三个变量是:pi——圆周率 π;t 和 nil——表示非空与空,相当于逻辑上的真与假;pause——该变量将斜杠字符(\)定义成一个字符串,可用于暂停。

整型数、实型数、字符串和符号这四种类型的数据统称为原子,是 AutoLISP 语言中的最终数据,整型数和实型数称为数字原子,字符串称为串原子,符号称为符号原子,符号原子一般用于变量或函数名。

5. 表

表是 AutoLISP 语言中广泛使用的一种数据类型,表是指放在一对相匹配的左右括号中的一个或多个元素的有序集合。表中的每一个元素可以是任何类型的 S 表达式,即可以是原子(数字原子、符号原子、串原子)或表,元素之间要用空格隔开,元素与括号之间可以不用空格隔开。表是可以嵌套的,即一个表又可以作为另一个表的元素,例如(a (2.0 3.0) "string")。表可以嵌套很多层,从外向内依次为顶层、1 层、2 层、…。通常所说的表中的元素是指顶层元素。

使用表可以很方便地表示图形几何元素,例如一个二维点可表示为(x　y),表中两个元素分别是点的两个坐标,一个二维点列可表示为((x_1　y_1) (x_2　y_2) (x_3　y_3) …)。(setq a 5)也是一个表,它表示将符号 a 约束到 5,也就是通常所说的将 5 赋给变量 a。

表有两种基本类型：标准表和引用表。标准表中的第一个元素必须是一个合法的已存在的 AutoLISP 函数（内部函数和用户自定义函数）。引用表是在左括号前加一撇号的表，以表示此表不作求值处理，例如：(setq pt '(5.0　6.0))，其中'(5.0　6.0)是引用表。

点对（dotted pair）也是一种表，表中有两个元素，元素之间有圆点"."，圆点前后的元素与圆点之间必须有一个空格。例如(A. B)就是一个点对，A、B 都是 S 表达式，分别称为左元素和右元素，点对也可以任意嵌套。点对常用于联结表。

6. 文件描述符

文件描述符是 AutoLISP 赋予被打开文件的标识号，相当于高级语言中的文件号或文件指针。当 AutoLISP 函数需要向文件进行读写操作时，都要用这个文件标识符来指向文件。

7. AutoLISP 内部函数

AutoLISP 提供了大量内部函数，这些函数的功能和调用格式都不相同，详情见下一节。

8. AutoCAD 实体名

实体名是赋予图形实体的数字标号，这个标号可被 AutoLISP 函数调用，被选中的实体可以进行各种编辑处理。

9. AutoCAD 选择集

选择集是一个或多个实体的集合，实体选择过程中可以交互地向选择集增加对象，或从选择集中删除某些对象。

14.3　AutoLISP 程序设计

AutoLISP 程序就是对函数的调用，函数是 AutoLISP 语言处理数据的工具，学习掌握 AutoLISP 语言，核心就是掌握 AutoLISP 函数。AutoLISP 函数分为系统内部函数和用户自定义的外部函数，AutoLISP 提供了大量的系统内部函数，以满足编程的需要。

AutoLISP 调用函数是通过标准表实现的。AutoLISP 程序的基本结构就是由一系列有序的标准表构成的，AutoLISP 程序的运行，就是对标准表依次进行求值，标准表或者说函数调用的一般格式如下：

(函数名 [〈参数 1〉] [〈参数 2〉] … [〈参数 n〉])

标准表中的第一个元素必须是函数名，以后的各元素为该函数的参数，参数类型及数目取决于函数。

14.3.1　AutoLISP 内部函数

AutoLISP 提供了大量系统内部函数，现将 AutoLISP 中常用函数按其性质和特性分类列于表 14-2 中。

表中符号约定如下：尖括号"〈…〉"中的字符说明函数要求的参数类型，它是必须存在的；方括号"[…]"的内容是可选项，即它可以存在也可省略；省略号"…"表示省略后面同样的参数，其数目不限。

表 14-2　常用 LISP 内部函数

类型	函　　数	函　数　功　能
数值运算函数	(＋ 〈数〉 〈数〉 …)	返回所有数的总和,如(＋ 3 4)返回 7
	(− 〈数〉 〈数〉 …)	返回第一个数与后面几个数的和的差
	(＊ 〈数〉 〈数〉 …)	返回所有数的积,如(＊ 3 4 5.0)返回 60.0
	(/ 〈数〉 〈数〉 …)	返回第一个数除以其他所有数的乘积
	(1＋ 〈数〉)	返回数加 1 的结果,(1＋ 4.0)返回 5.0
	(1− 〈数〉)	返回数减 1 的结果,如(1− 6)返回 5
关系函数	(＝〈原子〉 〈原子〉 …)	所有原子相等,则返回逻辑量 T,否则返回 nil
	(/＝〈原子〉 〈原子〉 …)	所有原子不相等,则返回逻辑量 T,否则返回 nil
	(<〈原子〉 〈原子〉 …)	前面的原子小于后面的原子则返回 T,否则返回 nil
	(>〈原子〉 〈原子〉 …)	前面的原子大于后面的原子则返回 T,否则返回 nil
	(>＝〈原子〉 〈原子〉 …)	前面的原子不小于后面的原子返回 T,否则返回 nil
	(<＝〈原子〉 〈原子〉 …)	前面的原子不大于后面的原子返回 T,否则返回 nil
标准函数	(abs〈数〉)	返回〈数〉的绝对值
	(cos〈角度〉)	余弦函数,角度用弧度表示
	(sin〈角度〉)	正弦函数,角度用弧度表示
	(atan〈数 1〉[〈数 2〉])	若无〈数 2〉则返回〈数 1〉的反正切值(弧度),返回角度范围为 $-\pi/2 \sim +\pi/2$。若提供了两个数,则返回〈数 1〉与〈数 2〉的商的反正切值,当〈数 2〉为零时,则返回角度值为 $\pm 1.570796(\pi/2)$,返回值的正负由〈数 1〉的正负决定
	(gcd〈整数 1〉 〈整数 2〉)	返回两个数的最大公约数,两数都必须是整型数
	(expt〈底数〉 〈幂〉)	返回〈底数〉的〈幂〉次方
	(exp〈数〉)	返回底数为 e 的〈数〉的次方,即 e^x
	(sqrt〈数〉)	返回〈数〉的平方根,返回值为实型数
	(log〈数〉)	返回〈数〉的自然对数
	(max〈数〉 〈数〉 …)	返回所有数中的最大值
	(min〈数〉 〈数〉 …)	返回所有数中的最小值
赋值函数	(set〈符号〉 〈表达式〉)	将表达式的值赋给符号并返回表达式的值,如(setq 'a 5),也可写为如下形式:(set (quote a) 5)
	(setq〈变量 1〉 〈表达式 1〉 〈变量 2〉 〈表达式 2〉 …)	这是 LISP 常用的赋值函数,依次将表达式的值赋给相应的变量,如(setq a 1.0 s "it" list '(1.0 2.0))
逻辑函数	(and〈表达式〉 …)	若所有表达式的值都为 T 则返回 T,否则返回 nil
	(or〈表达式〉 …)	若有一个表达式的值为 T 则返回 T,否则返回 nil
	(not〈项〉)	如果〈项〉的计算值为 nil 则返回 T,否则返回 nil

续表

类型	函　　数	函　数　功　能
求值函数	(distance〈点 1〉〈点 2〉)	返回两点之间的距离,点是两个实型数的表
	(polar〈点〉〈角度〉〈距离〉)	返回一个点,该点与〈点〉的距离和角度由后两个参数确定,角度为弧度。如(polar '(1.0　1.0) 1.570796　5.0)返回(1.0　6.0)
	(angle〈点 1〉〈点 2〉)	返回由〈点 1〉〈点 2〉确定的矢量与 X 轴的夹角(弧度)
	(eval〈表达式〉)	返回表达式的计算结果
	(progn〈表达式〉…)	按顺序计算每一表达式,并返回最后一个表达式的求值结果
转换函数	(fix〈数〉)	将〈数〉转换成整型数,〈数〉可以是整型数也可以是实型数,若是实型数则截断小数部分,如(fix 66.8)返回 66
	(float〈数〉)	将〈数〉转换为实型数
	(itoa〈整型数〉)	返回整型数转换为字符串的结果,如(itoa −33)返回"−33"
	(atoi〈数字串〉)	返回数字串转换为整型的结果,如(atoi "68")返回 68
	(atof〈数字串〉)	返回数字串转换为实型数的结果,如(atof "88.6")返回 88.6
	(ascii〈字符串〉)	返回字符串中的第一个字符的 ASCII 码的值,如(ascii "abc")返回 a 的 ASCII 码 97
	(chr〈数〉)	返回代表 ASCII 码的整型数转换为单一字符的字符串,如(chr 98)返回"b"
字符串函数	(strcat〈串 1〉〈串 2〉…)	将所有字符串连接起来构成一新字符串并返回该串
	(strcase〈字符串〉[〈特征值〉])	当〈特征值〉为 nil 或省略时,函数将字符串转换为大写字体返回,当〈特征值〉为 T 时,返回小写的字符串
	(strlen〈字符串〉)	该函数计算字符串长度,并返回该值
	(substr〈字符串〉〈起点〉[〈长度〉])	根据〈起点〉和〈长度〉截取〈字符串〉中的一个子字符串,若没提供〈长度〉则截取到原字符串尾
交互输入函数	(getangle[〈点〉][〈提示〉])	输入一个角度。任选项〈提示〉作为提示符回显。用户还可在屏幕上指定两点,系统计算两点确定的直线与 X 轴的夹角作为输入值,当可选项〈点〉给定后,该点作为输入的第一个点。以下的可选项〈点〉和〈提示〉的意义与此相同
	(getdist[〈点〉][〈提示〉])	等待用户输入一个距离值,并返回该值
	(getint[〈提示〉])	等待用户输入一个整型数,并返回该值
	(getpoint[〈点〉][〈提示〉])	等待用户输入一个点,并返回该点
	(getreal[〈提示〉])	等待用户输入一个实型数,并返回该值
	(getstring[〈cr〉][〈提示〉])	等待用户输入一个字符串,并返回该字符串,如果提供了〈cr〉并且不为 nil,则输入的字符串中可以含有空格
	(getcorner〈基点〉[〈提示〉])	等待用户输入矩形的第二个角点,并返回该点
	(getkword[〈提示〉])	等待用户输入一个关键字,关键字通过 initget 函数预先设置
	(initget[〈位值〉][〈关键字字符串〉])	控制紧随其后的 get 族函数的输入范围,它总是返回 nil。其使用方法见表后说明

续表

类型	函　　数	函 数 功 能
表处理函数	(list〈表达式〉…)	将所有表达式的值按原位置构成表返回
	(append〈表〉…)	将任意个表中的元素按原顺序串在一起构成表返回
	(cons〈表达式 1〉〈表达式 2〉)	把〈表达式 1〉加到〈表达式 2〉前构成一新表返回
	(last〈表〉)	返回〈表〉中顶层元素的最后一个元素
	(car〈表〉)	取〈表〉中的第一个元素作为返回值
	(cdr〈表〉)	除〈表〉中第一个元素外,剩余元素作为一个表并返回
	car 与 cdr 组合函数	car 与 cdr 可任意组合构成新的函数,但组合深度最多达四级。如 (cadr L)等效于(car (cdr L)),即取出表 L 中的第二个元素
	(nth〈n〉〈表〉)	返回〈表〉的顶层元素的第 n 个元素
	(reverse〈表〉)	返回将〈表〉的顶层元素颠倒顺序后的新表
	(length〈表〉)	返回〈表〉中以顶层元素计的元素个数
	(subst〈新项〉〈老项〉〈表〉)	在表的顶层元素中,用〈新项〉替换与〈老项〉的值相等的元素并返回替换后的新表
	(assoc〈关键字〉〈表〉)	返回〈表〉中包含〈关键字〉的一个子表或点对
循环函数	(repeat〈数〉〈表达式〉…)	重复计算表达式,计算次数由〈数〉来指定,〈数〉为正整数,函数返回最后一个表达式的计算结果
	(while〈测试式〉〈表达式〉…)	该函数循环计算〈表达式〉。首选计算〈测试式〉若其值不为 nil,则计算〈表达式〉,直到〈测试式〉的值为 nil 时结束,函数返回最后一次循环的最后一个表达式的值
	(mapcar〈函数〉〈表 1〉…〈表 n〉)	依次循环地把〈表 1〉…〈表 n〉中每个对应位置上的元素作为〈函数〉的参数,调用〈函数〉进行求值,并把每次循环的求值结果,即〈函数〉的返回值,按顺序构成一个表作为该函数的返回值
	(apply〈函数名〉〈实元表〉)	把〈表〉中元素作为〈函数〉的参数调用〈函数〉,返回求值结果。如(apply '+ '(1 2 3))返回6,等价于(+1 2 3)
条件函数	(if〈测试式〉〈式 1〉[〈式 2〉])	若〈测试式〉不是 nil,则计算〈式 1〉,否则计算〈式 2〉,并返回求值结果,如果〈式 2〉不存在,则返回 nil
	(cond (〈测试 1〉〈结果 1〉…)…)	该函数接受任意数目的表作为变元,按顺序计算第一表的第一项(即测试式),若不为 nil,则计算后面子表中的结果项,否则继续计算下一表的测试式,直到测试式的值为 nil 为止
自定义函数	(defun〈符号〉〈变元表〉〈表达式〉…)	〈符号〉是函数名,〈变元表〉是函数的变元列表,也可为空,表中可任选跟一个斜杠(/)和若干个局部变量名称,任意个〈表达式〉构成函数体,函数返回最后表达式的计算结果
关于 AutoCAD 的函数	(command〈变元〉…)	该函数在 LISP 函数内部执行 AutoCAD 命令,它总是返回 nil,其中〈变元〉代表 AutoCAD 命令和它们的子命令
	(osnap〈点〉〈方式串〉)	函数返回一个点,该点对点施加了由〈方式串〉所描述的目标捕捉方式而得的结果。〈方式串〉由一个或多个有效的目标捕捉标识符组成的字符串
	(setvar〈变量名〉〈值〉)	设置 AutoCAD 系统变量,变量名用双引号引起来
	(getvar〈变量名〉)	获取 AutoCAD 系统变量的值,变量名用双引号引起来,函数返回指定系统变量的当前值

续表

类型	函　　数	函　数　功　能
文件操作函数	(open〈文件名〉〈方式〉)	打开文件,以便 AutoLISP 的 I/O 函数对文件进行读写操作,函数返回文件描述符为 I/O 函数使用,因此必须使用赋值函数将返回值赋给一个变量。〈方式〉参数用于读写标志:"r"读操作、"w"写操作、"a"追加数据操作
	(close〈文件描述符〉)	关闭指定文件并返回 nil,其中〈文件描述符〉是从 open 函数中调用而来的
	(findfile〈文件名〉)	在 AutoCAD 的库路径范围或指定范围中搜索指定的文件,如果找到了则返回路径全名和文件名,否则返回 nil
输入输出函数	(print〈表达式〉[〈文件描述符〉])	若提供了〈文件描述符〉且它为写操作打开的文件,则函数将表达式的值写在指定的文件中,并且在写之前换行,写之后加空格。若没有提供〈文件描述符〉则输出到屏幕上
	(prin1〈表达式〉[〈文件描述符〉])	同上,区别是打印前不换行,打印后不加空格
	(princ〈表达式〉[〈文件描述符〉])	与 prin1 基本相同,区别是打印出〈表达式〉中的控制字符而不加扩展的意思
	(write-char〈ASCII 码〉[〈文件描述符〉])	将 ASCII 码表示的字符写到屏幕上或由〈文件描述符〉表示的打开的文件中
	(read-char[〈文件描述符〉])	从键盘输入缓冲器或〈文件描述符〉表示的打开的文件中读入一个单独的字符
	(write-line〈字符串〉[〈文件描述符〉])	将〈字符串〉写到屏幕上或写到文件中
	(read-line[〈文件描述符〉])	从键盘或从打开的文件中读入一个字符串
选择集操作函数	(ssget[〈方式〉][〈点列〉][〈过滤器〉])	创建一个选择集。关于该函数各参数的含义及函数的调用方法,请读者参阅有关书籍
	(ssadd[〈实体名〉][〈选择集〉])	向选择集中加入实体,返回加入新实体后的选择集
	(ssdel〈实体名〉〈选择集〉)	从选择集中删除实体
	(sslength〈选择集〉)	计算并返回选择集中实体的数目
	(ssname〈选择集〉〈整型数〉)	返回〈选择集〉中第〈整型数〉个实体(第一个实体记为 0)的名称
	(ssmemb〈实体名〉〈选择集〉)	测试某实体是否属于选择集

表中 initget 函数的调用方法说明如下。

(1) 任选项"位值"是一个位编码整型数,用于控制允许或禁止一定类型的用户输入。位值的取值及控制功能如表 14-3 所示。

表 14-3　位值的取值及其功能

〈位值〉	对应的功能
1	禁止用户按空格或回车键来响应输入要求
2	禁止用户输入 0 来响应输入要求
4	禁止用户输入负值来响应输入要求

〈位值〉	对应的功能
8	无论系统变量 LIMCHECK 为 0 还是 1,都允许用户在图表极限之外输入一点
16	目前还没有使用
32	输入响应时的橡皮筋或拉伸方框用虚线或其他加亮线显示,而不是实线显示
64	当使用 getdist 函数时,禁止使用 Z 坐标的输入,以保证返回的是 2D 距离
128	在保证任何其他控制位和所列关键字的情况下,允许任意的输入,只要它是一个关键字

由于"位值"是一个位编码数,因此它的值可以进行组合,例如〈位值〉为 7 时,表示输入响应为非空非零非负。如果没有提供"位值"参数,则假定它是零,即无控制条件。

(2) 任选项"关键字字符串"定义一个关键字表,在随后的用户输入函数中,如果用户输入的字符串与"关键字字符串"表中所包含的某一关键字相匹配,则函数与字符串形式返回该关键字,否则 AutoCAD 会请求用户重新输入。关键字字符串必须以"关键字 1　关键字 2　关键字 3　…,缩写"的形式给出,关键字之间用一个或多个空格分隔,关键字与缩写字之间用逗号分开,输入关键字时也可输入简写字,但简写字部分必须大写。例如:(initget 1 "Yes No")——非空响应输入,可响应字符(串)为 yes、no、y 和 n。又如:"LTYPE,LT"和 "LType"是等价的,输入 LTYPE、LTYP、LTY 或 LT 都可以。

14.3.2　AutoLISP 函数定义

AutoLISP 不仅提供了自定义函数的功能,而且可以利用自定义函数增加 AutoCAD 的新命令或修改已有的命令。AutoCAD 提供的这一功能为用户开发 AutoCAD 带来了极大的方便。

用 defun 函数定义一个函数时,只要遵守一定的规则,所定义的函数就能像 AutoCAD 命令一样使用。定义规则如下:

(1) 函数名称的形式必须为"c:×××",其中×××部分是函数名,该名称将作为新命令的命令名,因此它不能与 AutoCAD 的内部命令或外部命令重复。函数名的前面必须加 "c:"。

(2) 函数的参数表不能带形式参数,即只能有局部变量或为空表。

下面定义一个函数,用 PLINE 命令绘制一个矩形,并将该函数作为新的命令:

```
(defun c: prect( )
  (setq pt1 (getpoint "\n输入矩形的一个角点: "))
  (setq pt3 (getpoint "\n输入矩形的另一个角点: "))
  (initget 7)
  (setq linewidth (getreal "\n输入线宽: "))
  (setq pt2 (list (car pt3) (cadr pt1)))
  (setq pt4 (list (car pt1) (cadr pt3)))
  (command "pline" pt1 "w" linewidth linewidth pt2 pt3 pt4 "c")
);END defun
```

当该函数加载到内存后,在命令行输入函数名就可像 AutoCAD 的内部命令一样运行。

以上函数的执行过程如下：

　　命令：prect
　　输入矩形的一个角点：10,10
　　输入矩形的另一个角点：287,200
　　输入线宽：0.6
　　输入结束后，AutoCAD 以点 (10,10) 和 (287,200) 为对角画出一线宽为 0.6 的矩形。

14.3.3　AutoLISP 递归定义

　　所谓递归就是指在函数定义中又包含对自身的调用。利用递归方法定义函数简洁、明了，且格式优美，可读性好，不足之处是执行速度稍慢。下面举例说明递归方法定义函数。

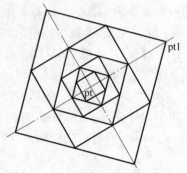

　　【**例 14-1**】　用递归定义一个函数绘制图 14-1 的图形。

　　解：函数如下：

图 14-1　递归定义函数示意图

```
(defun c: hpl()
  (setq pt (getpoint "\n 输入图形的中心点："))
  (setq pt1 (getpoint pt "\n 输入第一个正方形的起始角
点："))
  (initget 7)
  (setq num (getint "\n 输入画正方形的个数："))
  (setq d (distance pt pt1))
  (setq a (angle pt pt1))
  (setq dmin (/d (expt 2 (/(1-num) 2))))
  (defun box (d a)
    (draw d a)
    (cond ((>d dmin)
      (box (/d 1.4142) (+a (/pi 4.0))))
    );End cond
  );End defun box
  (defun draw (d a)
    (command "pline" (polar pt a d)
                     "w" 0.6 0.6
                     (polar pt (+a (/pi 2.0)) d)
                     (polar pt (+a pi ) d)
                     (polar pt (-a (/pi 2.0)) d)
                     "c"
    );End Command
  );End draw
  (box d a)
);end
```

　　【**例 14-2**】　下面的函数是通过递归定义可反复修改参数，直到修改正确为止。

　　解：函数如下：

```
(defun updata()
  (prompt "\n已输入的参数：a,b,c,d")
  (initget 1 "a b c d")
  (setq e (getkword "\n选择要修改的参数："))
  (setq e1 (getreal "\n新的值为："))
  (setq e e1)
  (initget "Y N")
  (setq char (strcase(getkword "\n还要修改参数吗?<y/n>：")))
  (if (=char "Y") (uparg))
) ;end
```

用 defun 定义函数用到了两种类型的变量，即局部约束变量和全局变量。对于一个函数定义而言，局部约束变量是指紧跟在函数名后的参数表中出现的所有变量，即斜杠"/"前后的变量都是局部变量。斜杠前列出的变量称为形参，在函数调用时要用实参代替，将实参的值传递给形参；斜杠后列出的变量称为局部变量。斜杠前后的变量的作用域都仅在该函数体内，当程序执行完函数并跳出函数体外时，所有局部变量（斜杠前后的所有变量）的值都被清除，变量也不复存在，因此它们不能作为函数的返回值。这一点与其他高级语言有所不同。如果函数中某一变量的值需要返回，则该变量必须定义为全局变量。

全局变量也称为自由变量，对于一个函数而言，出现在函数体中除局部约束变量以外的变量都称为全局变量，其作用域为整个程序。

14.3.4　函数加载和运行

AutoLISP 程序是后缀为.lsp 的 ASCII 码文本文件，所以在 AutoCAD 外部使用任何一种文本编辑器或字处理软件都可以编写 AutoLISP 源程序。

简单的 AutoLISP 函数可以直接在命令行中执行，例如：

命令：(setq c (sqrt (+ (＊3 3) (＊4 4))))
命令：5.0 (函数的返回值)

除了简单的 AutoLISP 函数可直接在命令行执行之外，在使用 AutoLISP 应用程序之前必须加载这个应用程序，即把程序代码从 LISP 文件加载到内存中。AutoLISP 的 load 函数可用来加载应用程序。

选择下拉菜单"工具"→"加载应用程序"或"工具"→"AutoLISP"→"加载"，也可在命令行输入命令 APPLOAD，打开"加载/卸载应用程序"对话框，如图 14-2 所示。输入文件名或选中文件后，单击"加载"按钮加载文件。

用 load 函数加载应用程序，需要在命令行中输入 AutoLISP 代码，格式如下：

(load (文件名) [(参数)])

(文件名)是表示 AutoLISP 程序名的字符串，文件的后缀.lsp 可以省略。如果加载一个没有保存在当前库文件路径下的文件，则在(文件名)中必须包含文件路径，并用一个斜杠"/"或两个反斜杠"\\"作为路径分隔符。例如：

命令：(load "c: \\acad 2000\\applisp\\hpl")

图 14-2　"加载/卸载应用程序"对话框

命令：(load "c: /acad 2000/applisp/hpl")

可选(参数)项可以是一个有效的 AutoLISP 函数，一般都不常使用该参数项。

如果一个 AutoLISP 程序中没有用户自定义函数，当用 load 函数加载该文件成功时，系统将自动执行程序，并返回最后一个表达式的求值结果。如果加载失败，则返回 AutoLISP 错误信息。

如果一个 AutoLISP 程序中有一个或多个用户自定义函数，当用 load 函数加载文件时，系统把所有的用户函数装入内存，并返回最后一个自定义函数名。

如果用户在所定义的函数名前冠以符号"c："，加载后，在命令行直接输入函数名，就可运行该函数。如果在函数名前没有冠以符号"c："，加载后，要运行该函数，在输入函数名时就必须用括号将函数名括起来。

AutoCAD 可以自动加载三个由用户定义的文件：acad.lsp、acaddoc.lsp 和当前菜单文件相关的 MNL 文件。acad.lsp 和 acaddoc.lsp 是用户自己创建并维护的文件，系统按照库文件路径寻找 acad.lsp 文件并加载，按照当前库文件路径寻找 acaddoc.lsp 文件并加载。

如果系统变量 acadlspasdoc 设置为 0(默认设置)，则 acad.lsp 仅在启动 AutoCAD 时自动加载，所有在 acad.lsp 文件定义的函数和变量只在所打开第一个图形文件中有效。将系统变量 acadlspasdoc 设置为 1，则 acad.lsp 在每次打开图形文件时(绘制新图或编辑已有图形)都要自动加载，此时所有在 acad.lsp 文件定义的函数和变量在每一个图形文件中都有效。

如果编制的 acad.lsp 文件代码如下：

```
(load "mysetup")        ;自定义 AutoCAD 系统变量,构建工作环境
(load "mydimset")       ;设置控制尺寸标注的系统变量
(load "mycommand")      ;加载用户新增的 AutoCAD 命令
```

那么每次启动 AutoCAD 时，都加载上述三个文件。

acaddoc.lsp 被用来对每个图形文件进行初始化，即与系统变量 acadlspasdoc 无关，每当

创建一个新的图形文件或打开一个已有图形文件时,系统都自动加载该文件。

14.4　Visual LISP 集成开发环境

由于 Visual LISP 是基于 AutoCAD 的,它不能单独存在,因此启动 Visual LISP 之前必须先启动 AutoCAD。在 AutoCAD 中启动 Visual LISP 的方法有两种:

（1）选择菜单"工具"→"AUTOLISP"→"Visual LISP 编辑器";

（2）在 AutoCAD 命令行输入 VLISP 或 Vlide 命令。

Vlide 是 Visual LISP IDE 的缩写,表示 Visual LISP 集成开发环境(IDE)。

启动 Visual LISP 后,其主窗口如图 14-3 所示。

图 14-3　Visual LISP 集成开发环境主窗口

14.4.1　Visual LISP 工作界面

Visual LISP 主窗口由以下几部分组成。

1. 菜单栏

菜单栏有 9 个下拉菜单项,现简要介绍各下拉菜单的结构及菜单项的功能。

值得注意的是,随着系统工作状态的不同,下拉菜单的内容也会作相应的变化。

（1）"文件"菜单结构如图 14-4 所示,各菜单项功能见表 14-4。

（2）"编辑"菜单结构如图 14-5 所示,各菜单项功能见表 14-5。

（3）"搜索"菜单结构如图 14-6 所示,各菜单项功能见表 14-6。

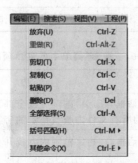

图 14-4　"文件"菜单　　　图 14-5　"编辑"菜单　　　图 14-6　"搜索"菜单

表 14-4　"文件"菜单中各菜单项的功能

菜单项	功　　能
新建文件	打开一个新窗口，编辑 LISP、C/C++、SQL、DCL 等程序的新文件
打开文件	调用"打开文件编辑/查看"对话框，打开用户指定的 LISP、C/C++、SQL、DCL 源程序文件
重新打开	编辑器自动记录曾经打开过的所有文件，用户可在记录中查询并重新打开这些文件
保存	保存当前窗口中的文件
另存为	打开"另存为"对话框，将文件更名或按原名保存
全部保存	保存所有编辑窗口中的文件
关闭	关闭当前编辑窗口
还原	重新打开当前编辑窗口中的文件，放弃对它的编辑或修改
全部关闭	关闭除控制台以外的所有窗口
打印	打印当前窗口的文档
打印设置	打开"打印设置"对话框，设置打印机参数和纸张大小
生成应用程序	利用编译向导，创建一个 ARX 或 VLX 应用程序
加载文件	调用"加载 LISP 文件"对话框，加载指定的应用程序
退出	退出 Visual LISP 集成开发环境

表 14-5　"编辑"菜单中各菜单项的功能

菜单项	功　　能
放弃	放弃上一次操作
重做	撤消"放弃"操作
剪切	剪切选中的内容到剪贴板
复制	复制选中的内容到剪贴板
粘贴	将粘贴板中的内容插入到当前光标位置
删除	删除当前选中的内容
全部选择	全选当前窗口中的内容
括号匹配	检查程序中开括号、闭括号的匹配关系是否正确
其他命令	集成了许多编辑工具，如块操作、附加注释、插入日期时间等

表 14-6　"搜索"菜单中各菜单项的功能

菜单项	功　　能
查找	打开"查找"对话框，在选中的部分或全部当前文件中、指定工程文件或指定路径下、指定类型的所有文件内查找指定的字符串
替换	打开"查找"对话框，在指定范围内查找并替换指定的字符串
查找/替换下一个	查找或替换下一个相匹配的字符串

续表

菜 单 项	功　　能
按历史匹配	通过匹配当前窗口中的符号来完成词语
按系统匹配	通过匹配可用 AutoLISP 符号集来完成词语，与 VB 中的关键字类似
书签	添加、删除书签，并在书签之间跳转，实现在程序中的快速浏览和查询
第一条信息	跳转到输出窗口中的第一条着色信息
下一条信息	跳转到输出窗口中的下一条着色信息
转至行	打开"转至行"对话框，输入程序行号，按"确定"后光标移动到所指程序行
转至上一编辑位置	将光标移动到当前窗口最后进行编辑修改的位置

（4）"视图"菜单结构如图 14-7 所示，各菜单项功能见表 14-7。

（5）"工程"菜单结构如图 14-8 所示，各菜单项功能见表 14-8。

（6）"调试"菜单结构如图 14-9 所示，该下拉菜单集成了功能强大的调试程序的工具，各菜单项的功能将在 14.5.2 节调试 Visual LISP 程序中介绍。

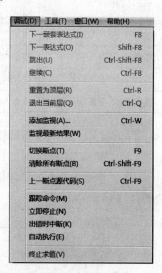

图 14-7　"视图"菜单　　　　　图 14-8　"工程"菜单　　　　　图 14-9　"调试"菜单

表 14-7　"视图"菜单中各菜单项的功能

菜 单 项	功　　能
检验	打开"检查"窗口，浏览、检查和修改 AutoCAD 和 AutoLISP 对象
跟踪堆栈	打开"堆栈跟踪"窗口，显示程序运行期间函数调用的历史记录
错误跟踪	为当前调试程序的最后一个堆栈错误打开一个检查窗口
符号服务	打开"符号服务"对话框，查询指定符号的当前值和标志等属性
监视窗口	打开"监视"窗口，监视当前选中对象的运行结果
自动匹配窗口	为指定符号打开"自动匹配结果"窗口，显示包含指定字符的所有字符集

续表

菜 单 项	功　　能
断点窗口	调用"断点"对话框,列出编辑器中程序的所有断点,并可对断点进行编辑、显示、删除等操作
输出窗口	显示最近的 Output 窗口
LISP 控制台	将控制台窗口设置为当前窗口
浏览图形数据库	可以浏览所有图元、表、块、选择集的详细情况,可查询外部数据
工具栏	调用"工具栏"对话框,设置浮动工具栏的显示状态

表 14-8　"工程"菜单中各菜单项的功能

菜 单 项	功　　能
新建工程	打开"新建工程"对话框,创建一个用户指定名称的工程
打开工程	打开"输入工程名称"对话框,打开指定的工程
关闭工程	关闭当前打开的工程
工程特性	打开"工程特性"对话框,浏览和设置当前工程的属性,如编译模式、文件合并模式、连接模式、成员文件等
加载工程 FAS 文件	加载当前工程的 FAS 文件
加载工程源文件	加载当前工程的 LISP 源程序文件
编译工程 FAS	将当前工程编译为一个 FAS 文件
重新编译工程 FAS	重新编译当前工程,生成一个 FAS 文件

(7)"工具"菜单结构如图 14-10 所示,各菜单项功能见表 14-9。

(8)"窗口"菜单结构如图 14-11 所示,各菜单项功能见表 14-10。

(9)"帮助"提供在线帮助和版本信息。

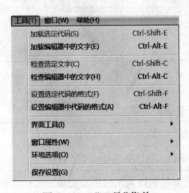

图 14-10　"工具"菜单

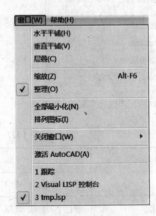

图 14-11　"窗口"菜单

表 14-9　"工具"菜单中各菜单项的功能

菜 单 项	功　　能
加载选定代码	加载并计算当前选定的程序代码段
加载编辑器中的文字	加载并计算活动编辑器窗口中的程序代码

续表

菜 单 项	功　　能
检查选定文字	检查编辑窗口中选定代码的语法,并将检查报告显示在"编译输出"窗体中
检查编辑器中的文字	检查活动窗口中程序代码的语法,并将检查报告显示在"编译输出"窗体中
设置选定代码的格式	设置当前选定代码的格式
设置编辑器中代码的格式	设置活动编辑器窗口中全部代码的格式
界面工具	图形用户界面开发工具,调试编辑窗口中 DCL 文件,预览定义的对话框
窗口属性	自定义窗口属性,如字体、颜色等
环境选项	设置 Visual LISP 开发环境,如编辑器设置、程序格式和打印页面设置
保存设置	保存设置值

表 14-10　"窗口"菜单中各菜单项的功能

菜 单 项	功　　能
水平平铺	水平并列所有打开的窗口
垂直平铺	竖直并列所有打开的窗口
层叠	层叠所有打开的窗口
缩放	最大化当前窗口
整理	整理 Visual LISP 当前窗口
全部最小化	图标化所有窗口
排列图标	重新排列所有图标,从集成化开发环境的左下角开始依次排列
关闭窗口	关闭所有窗口或用户指定的窗口
激活 AutoCAD	切换到 AutoCAD 图形窗口
跟踪	切换到跟踪窗口
Visual LISP 控制台	切换到 Visual LISP 控制台窗口

2. 浮动工具栏

　　浮动工具栏中包含了大多数使用比较频繁的命令,这些命令一般在下拉菜单中也可找到,用户可以将浮动工具栏拖动到窗口的任何位置,也可将其关闭。在菜单"视图"→"工具栏"中可以设置浮动工具栏的显示状态。Visual LISP 有 5 个浮动工具栏,如图 14-12 所示,将光标放在工具栏图标上,系统将显示简短的命令提示。

图 14-12　浮动工具栏

3. Visual LISP 控制台窗口

　　控制台窗口是 Visual LISP 主窗口中一个独立的可滚动窗口,在该窗口中可以运行

LISP 程序、输入 LISP 命令和方式，并得到相应的返回值或信息，与 AutoCAD 命令窗口类似，但两者在使用方法上不完全一致。控制台窗口主要完成以下功能：

（1）输入 AutoLISP 表达式，实现阅读、求值及显示结果；

（2）输入 AutoLISP 表达式时，按 Ctrl＋Enter 键可将表达式分多行输入；

（3）同时对多个表达式求值；

（4）在控制台和编辑窗口之间复制和传递文本，绝大多数文本编辑命令在该窗口中同样适用；

（5）利用 Tab 键可以回溯到以前输入的命令，按 Shift＋Tab 键可以反向回溯命令；

（6）按 Esc 键清除提示符_ $后的文字；

（7）按 Shift＋Esc 键将不对控制台提示符后输入的文字进行求值，也不将其清除，而接着显示新的控制台提示符；

（8）在控制台窗口的任何地方右击鼠标或按 Shift＋F10 键，弹出快捷菜单，用户可选择菜单上的命令完成相应的操作。

4. 编辑窗口

用户可以在编辑窗口中创建、打开、编辑、保存和打印任意数目的 LISP、DCL、SQL、C/C＋＋等源程序。

5. 跟踪窗口

默认状态下，跟踪窗口都是最小化的。在启动时该窗口会包含 Visual LISP 当前版本的信息，如果 Visual LISP 在启动时遇到错误，它还会包含相应的错误信息。

6. 状态行

状态行位于窗口底部，并随时刷新，显示当前下拉菜单或浮动工具栏的简短提示。

14.4.2 集成开发环境的应用

以 14.3.2 节中用 PLINE 命令画矩形的程序为例，说明 Visual LISP 集成开发环境（IDE）的应用。具体操作步骤如下：

（1）启动 AutoCAD，开始一个新图。

（2）启动 Visual LISP，进入 Visual LISP 主窗口。

（3）通过以下三种方式打开文本编辑器窗口，创建一个新的 LISP 文件：

① 单击 Visual LISP 下拉菜单"文件"→"新建文件"；

② 使用快捷键 Ctrl＋N；

③ 使用工具栏按钮，如图 14-13 所示。

（4）在文本编辑器窗口中输入、编辑 PRECT.LSP 程序，如图 14-14 所示。

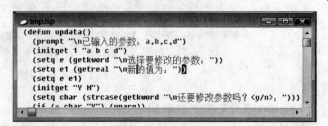

图 14-13　新建文件工具栏　　　　　　图 14-14　编辑窗口

（5）保存 PRECT.LSP 文件。可用三种方式打开如图 14-15 所示的"另存为"对话框保存文件：

① 单击 Visual LISP 下拉菜单项"文件"→"保存"；

② 使用快捷键 Ctrl+S；

③ 使用工具栏按钮。

图 14-15　"另存为"对话框

（6）加载 PRECT.LSP 程序。将文本编辑器 PRECT.LSP 窗口设置为当前窗口，通过三种方式可加载程序：

① 单击 Visual LISP 下拉菜单"工具"→"加载编辑器中的文字"；

② 使用快捷菜单 Ctrl+Alt+E；

③ 使用工具栏按钮，如图 14-16 所示。

完成加载后，系统自动弹出控制台窗口。若程序有错误，则将错误信息显示在控制台窗口中。

图 14-16　加载程序工具栏

（7）检查程序运行结果。

在控制台窗口提示符下输入"（c：prect）"并回车，由于该函数调用了交互输入函数，因此，在执行此函数时，系统自动切换到 AutoCAD 窗口，完成交互输入并绘制出矩形后，系统又自动切换回 Visual LISP 的控制台窗口。如果没有交互输入函数，则所有工作都在控制台窗口中进行，即使在函数执行过程中，使用了 command 函数调用 AutoCAD 命令绘图，也是在后台完成的。

该函数采用的是增加了 AutoCAD 命令的方式来定义的，因此，同一般的 AutoCAD 命令一样在命令窗口输入 prect 便可执行。但是，如果函数不是采用增加 AutoCAD 命令的方式来定义的，即在所定义的函数名前没有加字符"c："，则在 AutoCAD 命令窗口中执行函数时，必须用括号将函数名括起来，其形式为：command：（prect）✓。在控制台窗口运行程序时，"c："与 prect 作为完整的函数名，因此在提示符_ $ 后应输入"（c：prect）"才能运行程序。

14.5　Visual LISP 编辑和调试

14.5.1　编辑 Visual LISP 程序

Visual LISP 集成开发环境中的文本编辑器是一个专业的 AutoLISP 程序编辑器,其主要功能有:文件代码的彩色显示、文本格式化、括号匹配、多文件搜索、AutoLISP 代码句法检查。下面介绍编辑器的常用功能。

1. 创建新文件或打开现存文件

创建新文件的方法已在 14.3.2 节中讲述。打开现存文件的方法与创建新文件的方法类似,也有三种操作方法:下拉菜单"文件"→"打开文件",快捷键 Ctrl＋O 或单击"标准"工具栏上的"打开文件"按钮,三种方法都将打开"打开文件编辑/查看"对话框,在对话框中选择要打开的文件,双击该文件,完成打开文件的操作。

用户可以打开多个文件,每打开一个文件,VLISP 把该文件显示在一个新的文本编辑器窗口中,并把文件名显示在此窗口上端的状态栏中。

2. 格式化文本

在输入文本时,编辑器自动地把文本代码格式化,使书写的代码更规范,可读性更好。用户也可以用手动方式缩进所输入的文本行,用户还可以把编辑器窗口中的全部文本或所选中的文本重新格式化。格式化输入文本的步骤如下:

(1) 格式化全部文本。选择下拉菜单"工具"→"设置编辑器代码的格式",或单击"工具"工具栏中点的"设置编辑器代码的格式"按钮,格式化当前窗口中的全部文本。

(2) 格式化部分文本。首先在编辑器窗口中选取要格式化的那部分文本,然后选择菜单"工具"→"设置选定代码格式",或单击"工具"工具栏中的"设置选定代码格式"按钮。在选择的文本中必须包含有效的 AutoLISP 表达式,否则会提示错误信息。

编辑器允许自定义格式化文本的格式,单击下拉菜单"工具"→"环境选项"→"Visual LISP 格式选项",打开"格式选项"对话框,修改参数设置个性化的文本格式。

3. 设置编辑器窗口属性

在编辑器中,系统自动识别用户输入,判断输入是否是 AutoLISP 内部函数、数字、字符串或其他语言元素,并以相应颜色显示加以区别。编辑器允许重新定义显示颜色,单击下拉菜单"工具"→"窗口属性"→"配置当前窗口",打开"窗口属性"对话框,便可重新设置显示颜色。

编辑器除可以编辑 LISP 源程序外,还可以编辑 DCL、SQL、C/C++ 等源程序。如果编辑器识别被编辑的程序是以上类型,编辑器就调用相应语言类型的保留字集合,否则不进行保留字识别。当用户新创建一个文件时,编辑器默认该文件为 AutoLISP 文件,如果编辑的是其他类型的文件,编辑器允许用户借助下拉菜单"工具"→"窗口属性"→"按语法着色",打开"颜色样式"对话框,为文件指定类型。

4. 检查程序语法

Visual LISP 编辑器可以完成 AutoLISP 程序语法、结构错误检查及 AutoLISP 内部函数调用时变量正确性检查。实际上,编辑器格式化程序时就首先进行程序语法检查。用户

也可对编辑器窗口中的全部程序或选中的程序段重复进行语法检查,操作步骤是:

（1）检查编辑器窗口中的全部程序。选择下拉菜单"工具"→"检查编辑器中的文字",或单击"工具"工具栏中点的"检查编辑窗口"按钮,检查当前窗口中的全部程序。

（2）检查程序段。选择下拉菜单"工具"→"检查选定文字",或单击"工具"工具栏中的"检查选定代码"按钮,检查当前窗口中选中的程序段。

当进行程序检查时,系统自动弹出"编译输出"窗口,将检查结果显示在该窗口内。如果程序有错误,则双击编译输出窗口内显示的错误信息,可以在源程序中定位错误,错误行会高亮度显示。

14.5.2   调试 Visual LISP 程序

在开发任何程序时,调试工作都是最消耗精力和时间的阶段。为此,Visual LISP 嵌入了一个功能强大的专业调试工具。在此以绘制键槽剖面图的程序为例说明程序的调试过程。

1. 设置断点与单步执行程序

设置断点的目的就是程序执行过程中,在指定位置无条件中断。设置断点的方法是首先将光标置于要设置断点的某个表（包括嵌套的子表）的表头或表尾,然后单击菜单"调试"→"切换断点",完成一个断点的设置,同时系统自动在断点处作标记（标记默认颜色是红色）,如图 14-17 所示,断点设置在（setq pt3…）的行首。根据需要可以在程序中设置若干断点。如果设置断点时,光标是在表的内部,则 VLISP 将移动光标到最近的表头或表尾,并用一个对话框询问用户是否在光标处设置断点。

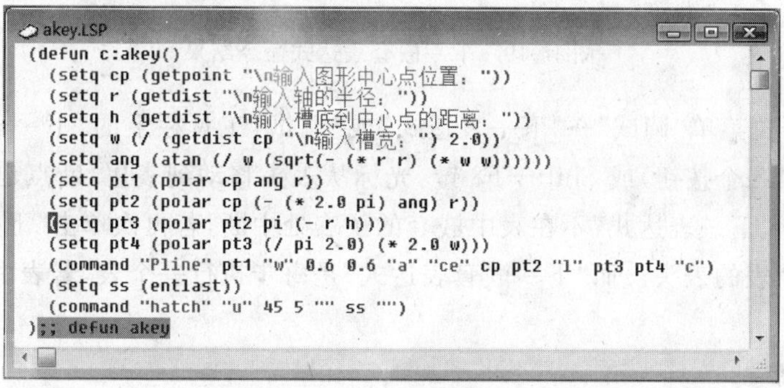

图 14-17   断点设置

还可用功能键 F9、"调试"工具栏中的"切换断点"按钮设置断点,也可在编辑器窗口中右击,在弹出的快捷菜单中选择"切换断点"项设置断点。

单击菜单"调试"→"清除所有断点"便可将程序中全部断点删除。如果只删除某一断点,则将光标移动到该断点处后按 F9 键即可。

设置完断点后重新加载并运行该程序,程序执行到断点处便中断运行,并将断点处的表变成醒目显示,如图 14-18 所示。此时光标停留在断点表头处。

程序被中断后便可单步执行程序,以完成调试工作。单步执行的操作步骤如下:

（1）单击下拉菜单"调试"→"下一嵌套表达式"或"调试"工具栏上的"下一嵌套表达式"按钮（调试工具栏中的第一个按钮）或功能键 F8,程序从表头向下执行一步到其子表（polar

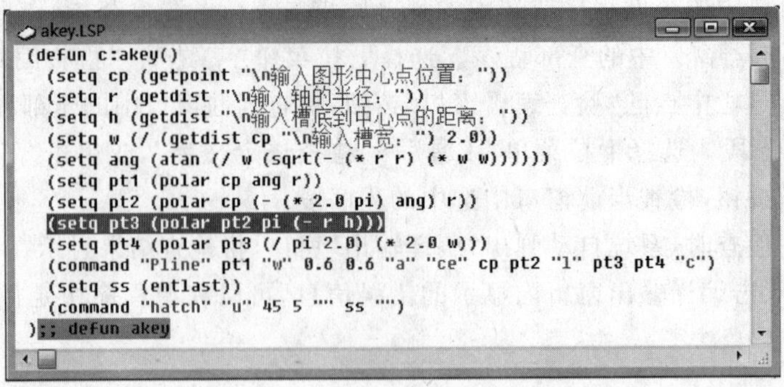

```
akey.LSP
(defun c:akey()
  (setq cp (getpoint "\n输入图形中心点位置："))
  (setq r (getdist "\n输入轴的半径："))
  (setq h (getdist "\n输入槽底到中心点的距离："))
  (setq w (/ (getdist cp "\n输入槽宽：") 2.0))
  (setq ang (atan (/ w (sqrt(- (* r r) (* w w))))))
  (setq pt1 (polar cp ang r))
  (setq pt2 (polar cp (- (* 2.0 pi) ang) r))
  (setq pt3 (polar pt2 pi (- r h)))
  (setq pt4 (polar pt3 (/ pi 2.0) (* 2.0 w)))
  (command "Pline" pt1 "w" 0.6 0.6 "a" "ce" cp pt2 "l" pt3 pt4 "c")
  (setq ss (entlast))
  (command "hatch" "u" 45 5 "" ss "")
);; defun akey
```

图 14-18　编辑器中的中断程序

pt2（pi（-r h））的表头，此时该子表变成醒目显示，如图 14-19 所示。再次单击"下一嵌套表达式"按钮，光标移动到表（-r h）的表头，又一次单击"下一嵌套表达式"按钮，光标移动到表（-r h）的表尾。反复单击"下一嵌套表达式"按钮，直到光标移动到表（setq pt3（polar pt2 pi（-r h）））的表尾。若此时再单击"下一嵌套表达式"按钮，则下一个表（setq pt4（polar pt3（/pi 2.0）（＊2.0 w）））成为醒目显示，断点位于该表的表头。

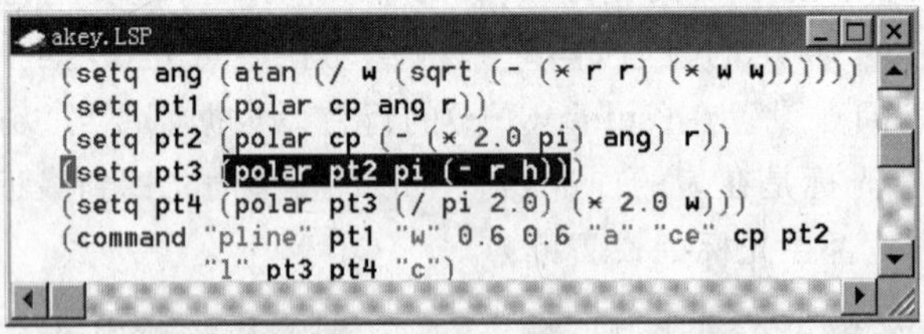

```
akey.LSP
(setq ang (atan (/ w (sqrt (- (* r r) (* w w))))))
(setq pt1 (polar cp ang r))
(setq pt2 (polar cp (- (* 2.0 pi) ang) r))
(setq pt3 (polar pt2 pi (- r h)))
(setq pt4 (polar pt3 (/ pi 2.0) (* 2.0 w)))
(command "pline" pt1 "w" 0.6 0.6 "a" "ce" cp pt2
                 "l" pt3 pt4 "c")
```

图 14-19　下一嵌套表达式命令结果

（2）单击下拉菜单"调试"→"下一表达式"或"调试"工具栏上的"下一表达式"按钮（调试工具栏中的第二个按钮）或 Shift＋F8 键，光标从表头移动到表尾，断点也就在表尾，同时对当前表求值。"下一表达式"不在表中嵌套的子表处中断，若再次单击"下一表达式"按钮，中断跳到下一个表的表头。而"下一嵌套表达式"是每步执行一个表，若表中有子表，则在子表处也要中断。

2. 变量跟踪

变量跟踪是一种有效的调试方法，它可实时监测程序中变量的值的变化，便于找出导致程序出错的原因。

单击下拉菜单"视图"→"监视窗口"或"视图"工具栏最后一个按钮"监视窗口"，打开变量监测窗口，如图 14-20 所示。用户可在窗口中列出需要监测的变量或表，在程序执行过程中，所列变量或表的当前值将显示在监测窗口中。系统变量 ＊LAST-VALUE＊ 保存 Visual LISP 对最后一个表的求值结果。

向监测表添加变量或表的方法是单击"监视"窗口中的第一个图标按钮"添加监视"，打开"添加监视"对话框，在对话框内输入变量名或表，确认后就向"监视"窗口添加了监测对象。

图 14-20　变量监测窗口

还可使用以下方法添加监测变量：在编辑窗口选择需要监测的对象（使之高亮度显示），然后右击鼠标，在弹出菜单中选取"添加监视"项，所选取的对象便自动出现在"监视"对话框中，还可使用下拉菜单"调试"→"添加监视"添加监测对象。

单击"监视"窗口中的第二个图标按钮"清除窗口"，可删除"监视"窗口中的所有监测对象。如果只需删除某一个监测对象，则先在窗口内选择该对象，然后右击鼠标，在弹出菜单中选取"从监视窗口中删除"项便将该对象删除。

3. 恢复程序的执行

程序中断后，可使用"下一嵌套表达式"和"下一表达式"两种单步执行方式恢复程序的执行。另外还有如下几种方式也可恢复程序的执行。

1）跳出

单击下拉菜单"调试"→"跳出"或工具栏中的"跳出"按钮，则程序从当前中断处执行到函数的末尾处后，再中断执行。

2）继续

单击下拉菜单"调试"→"继续"或"调试"工具栏上的第 4 个按钮"继续"，也可使用快捷键 Ctrl＋F8，程序从断点处恢复执行，直到下一个断点或程序结束。

3）退出当前层

单击下拉菜单"调试"→"退出当前层"或"调试"工具栏上的第 5 个按钮"退出"，也可使用快捷键 Ctrl＋Q，程序在当前中断处被强制结束，不再往下执行，系统从编辑器窗口返回到控制台窗口。

4）重置为顶层

单击下拉菜单"调试"→"重置为顶层"或"调试"工具栏上的第 5 个按钮"重置"，也可使用快捷键 Ctrl＋R，结束当前所有有效的中断，返回到控制台。

4. 常用的几个调试工具

1）"符号服务"对话框

用户通过该对话框可以查询指定符号的当前值和标志等属性。首先，在编辑窗口中双击要查询的符号，使之高亮度显示。然后，右击鼠标，在弹出菜单中选取"符号服务"项，打开该对话框，如图 14-21所示，所查询符号 PT3 的当前值和标志显示在对话框中。也可用下拉菜单"视图"→"符号服务"，打开该对话框，或从"视图"工具栏中的图标按钮打开该对话框。

符号服务对话框中从左到右图标按钮的功能依次如下。

①"监视"：弹出监视窗口，监视当前选中对象的运行结果；

②"检验"：弹出检查窗口，检查选中对象的名称及当前内部运行值；

图 14-21　"符号服务"对话框

③"显示定义"：如果选中的对象是用户自定义函数，则在编辑窗口打开该函数的源文件，并高亮显示该函数；

④"帮助"：如果选中的符号是 AutoLISP 内部函数，则打开 Visual LISP 帮助文件，显

示相关函数的帮助信息。

2）"跟踪堆栈"窗口

该窗口是 Visual LISP 专用调试工具，它给出程序运行期间函数调用的历史记录。该记录遵循后进先出的规则。

用户可以用三种方法调用跟踪堆栈窗口：下拉菜单"视图"→"跟踪堆栈"、对应的"视图"工具栏中的第 5 个按钮"跟踪"或快捷键 Ctrl＋Shift＋T。

以 14.2.3 节中用递归定义方法绘制如图 14-1 的图形为例，运行程序至中断处，调用"跟踪堆栈"窗口如图 14-22 所示。该窗口的图标菜单项的功能如下。

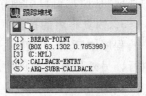

图 14-22　"跟踪堆栈"窗口

① "刷新"：跟踪堆栈窗口中的内容不会随程序的运行自动刷新，而必须使用该按钮刷新跟踪堆栈窗口中的内容。

② "复制到跟踪/日志"：将窗口中的内容复制到跟踪窗口或打开的日志文件。

选中跟踪堆栈窗口中列表的某项，再右击鼠标，在弹出菜单中选择"局部变量"选项（如图 14-23 所示），则可以调用"边框绑定"窗口显示相应函数调用的局部变量值，如图 14-24 所示。

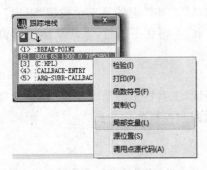

图 14-23　弹出菜单

图 14-24　"边框绑定"窗口

3）"检验"窗口

检验窗口是 Visual LISP 提供的方便适用、功能强大的调试工具，它可以浏览、检查及修改 AutoCAD 和 AutoLISP 对象。与前面介绍的几种调试工具不同，Visual LISP 允许同时打开多个检验窗口来浏览不同的对象，即浏览 AutoLISP 中的所有对象，如表、常量、字符串、变量等，浏览 AutoCAD 图形实体，浏览 AutoCAD 选择集，浏览复杂数据结构。

在程序运行中断时，如果要查询 box 函数（14.2.3 节例 1 的程序），则在编辑器窗口中，双击函数 box，使之高亮度显示，然后右击鼠标，在弹出菜单中选择"检验"选项，系统显示出"检验"窗口，如图 14-25(a) 所示。图 14-25(b) 是用户输入的图形中心点 pt 的各元素的值，实际上就是点 pt 的 x、y 和 z 坐标值。

打开检验窗口还可用另外的方法，如下拉菜单"视图"→"检验"，与之对应的工具栏按钮，以及快捷键 Ctrl＋Shift＋I。

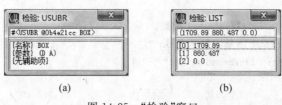

图 14-25　"检验"窗口

(a) 函数 box 的有关信息；(b) 变量 pt 的有关信息

14.6　工程管理器与生成应用程序

Visual LISP 集成开发环境提供了非常强大的应用程序维护和编译功能。在 Visual LISP 中，可以像 VB、BC++ 和 VC++ 等高级语言一样，使用工程文件来管理多个 LISP 源程序。并且可以将 LISP 应用程序编译成 VLX 应用程序，由于 VLX 是二进制格式文件，程序代码不可读、运行速度较快、安全性较好。并且在应用程序中所有 FAS、DCL 和 DVB 文件被编译成一个文件，虽然代码规模较大，但减少了最终用户要处理的文件数目，并且不会发生加载 DCL 和 DVB 文件时可能出现的路径搜索问题。

14.6.1　Visual LISP 工程管理器

工程管理器能够组织和更新复杂的应用程序，它可以利用工程文件跟踪一个开发项目的所有成员文件，并识别它们之间的相互关系。工程管理机制是项目开发的有效方法，工程管理器通过创建工程文件 ∗.PRJ 去维护和管理开发项目的成员文件，该文件中主要记录项目的成员文件名、路径和编译文件的编译模式和参数。

工程管理器的主要功能有：检查工程中 AutoLISP 源文件是否在上一次编译后已经被修改，并自动编译被修改的文件；集中管理工程成员文件，大大简化了成员文件的查询和获取；允许在工程成员文件范围内查询某一个代码段；直接链接所管理文件的一致部分，实现代码的优化编译。

1. 创建工程

以绘制单列向心球轴承为例，说明创建工程项目的操作步骤。程序代码如下：

```
;;;绘制单列向心球轴承
(defun c: bearing()        ;主函数 注：在 11.5 节中调用该程序时,应取消数据输入子函数
  (read_data)
  (initget 7)
  (setq pb (getpoint "\n 输入轴承端面中心位置："))
  (initget 7)
  (setq k (getreal "\n 输入绘图比例："))
  (geotrans )
  (setvar "cmdecho" 0)
  (dbearing1 rn rw b pb)
  (dbearing2 rn rw b pb)
  (dbearing3)
  (setvar "cmdecho" 1)
```

```
    )
  (defun read_data ()      ;数据输入子函数,
    (setq ss (getstring "\n 输入轴承型号: "))
    (setq fd (open "c: /dat/bearing.dat" "r"))
    (setq loop t)
    (while loop
      (setq ls (read-line fd))
      (setq rn (read-line fd))
      (setq rw (read-line fd))
      (setq  b (read-line fd))
      (if (= ss ls) (setq loop nil)))
    (setq rn (/ (atoi rn) 2.0)
        rw (/ (atoi rw) 2.0) b (atoi b))
    (close fd)
  )
;;;绘制轴承剖视部分的子函数
(defun dbearing1 (rn rw b pb/p1 p2 p3 p4 p5 p6 p7 p8)
    (setq rq (/ (- rw rn) 4.0))
    (setq pc (list (+ (car pb) (/ b 2.0))
                (+ (cadr pb) (/ (+ rn rw) 2.0))))
    (setq p1 (polar pb (angcha 90.0) rw)
        p2 (polar p1 0.0 b)
        p3 (polar pc (angcha 30.0) rq)
        p4 (polar pc (angcha 150.0) rq)
        p5 (polar pb (angcha 90.0) rn)
        p6 (polar pc (angcha 210.0) rq)
        p7 (polar pc (angcha 330.0) rq)
        p8 (polar p5 0.0 b)
        h (- (cadr p2) (cadr p3)))
    (command "pline" p1 "w" 0.6 0.6 p2
                (polar p2 (angcha 270.0) h) p3
                "a" "ce" pc p4 "l"
                (polar p1 (angcha 270.0) h) "c")
    (setq ss (ssadd(entlast)))
    (command "hatch" "u" 45 4 "n" ss "")
    (command "pline" p5 (polar p5 (angcha 90.0) h) p6
                "a" "ce" pc p7
                "l" (polar p8 (angcha 90.0) h) p8 "c")
    (setq ss (ssadd(entlast)))
    (command "hatch" "u" 135 4 "n" ss "")
    (command "pline" p7 "a" "ce" pc p3 ""
            "pline" p4 "a" "ce" pc p6 ""
            "pline" (polar p1 (angcha 270.0) h)
                    (polar p5 (angcha  90.0) h) ""
            "pline" (polar p2 (angcha 270.0) h)
```

```
                    (polar p8 (angcha   90.0) h) ""
          "pline" p5 pb ""
          "pline" p8 (polar p8 (angcha 270.0) rn) "")
)
;;;绘制轴承外形部分的子函数
(defun dbearing2 (rn rw b pb/p9 p10 p11 p12)
   (setq p9 (polar pb (angcha 270.0) rn)
        p10 (polar pb (angcha 270.0) rw)
        p11 (polar p10 0.0 b)
        p12 (polar p9 0.0 b))
   (command "line"  p9  p11 ""
           "line"  p10 p12 ""
           "pline" p9  p12 ""
           "pline" pb   p10 p11 (polar pb 0.0 b) "")
)
(defun dbearing3()        ;绘制中心线的子函数
   (command "layer" "m" 1 "c" 1 1 "l" "center" 1 "")
   (command "ltscale" 10)
   (command "line" (polar pb (angcha 180.0) 10.0)
                  (polar pb 0.0 (+b 10.0)) ""
           "line" (polar pc (angcha 180.0) (+rq 5.0))
                  (polar pc 0.0 (+rq 5.0)) ""
           "line" (polar pc (angcha 270.0) (+rq 5.0))
                  (polar pc (angcha 90.0) (+rq 5.0)) "")
   (command "layer" "s" "0" "")
)
(defun angcha(ang)       ;将角度转换为弧度的子函数
   (/(* ang pi) 180.0))
(defun geotrans ( )       ;比例变换子函数
   (setq rn (* rn k) rw (* rw k)b (* b k)))
```

如上所示,程序由 7 个函数组成,每个函数实现特定的功能。将每个函数独立编辑为一个文件,依次为：ex_main、ex_sub1、ex_sub2、…、ex_sub6,文件名后缀都是.lsp。以下是建立工程项目的操作步骤。

1）打开"新建工程"对话框,创建一个新的工程

单击下拉菜单"工程"→"新建工程",打开"新建工程"对话框,选择文件保存目录并将该工程项目命名为 bearing(扩展名 PRJ 不需要输入,系统自动添加),如图 14-26 所示。然后单击"保存"按钮,系统打开"工程特性"对话框,如图 14-27 所示。工程特性对话框由"工程文件"和"编译选项"两个选项卡组成,在"工程文件"选项卡中设置工程成员文件,在"编译选项"中设置工程编译模式。在此首先介绍设置工程成员文件的方法。

2）打开"工程文件"选项卡,添加工程成员文件

设置工程成员文件所在目录,系统提供的默认目录是工程文件所在目录。如果工程成员文件与工程文件不在同一目录中,则单击"搜索"组合框中的"…"按钮,打开"浏览文件夹"对话框,设定工程成员文件所在目录,然后单击"确定"按钮,系统返回"工程特性"对话框（如

图 14-26　"新建工程"对话框

图 14-27　"工程特性"对话框

果工程成员文件与文件同在一个目录之中,便不需进行以上操作)。系统搜索指定目录下所有扩展名为 LSP 的文件,并在左侧的列表框中显示出这些文件。

在"工程文件"选项卡右侧列表框内显示的是组成该工程的所有文件,当将右侧列表框内所选文件添加到工程中时,这些文件名将从左侧列表框中移到右侧列表框。单击"工程文件"选项卡左侧列表框中的文件名,该文件即被选中,若再次单击便放弃选择,该列表框支持多项选择,即同时可选中多个文件。单击">"按钮将左侧列表框内选中的文件添加到右侧列表框中,单击"<"按钮可将右侧列表框内选中的文件清除。

添加到右侧列表框中的文件,将按照它们排列的顺序依次加载。如果工程文件之间存在一定的逻辑关系,必须按一定的先后顺序加载时,通过列表框右侧的按钮"顶部"、"上移"、"下移"和"底部"调整文件在列表框中的排列顺序。也可通过快捷菜单完成排序工作,如图 14-28 所示,选取列表框内某一文件,然后右击鼠标,弹出快捷菜单,选取其中某项完成排序操作。如果选取快捷菜单中的第一项"日志文件的名称和大小",则系统将所选文件所在文件夹及其大小显示在"工程文件"选项卡下方的信息滚动框中。

图 14-28　选择工程成员文件

现在将工程成员文件 ex_main、ex_sub1、ex_sub2、…、ex_sub6 添加到右侧列表框中,然后单击"确定"按钮,完成工程属性设置,系统弹出 bearing 工程窗口,该窗口列出了工程中的所有文件,如图 14-29 所示。双击任意文件即可在 Visual LISP 文本编辑器中打开它,并置为当前编辑窗口。

2. 工程窗口

工程窗口中有 5 个图标按钮,它们的名称及功能分别如下。

(1)"工程特性":单击该按钮,调用"工程特性"对话框。在对话框内可查询工程成员文件的完整路径,可添加、移去、重新设置工程成员的加载顺序,还可浏览和修改工程编译器的设置。

图 14-29　bearing 工程窗口

图 14-30　警告

(2)"加载工程 FAS":加载工程全部成员的 FAS 文件。如果 Visual LISP 检测到某些成员文件没有相应的 FAS 文件,则显示如图 14-30 所示的警告,询问用户是否立即编译这些成员文件。单击"是",则编译并加载工程中的全部成员的 FAS 文件;单击"否",则加载这些工程成员的 LISP 源文件及存在的 FAS 文件;单击"取消",则放弃本次加载操作。完成加载操作后,系统将加载的有关信息显示在"编译输出"窗口中。完成编译后,再次加载工程 FAS 文件,便可运行该工程了,在控制台_$ 提示符后输入"(c:bearing)",回车后就运行程序。

（3）"加载源文件"：加载工程中全部成员的 LISP 源文件。由于程序的调试信息，如断点等在编译版本中将被清除，而只能保存在 LISP 源程序版本中，因此在调试程序时只能加载源文件。完成加载后系统将加载信息显示在控制台窗口中，便可运行该工程了。

（4）"编译工程 FAS"：将工程文件编译为 FAS 文件。Visual LISP 首先检查工程中全部 AutoLISP 文件是否在上一次编译后已经被修改更新，如果已被更新，则自动重新编译被修改过的文件，生成新的 FAS 文件。

（5）"重新编译工程 FAS"：强制 Visual LISP 重新编译工程文件为 FAS 文件，无论这些文件是否已经被编译过。

以上操作也可使用 Visual LISP 的下拉菜单"工程"中的相应菜单项完成。

在工程窗口中选取某一成员文件后，右击鼠标，系统弹出一菜单，选择其中某一项可进行相应的操作。

单击工程窗口右上角的×图标只是关闭工程窗口，而其相应的工程仍处于打开状态。单击下拉菜单"工程"→"bearing"，工程窗口可以重新被打开，bearing 前的"√"符号为当前工程标志。

3. 设置工程编译模式

Visual LISP 允许用户为工程设置多种编译模式，创建符合用户要求的目标文件。在"工程属性"对话框中的"编译模式"选项卡，如图 14-31 所示。编译模式必须在编译操作之前设置，调整编译模式，可以生成多种目标文件。下面简要说明工程编译模式选项。

图 14-31　设置工程编译模式

（1）"编译模式"单选框内有"标准"和"优化"两个单选按钮，优化模式生成的编译程序运行速度快，代码量少，但优化模式适用于编译有事件反应器、DCL 对话框等功能的程序，所以一般都选用标准模式进行编译。

（2）"合并文件模式"单选框内也有两个单选项："每个文件一个模块"为每一个文件创建一个独立的 FAS 文件，"所有文件一个模块"是将工程中全部成员文件编译为一个 FAS 文件。

（3）"定位变量"复选框设置是否让编译器在目标文件中直接调用局部变量地址。

（4）"安全优化"复选框强制编译器放弃任何可能导致误码的编译。

（5）"FAS 目录"设置编译后的目标文件 FAS 生成目录。默认路径为工程文件所在目录。

（6）"TMP 目录"设置工程临时文件夹生成目录。默认路径为工程文件所在目录。

（7）"编辑全局声明"创建、编辑工程全局变量声明文件（扩展名为 GLD）。

4. 打开工程

在 Visual LISP 集成开发环境中打开工程文件的步骤如下：单击下拉菜单"工程"→"打开工程"，打开"输入工程名称"对话框，如图 14-32 所示，输入工程文件的路径及名称，单击"确定"，便可打开指定工程。也可单击"浏览"，打开"打开工程"对话框，指定路径并确认工程文件，也同样可打开工程文件。打开工程文件后，系统自动打开指定工程的工程窗口。

5. 在工程成员文件中搜索

Visual LISP 提供了一个便捷的字符串搜索器，在指定范围内搜索指定字符串。

单击下拉菜单"搜索"→"查找"，打开"查找"对话框，如图 14-33 所示。

图 14-32　"输入工程名称"对话框　　　　图 14-33　"查找"对话框

"搜索"选项组内单选按钮是设置指定对象的搜索范围，如当前被选中的程序段、当前文件、指定工程或指定路径下的 LISP 文件。"方向"选项组内的"向上"、"向下"单选按钮是设置搜索方向的。复选框"全字匹配"、"区分大小写"和"标记实例"是设置搜索模式的。

如图 14-33 所示，在"查找内容"列表框中输入查找字符串 rq，搜索范围设定为"工程"，并在"工程"列表框中选定工程名为 bearing（如果当前只打开了一个工程，则其名称自动显示在列表框中），选取"全字匹配"和"区分大小写"复选框，然后单击"查找"按钮。系统完成搜索后，自动打开一个"查找输出"窗口，如图 14-34 所示，说明在 bearing 工程的 7 个成员文件中搜索到 9 个匹配的字符串。窗口中同时列出其所属文件和程序段，双击相应程序段，系统便打开该程序段所属文件的编辑窗口。

14.6.2　生成应用程序

完成工程的创建还只是自行编译和调试，系统生成工程文件 ∗.prj，并将每个工程成员文件编译生成各自的 FAS 文件。由于工程项目不能脱离 Visual LISP 环境运行，因此在使用中仍多有不便。而 FAS 文件虽然可以不依托 Visual LISP 的 IDE 环境而独立运行，但是加载 FAS 文件时，必须将构成该工程的所有成员的 FAS 文件全部加载，否则不能正常运行，这样给用户造成了极大的麻烦。

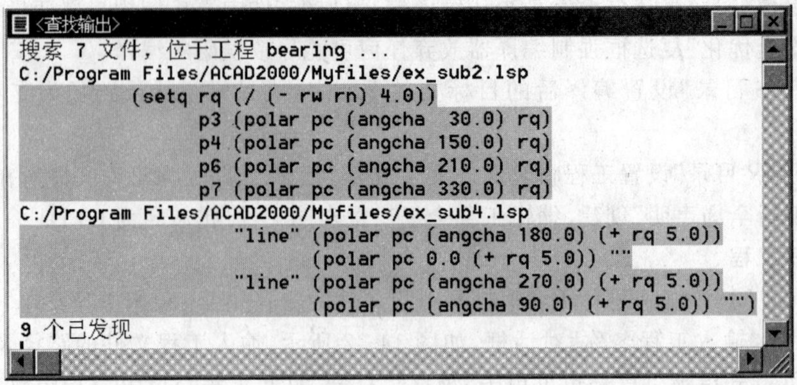

〈查找输出〉
搜索 7 文件，位于工程 bearing ...
C:/Program Files/ACAD2000/Myfiles/ex_sub2.lsp
(setq rq (/ (- rw rn) 4.0))
p3 (polar pc (angcha 30.0) rq)
p4 (polar pc (angcha 150.0) rq)
p6 (polar pc (angcha 210.0) rq)
p7 (polar pc (angcha 330.0) rq)
C:/Program Files/ACAD2000/Myfiles/ex_sub4.lsp
"line" (polar pc (angcha 180.0) (+ rq 5.0))
(polar pc 0.0 (+ rq 5.0)) ""
"line" (polar pc (angcha 270.0) (+ rq 5.0))
(polar pc (angcha 90.0) (+ rq 5.0)) "")
9 个已发现

图 14-34　“查找输出”窗口

AutoCAD 提供了创建独立应用程序的功能，它可以将工程项目或相关的 FAS 文件编译生成一个 Visual LISP 可执行文件 *.vlx，该文件可以不依托 Visual LISP 集成开发环境而独立运行，激活 AutoCAD 下拉菜单“工具”→“加载应用程序”，打开“加载/卸载应用程序”对话框，如图 14-2 所示，完成加载工作后，便可执行应用程序。

下面仍然以绘制轴承的程序为例，简要介绍生成应用程序的操作步骤。

(1) 启动生成应用程序向导，在 Visual LISP 菜单中激活下拉菜单“文件”→“生成应用程序”→“新建应用程序向导”，打开“向导模式”对话框，如图 14-35 所示。选择“专家”模式，然后单击“下一步”，屏幕显示如图 14-36 所示的对话框。

向导模式
选择向导模式
您可以选择简单或专家向导应用程序模式。简单模式只提示您指定要包含的 LISP 源文件和要创建的应用程序名。如果需要添加其他源文件（例如 .dcl 或 .dvb 文件）或修改默认编译选项，则应选择专家模式。
简单
专家
〈上一步(B)
下一步(N)〉
取消

图 14-35　“向导模式”对话框

应用程序目录
选择应用程序位置
选择应用程序的位置和名称。除编译过的应用程序（扩展名为 vlx）之外，系统还创建一个应用程序生成文件（.prv）。该文件包含您在向导中所做的选择。此文件用于将来重新编译应用程序。
应用程序位置
D:/计算机辅助机械设计与绘图/
浏览...
应用程序名称
bearing
目标文件
bearing.VLX
〈上一步(B)
下一步(N)〉
取消

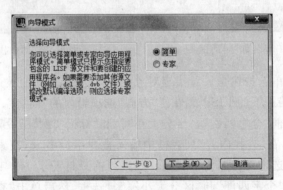

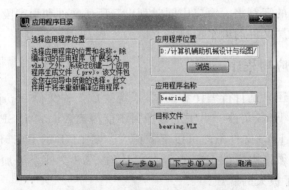

图 14-36　“应用程序目录”对话框

（2）将应用程序名称设置为 bearing，用"浏览"按钮打开"浏览文件夹"对话框，设置所生成的应用程序 bearing.vlx 的存放位置为"D：/计算机辅助设计与绘图"，然后单击"下一步"按钮，屏幕显示如图 14-37 所示的对话框。

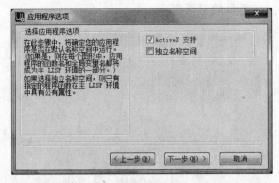

图 14-37 "应用程序选项"对话框

（3）接受图 14-37 所示的默认值，单击"下一步"按钮，屏幕显示如图 14-38 所示的对话框。

图 14-38 "要包含的 LISP 文件"对话框

（4）打开图 14-38 中"添加"按钮旁的下拉列表框，设置添加文件的类型。如图所示有三种类型可供选择，如果已经创建有工程文件，则可选择"Visual LISP 工程文件"，这样添加文件时，操作简单。如果选择另外两种类型，则必须逐一添加工程的所有成员文件。单击"添加"按钮，打开"添加 Visual LISP 工程文件"对话框，选定工程文件 bearing.prj，确认后返回图 14-38 的对话框，单击"下一步"按钮，屏幕显示如图 14-39 所示的对话框。

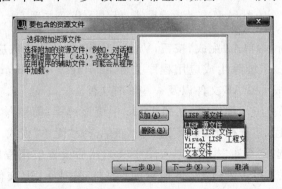

图 14-39 "要包含的资源文件"对话框

（5）由于该工程没有涉及对话框控制文件和 Visual Basic 应用文件，因此在资源文件对话框中没有 DCL 和 DVB 文件需要添加，而相关的 LISP 源文件、编译 LISP 文件或 Visual LISP 工程文件已经在前一步添加完毕。因此，单击图 14-39 中的"下一步"按钮，继续往下执行，屏幕显示如图 14-40 所示的对话框。

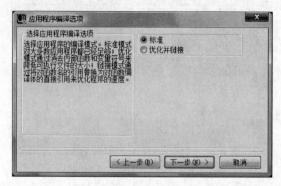

图 14-40　"应用程序编译选项"对话框

如果工程涉及 DCL 和 DVB 文件，在此添加后，系统将它们编译到应用程序中，这将减少最终用户要处理的文件数目，并且不会发生加载 DCL 和 DVB 文件时可能出现的路径搜索问题。

（6）如图 14-40 所示，编译模式有两种，采用标准编译模式生成最小的输出文件，适用于由单个文件构成的程序，采用优化编译模式生成更高效的编译文件，非常适宜于大规模复杂程序的编译。在此选择标准编译模式，单击"下一步"按钮，屏幕显示如图 14-41 所示的"查看选择/编译应用程序"对话框。

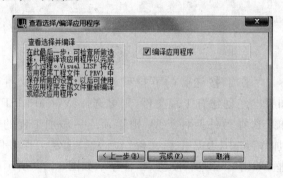

图 14-41　"查看选择/编译应用程序"对话框

（7）如图 14-41 所示，单击"完成"按钮，Visual LISP 将开始生成应用程序，并在编译输出窗口显示编译结果。系统除生成应用程序文件 bearing.vlx 和 bearing.prv 外，还将每个工程成员文件编译生成 *.FAS 文件以及一些临时文件。

事实上，在生成以上应用程序时，在图 14-35 中应该选择"简单"模式，只是为了说明生成应用程序的整个过程，才选择了"专家"模式。如果选择"简单"模式，则应用程序生成过程如下：在图 14-35 中选择"简单"模式，进入图 14-36，然后设置应用程序位置和应用程序名称，单击"下一步"后就直接转入图 14-38 所示的对话框，完成 LISP 文件添加后（同样可以添加三种类型的文件），直接跳转到图 14-41 所示的对话框，单击"完成"，生成应用程序。

14.7　Visual LISP 编程实例

本节以绘制整体式齿轮为例,说明使用 LISP 语言设计应用程序的一般方法。

1. 绘图环境的设置

使用 AutoCAD 绘制图形,首先应设置 AutoCAD 的绘图环境,修改系统变量,以便正确、迅速地绘制图形。一般要设置若干图层、不同的线型及颜色。如果要进行尺寸标注,还应修改关于尺寸标注的系统变量,使所标注尺寸符合国家标准的有关规定。绘制一幅工程图样,还需选择适当的图幅,绘出边框线。以下程序就是完成这些工作的:

```
(defun set_enviro ()                            ;设置绘图环境
  (command "layer" "n" "1" "n" "2" "n" "3"
          "c" "red" "1" "c" "white" "2" "c" "blue" "3"
          "l" "center" "1"  "")
  (command "ltscale" 10)
  (command "setvar" "cmdecho" 0)
);End defun
(defun drawing_size ()                          ;选择图幅
  (princ "----可选择的图号有: 0、1、2、3、4、5…")
  (initget "0 1 2 3 4 5")
  (setq n (read (getkword "\n请选择合适的图号: ")))
  (setq list1 '(1189 841 594 421 297 219 148))
  (setq length_border (nth n list1)             ;length_border:图幅的长度
      width_border (nth (1+n) list1))           ;width_border:图幅的宽度
  (if (<=n 3) (setq dis_oi 10)(setq dis_oi 5))  ;dis_oi:内外边框线的距离
);End defun
(defun prect (l w pt lw/p_lu)                   ;绘制矩形
  (setq p_lu (list (+ (car pt) l) (+ (cadr pt) w)))  ;l:矩形的长度,w:矩形的宽度
  (command "pline" pt "w" lw "" (polar pt 0 l)  ;pt:矩形左下角点,lw:线宽
          p_lu (polar pt (/pi 2.) w) pt "" )
);End defun
(defun drawing_border (/pp)                     ;绘制图纸边框线
  (drawing_size)
  (set_enviro)
  (command "layer" "s" "3" ""
          "limits" '(0 0) (list length_border width_border)
          "zoom" "a")
  (grclear)
  (prect length_border width_border '(0 0) 0)   ;画外边框线
  (setq pp (list 25 dis_oi))
  (prect (-length_border dis_oi 25)             ;画内边框线
      (-width_border (* 2 dis_oi)) pp 0.6)
);End defun
```

2. 输入设计参数的函数

任何程序都必然有输入参数的部分,齿轮设计也不例外。一般在程序设计中,将交互输入功能编写在同一函数中,并且将这些输入参数定义为全局变量。

```
(defun gear_struct()                                          ;输入齿轮设计参数
   (prompt "\n齿轮标准模数系列: 1 1.25 1.5 2 2.5 3 4 5 6 8 10 12 16 20 25 32 40 50")
   (initget 7)
   (setq m (getreal "\n输入模数: "))
   (initget 7)
   (setq z (getreal "\n输入齿数: "))
   (initget 7)
   (setq dh (getreal "\n输入轴孔直径: "))
   (initget 7)
   (setq b (getreal "\n输入齿宽: "))
   (initget 7)
   (setq key_width (getdist "\n输入键槽宽度: "))
   (initget 7)
   (setq key_depth (getdist "\n输入键槽深度: "))
   (setq d (* m z) da (+d (* 2.0 m))              ;计算齿轮节圆直径 d、齿顶圆直径 da
        df (-d (* 2.5 m)) h (* 2.25 m) n (* 0.5 m));齿根圆直径 df、齿高 h、倒角 n
);End defun
```

在上面的程序中都采用的键盘交互输入方法,事实上为方便用户,程序中最好采用对话框方式输入有关参数。尤其像齿轮模数这样的标准系列参数应通过对话框提供给用户选择。而键槽宽度和深度这类参数,应根据设计条件查表选择,确定时非常不便。因此,可以将国家有关键和键槽的数据建立一数据库文件,输入参数时,根据轴的直径自动确定键的长度和宽度参数,在此基础上自动提取数据库中键槽的参数,如轴槽和轮毂槽的深度以及偏差值等。

3. 确定绘图比例和绘图尺寸

根据用户选定的图幅和齿轮的有关尺寸,自动确定绘图缩入系数 u_scale 及比例尺 u_scale1(如果需要可以将其标注在标题栏中),并计算齿轮的绘图参数的值。程序中变量 len 是主视图图形长度,hei 是主、左视图图形高度,wid 是左视图图形宽度。将求取的系数 u_scale 乘以齿轮的主要尺寸参数,得到有关的绘图尺寸。

```
(defun scale_drawing(len wid hei/list1 list2)                 ;求缩放系数
   (setq x_u_scale (/length_border (* (+len wid) 2.6))
        y_u_scale (/width_border (* hei 2.0)))
   (if (< =x_u_scale y_u_scale) (setq u_scale x_u_scale)
       (setq u_scale y_u_scale))
   (setq list1 '(10 5 4 2.5 2 1 0.667 0.5 0.4 0.333 0.25 0.2 0.1 0.0667 0.05 0.01))
   (setq list2 '("10: 1" "5: 1" "4: 1" "2.5: 1" "2: 1" "1: 1" "1: 1.5" "1: 2" "1: 2.5" "1: 3" "1:
   4" "1: 5" "1: 10" "1: 15" "1: 20" "1: 100"))
```

```
  (setq i 0)
  (while (<i 17)
    (if (>=u_scale (nth i list1))
      (setq u_scale1 (nth i list2) u_scale (nth i list1) i 100))
    (setq i (1+i))
  );while
);End defun
(defun gear_size(lst x/n temp)               ;计算齿轮主要尺寸乘以比例系数
  (setq n 0)                                 ;lst 是存放齿轮参数的表
  (setq temp lst)
  (setq lst '())
  (repeat (length temp)
    (setq y (* x (nth n temp))  lst (append (list 'y ) lst))
    (setq n (1+n))
  );repeat
);End defun
```

4. 对称点求取函数

绘制轴对称图形时,对称点的坐标可根据对称性进行求取,这样可大大减少计算量,为此编写以下两个函数:hor_sym 和 ver_sym。在 hor_sym 函数中,p 是已知的点变量的符号字符串,i 是点变量的下标,n 是点变量的数目,a0 是对称轴上任意一点,ph 是所求得的对称点构成的表。

```
(defun hor_sym(p i n a0/temp temp1)          ;求对称于水平线的点的函数
  (setq ph '())
  (repeat n (setq temp1 (read (strcat p (itoa i))))
           (setq temp (list (car (eval temp1))
                            (- (* (cadr a0) 2) (cadr (eval temp1)))))
           (setq ph (append ph (list temp)))
           (setq i (1+i))
  );repeat
);end defun
(defun ver_sym(p i n a0/temp temp1)          ;求对称于铅垂线的点的函数
  (setq pv '())
  (repeat n (setq temp1 (read (strcat p (itoa i))))
           (setq temp (list (- (* (car a0) 2) (car (eval temp1)))
                            (cadr (eval temp1))))
           (setq pv (append pv (list temp)))
           (setq i (1+i))
  );repeat
);End defun
```

5. 绘制整体式齿轮主视图的函数

```
(defun main_view(/list1 p0 p3 p4 c3 ss1 ss2 ss3)
  (gear_struct)
```

```lisp
  (drawing_border)
  (scale_drawing b da da)
  (setq list1 (list da df d b dh n))
  (gear_size  list1 u_scale)
  (setq pc (getvar "viewctr")                  ;屏幕中心点
      pc (polar pc pi (* 0.2 length_border)))  ;绘图基点
  )
  ;确定主视图各点,如图 14-42 所示
  (setq f2 (/pi 2.0) f3 (* 0.0174533 270))
  (setq p0 (polar pc pi (/b 2.0))
      p1 (polar p0 f2 (/dh 2.0))
      p2 (polar p0 f2 (/df 2.0))
      p3 (polar p0 f2 (/da 2.0))
      p4 (polar p3 f3 n)
      p5 (polar p3 0 n)
      c1 (polar p0 pi 4)
      c3 (polar (polar p0 f2 (/d 2.0)) pi 4)
  )
  (hor_sym "p" 0 6 pc)
  (ver_sym "p" 0 6 pc)
  (command "layer" "s" "1" "")
  (command "line" c1 (polar c1 0 (+b 8)) ""    ;绘中心线
          "line" c3 (polar c3 0 (+b 8)) "")    ;绘分度线
  (setq ss0 (entlast))
  (command "mirror" ss0 "" p0 pc "")           ;用镜像命令绘另一分度线
  (command "layer" "s" "2" "")
  (prect b (/(-df dh) 2.0) p1 0.6)             ;绘轮辐
  (setq ss1 (entlast))
  (command "pline" p2 "w" 0.6 "" p4 p5 (nth 5 pv)
                  (nth 4 pv) (nth 2 pv) "")     ;绘齿形线
  (setq ss2 (entlast))
  (command "mirror" ss1 "" p0 pc "")           ;用镜像命令绘另一轮辐
  (setq ss3 (entlast))
  (command "layer" "s" "3" "")
  (command "hatch" "u" 45 5 "" ss3 ss1 "")     ;绘剖面线
  (command "layer" "s" 2 "")
  (command "mirror" ss2 "" p0 pc "")           ;用镜像命令绘另一齿形线
  (prect b dh (nth 1 ph) 0.6)                  ;绘轴孔
);End defun
```

6. 绘制齿轮左视图的函数

```lisp
(defun left_view(/pc0 pt1 pt2 c5)
  (setq pc0 (polar pc 0 (* 0.3 length_border)))
  (setq key_width (* key_width u_scale))
  (setq key_depth (* key_depth u_scale))
```

```
    (setq rh (/dh 2.0) hw (/key_width 2.0)
        ang (atan hw (sqrt (- (* rh rh) (* hw hw)))))))
(command "layer" "s" "3" "")                        ;确定左视图各点,如图 14-43 所示
(command "pline" (setq pt1 (polar pc0 (-ang) rh))
                 (setq pt2 (polar pt1 0 key_depth))
                 (polar pt2 (/pi 2.0) key_width)
                 (polar pc0 ang rh) "a" "ce" pc0 pt1 "")
(command "layer" "s" "1" ""
        "line" (setq c5 (polar pc0 pi (+ rh 4)))
               (polar c5 0 (+ dh key_depth 8)) ""
        "line" (polar pc0 (/pi 2.0) (+ rh 4))
               (polar pc0 (/ (* pi 3.0) 2.0) (+ rh 4)) "")
);End defun
```

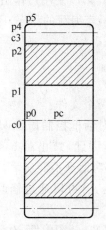

图 14-42　整体式齿轮主视图

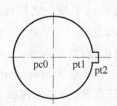

图 14-43　齿轮左视图

7. 齿轮设计主函数

```
(princ "\n         齿轮设计应用程序已经装载")
(princ "\n         输入"gear"激活该命令")
(defun c: gear()
  (main_view)
  (left_view)
)
```

第 15 章　AutoCAD 对话框开发技术

对话框新型直观,在一定程度上简化方便了用户对软件的操作,极大地提高了软件的使用效率。AutoCAD 从 12 版起提供了对话框语言,用户可以利用 AutoCAD 所提供的可编程对话框(programmable dialog box,PDB)功能创建新的对话框,也可以修改一个已经存在的对话框。

对话框是用对话框控制语言(dialog control language,DCL)编写的 ASCII 文件,DCL 语言只定义了对话框包含的内容以及对话框各控件的行为方式,例如按钮、文本、列表等,按钮只意味着按压,文本只用来说明提示,列表只显示相关的内容,以便用户作出选择等;对话框的实际操作完全由它的应用程序(利用 AutoLISP 或其他语言编写的程序)所决定。

15.1　对话框的组成

在 AutoCAD 的 support 目录中有 base.dcl 和 acad.dcl 两个文件:

base.dcl 给出了预定义控件及其类型,常用控件原型的对话框控制语言(dialog control language,DCL)定义。PDB 不允许用户修改预定义的控件,因此,禁止对 base.dcl 进行编辑,否则将会出错,造成标准 AutoCAD 对话框以及应用程序对话框不能显示。

文件 acad.dcl 包含所有 AutoCAD 使用的标准对话框定义,可以通过修改该文件对其显示方式进行定制,但不能修改其功能。

AutoCAD 的 PDB 设置了众多的预定义控件,如按钮、复选框、图像等,对话框中控件的设计由 DCL 完成,动作由该对话框的应用程序驱动。因此一个对话框的设计不仅涉及控件的选用及布局,还要编制它的驱动程序,才能实现相关的功能。

对话框由位于其中的按钮、编辑框等控件组成,其基本控件都由 PDB 预先定义,这些控件按其功能分为三类:预定义的可操作控件、装饰和信息控件、组合控件。

1. 预定义的可操作控件

预定义的可操作控件共有 8 种,直接由 PDB 定义在 base.dcl 文件中。

1) 按钮(button)

按钮是一种类似下压键的有效控件,用于立即产生可视结果的操作,如退出对话框等。几乎每个对话框都有按钮,如"确定"按钮。这种控件的标号(label)用来说明按钮作用,显示在按钮上,如图 15-1 所示。

2) 单选按钮(radio_button)

单选按钮由几个按钮构成一组,排列成行或列,各按钮间有互锁功能,一次只能选择一个,一般用于一组互相排斥的选择。标号提示在其右侧,如图 15-1 所示。

3) 切换开关(toggle)

切换开关控制一个布尔值,即开(值为 1)或关(值为 0)。它与 radio_button 相似,但 toggle 不和其他开关发生联系,因此同一列(或行)的 toggle 可以同时为 1 或 0,标号显示在其右面,如图 15-2 所示。

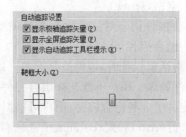

图 15-1　按钮、单选按钮、编辑框　　　　　图 15-2　滑动条、切换开关

4) 编辑框(edit_box)

编辑框是一子窗口,可以输入或编辑文本,标号显示在其左面。如果输入的文本长度超过了编辑框的范围,可在水平方向上移动,如图 15-1 所示。

5) 滑动条(slider)

滑动条是一种获得数值的方法,操作滑动条可以获得 $-32\,768 \sim 32\,767$ 范围内的带符号整数,返回值为字符串类型,如图 15-2 所示。

6) 图像按钮(image_button)

图像按钮类似于按钮,只是其内部显示的是图像而不是文本。当选择某一图像按钮后,程序获得实际选取点的坐标,以此确定所选择的图像按钮。如图 15-3 所示。

7) 列表框(list_box)

列表框由若干行文字所组成,供用户根据需要选择。通常将表的长度定义成固定,当显示位置不够时自动出现滚动条。如图 15-4 所示。

8) 下拉列表(popup_list)

下拉列表在功能上与列表框相同,但它所占据的空间比列表框小,因为打开对话框时,它处于折叠状态;当单击文本或箭头后,才弹出列表。如图 15-5 所示。

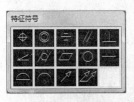　　

图 15-3　图像按钮控件　　　图 15-4　列表框控件　　　图 15-5　下拉列表控件

2. 预定义的装饰和信息控件

这部分有三种静态控件:图像、文本和空白。它们也是由 PDB 直接定义在 base.dcl 文件中。这些控件不引起任何操作,也不能被选择,主要用于显示信息、加强视觉效果或改善布局。

1) 图像(image)

图像控件为对话框内的一个矩形区域,其内可以显示一幅矢量图形,增加对话框的直观性,多用于显示图标、文本字型或颜色块等。

2) 文本(text)

文本控件显示文本字符串,用于显示标题或提示信息。如警告框就包含文本控件。

3) 空白(space)

空白控件用于对控件进行布局调整,它会影响控件之间的相对位置。

3. 组合控件

在对话框设计时,控件按其类型可以组成行或列形成一个组合控件,一个组合控件被当作单一控件处理。用户不能选择组合控件,只能选择组合控件中所包含的控件。在 base.dcl 文件中,定义了 8 种组合控件,用户可根据需要使用。

1) 行(row)和列(column)

行将若干控件水平排列,列将若干控件垂直布置。行(列)中可以包含任何一种控件,也可以包含其他的行(列),但不能只包含一个单选按钮。

2) 加框行(boxed_row)和加框列(boxed_column)

加框行(列)是在行(列)组合控件周围画上边框,如果有标号属性,则标号出现在边框的左上方;若没有标号属性或标号属性为空,就只显示边框。如图 15-6 和图 15-7 所示。

<table>
<tr><td>图 15-6　加框行控件</td><td>图 15-7　加框列控件</td></tr>
</table>

3) 单选行(radio_row)和单选列(radio_column)

单选行由一组单选按钮水平排列而成;单选列则由一组单选按钮纵向排列组成,这些单选按钮固定而又相互独立。这两种控件与行(列)控件不同,它只能有单选按钮一种控件,且一次只能选择其中的一个。用于一组同类且相互排斥的选择。

4) 加框单选行(boxed_radio_row)和加框单选列(boxed_radio_column)

加框单选行(列)是周围画上边框的单选行(列)控件,这两种组合控件的标号属性处理与加框行(列)控件一样。如图 15-8 和 15-9 所示。

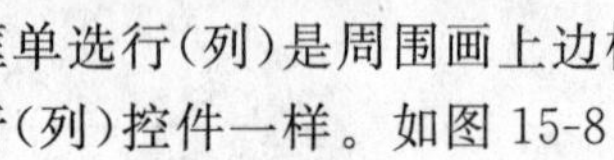

<table>
<tr><td>图 15-8　加框单选行</td><td>图 15-9　加框单选列</td></tr>
</table>

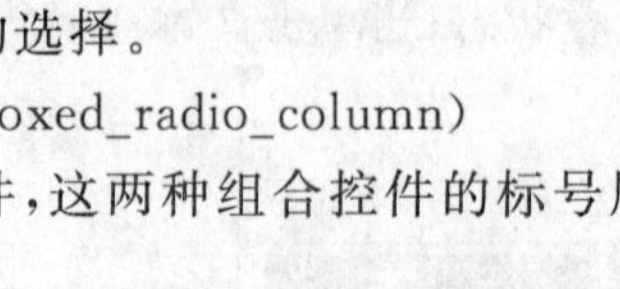

15.2　对话框的属性

控件的属性是一种标识,用来定义控件的功能、布局、操作特性和显示特性等。如控件的值属性定义了该控件的初始值,高度和宽度属性定义了控件的尺寸。它像程序语言中的变量,包括名称(属性项)和值两部分。属性必须是下列数据类型之一。

1. 整型数

表示距离、长度和大小的属性一般取整型数。如控件的宽度和高度,它们都是以字符宽度或字符高度单位的整数倍来表示的。

2. 实型数

实型数也可表示距离属性,需要注意实数的小数点前一定要有数字。如 0.1 是正确的,而 .1 是错误的。

3. 字符串

字符串是由双引号括起来的文本。文本字符的大小写是有区别的。字符串中可以包含一些转义字符,如表 15-1 所示。

表 15-1　转义字符含义表

转义字符	含　　义	转义字符	含　　义
\"	引号"	\n	换行(ASCⅡ码为 13)
\\	反斜杠\	\t	水平制表 Tab

4. 保留字

DCL 语言预定义的具有特殊含义的字符串,如许多属性都用到的 true 和 false 就是保留字,需用小写字母表示,对字母大小写敏感,True 不等于 true。

5. 用户自定义属性

用户可以使用自己定义的属性。属性名称可以是任何不与预定义的标准属性冲突的有效名称,可包含字母、数字或者下划线,但必须是以字母开头。

15.2.1　预定义标准属性

1. 标号(label)属性

标号属性定义对话框或控件的标题,取值类型为字符串,默认值为空。对不同的控件,显示的位置不同。如果指定的标号属性字符串中某个字符的前面有 &,则该字符为快捷键,它能改变控件的聚焦,但不选择控件。

2. 关键字(key)和值(value)属性

关键字用来标识控件,是某个控件特定的一个 ASCII 码名字,没有默认值。在对话框中,每个控件必须有关键字,且其属性值是惟一的。

值属性是用于指定控件初始值的字符串。该属性值在程序运行中可以通过用户输入或在程序中调用 set_tile 函数被改变。控件值的含义取决于控件的类型。

3. 布局和尺寸属性

布局和尺寸属性用于对话框形式的定义,可以对任何控件定义这两种属性。

1) 宽度(width)和高度(height)属性

此两属性用于定义控件的大小,其值为整数或实数。可以使用默认值,默认值是基于对话框的布局而动态分配的,但图像控件和图像按钮需要明确地指定这两个属性。

2) 对齐(alignment)属性

该属性用来定义某一控件在组合控件中的水平或垂直方向上的对齐方式。对垂直排列的控件,属性值可以取 left、right 或 centered,默认值是 left;对水平排列的控件,属性值可以取 top、bottom 或 centered,默认值是 centered。

3) 子控件对齐(children_alignment)属性

该属性定义组合控件中各子控件的对齐方式,取值与 alignment 相同。若组合控件中某一子控件已由 alignment 指定对齐方式,则 children_alignment 属性对此控件无效。

4) 固定宽度(fixed_width)和固定高度(fixed_height)属性

这两个属性控制某一控件的宽度或高度属性能否可以被改变,默认值为 false。若该属性值为 true,则控件大小固定。

5) 子控件固定宽度(children_fixed_width)和子控件固定高度(children_fixed_height)属性

此两属性与 fixed_width 和 fixed_height 的功能相似,用于指定组合控件中的子控件大小是否可变。布局时,若某一子控件已指定了 fixed_width 和 fixed_height 属性,则不受 children_fixed_width 和 children_fixed_height 的影响。

4. 功能属性

这部分属性用于各种激活的控件,只影响控件的功能,与布局无关。

1) is_enable

该属性用于指定控件的初始显示状态,默认值为 true。若指定为 false,则该控件被初始禁止(变灰),此时虽可视但不能选择。

2) is_tab_stop

该属性指定控件是否用按下 Tab 键来接收聚焦,默认值为 false。当值为 true 时,可用 Tab 键聚焦于某控件。

3) mnemonic

该属性用于指定控件的快捷键,以便在操作过程中用此来改变聚焦,但不选择控件。该属性值是加引号的单个字符,必须是控件标号中的一个字母,其大小写与标号一致。该属性没有默认值。

4) action

该属性用于给控件指定一个操作,当控件被选中时执行这个操作。属性值是一个字符串(无默认值),该字符串必须是一个有效的 AutoLISP 表达式。

表 15-2 列出了 AutoCAD 的 PDB 定义的 35 种属性(按字母顺序)。

表 15-2　预定义属性

属 性 名 称	相关的控件	功　　能
action	所有可激活的控件	AutoLISP 表达式定义控件动作
alignment	所有控件	在控件组中的水平或竖直对齐
allow_accept	编辑框、图像按钮和列表框	选中此控件时,激活 is_default 设置为 true 的按钮

续表

属 性 名 称	相关的控件	功　　能
aspect_ratio	图像和图像按钮	定义图像的长宽比
big_increment	滑动条	定义移动的增量
children_alignment	各组合控件	对齐组合控件中的子控件
children_fixed_height	各组合控件	组合控件中子控件的高度是否可变
children_fixed_width	各组合控件	组合控件中子控件的宽度是否可变
color	图像和图像按钮	图像的背景(填充)颜色
edit_limit	编辑框	用户能输入的最大字符数
edit_width	编辑框和下拉列表	控件编辑(输入)部分的宽度
fixed_height	所有控件	控件高度是否可变
fixed_width	所有控件	控件宽度是否可变
height	所有控件	控件的高度
initial_focus	对话框	指定初始聚焦控件
is_bold	文本	文本字体为黑体
is_cancel	按钮	取消键按下时发挥作用
is_default	按钮	回车键按下时发挥作用
is_enable	所有激活的控件	控件初始时是否有效
is_tsb_stop	所有激活的控件	控件是可聚焦的(按 Tab 聚焦该控件)
key	所有激活的控件	应用程序使用的控件名
label	加框的组合控件、按钮、对话框、编辑框、列表框、下拉列表、单选按钮、文本框和检查框等	显示控件的标号
layout	滑动条	滑动条是水平方向还是垂直方向
list	列表框和下拉列表	指定初始的列表内容
max_value	滑动条	滑动条的最大值
min_value	滑动条	滑动条的最小值
mnemonic	所有激活的控件	指定控件的快捷键
mnltiple_select	列表框	当值为 true 时,允许多项选择
small_increment	滑动条	移动的距离增量
tabs	列表框和下拉列表	在列表中指定 Tab 的停止位置
value	文本框、除按钮和图像按钮外的激活控件	指定控件的初始值
width	所有控件	控件的宽度

15.2.2　预定义控件的属性

本节将介绍各类预定义控件的属性。

1. 按钮(button)

(1) label 属性：作为按钮的标记，其值显示在按钮上。

(2) is_default 属性：其值为 true 或 false，默认值为 false。若是 true 表示当用户按下回车键时，自动选择该按钮。对话框中只能有一个按钮的 is_default 属性为 true。

(3) is_cancel 属性：其值为 true 或 false，默认值为 false。若是 true 则当用户按下 Esc 键时，自动选择该按钮。在对话框中只能有一个按钮的 is_cancel 属性为 true。一般这样的按钮总是终止对话框。

2. 单选按钮(radio_button)

(1) label 属性：其值显示在单选按钮的右边，作为单选按钮的提示标记。

(2) value 属性：指定单选按钮是否被选择。若值为 1，则被选中；若为 0，则不被选中。在一个单选按钮组中，一般只有一个单选按钮的 value=1；若有多个单选按钮的 value 属性为 1，则只有最后一个被选中。

3. 切换开关(toggle)

(1) label 属性：切换开关的提示标记，显示在它的右边。

(2) value 属性：指定切换开关的初始选择状态。若为 0，则复选框内为空；若为 1，则复选框内部有标记。默认为 0。

4. 编辑框(edit_box)

(1) label 属性：编辑框的提示标记，显示在编辑框的左边。

(2) edit_width 属性：指定编辑框实际输入部分的宽度。若未指定或值为零，则编辑框的宽度不固定，将扩大到整个可用空间。若值为非零，编辑框在该控件所占空间内右对齐。

(3) edit_limit 属性：指定编辑框允许输入的最大字符数，数据类型为整型数，默认值 132，极限 256 个字符。

(4) value 属性：指定编辑框初始显示的值，并按左对齐方式显示。如果编辑框中输入的字符串长度大于 edit_limit 的限制，将被截尾。

5. 滑动条(slider)

(1) min_value 和 max_value 属性：指定滑动条返回值的范围。min_value 的默认值是 0，max_value 的默认值是 10 000，可以取值的范围是 $-32\,768 \sim 32\,767$。

(2) small_increment 和 big_increment 属性：用来指定滑动条的移动增量。big_increment 默认值为整个范围的 1/10，small_increment 默认值为整个范围的 1/100。

(3) layout 属性：给出滑动条的放置方向。可以取 horizontal(自左向右数值增加)，也可以取 vertical(自下而上数值增加)。默认值 horizontal(即水平)。

(4) value 属性：指定滑动条的初始值(字符串)，默认值 min_value。

6. 图像按钮(image_button)

(1) color 属性：指定图像按钮的背景颜色，数据类型为整数或保留字。具体取值见表 15-3。

表 15-3　color 属性的取值

颜 色 名	含　　义	颜 色 名	含　　义
Dialog_line	当前对话框边线颜色	Yellow	AutoCAD 颜色＝2(黄色)
Dialog_foreground	当前对话框前景色	Green	AutoCAD 颜色＝3(绿色)
Dialog_background	当前对话框背景色	Cyan	AutoCAD 颜色＝4(青色)
Grahpics_background	AutoCAD 图形屏幕的当前背景色	Blue	AutoCAD 颜色＝5(蓝色)
Black	AutoCAD 颜色＝0(黑色)	Magenta	AutoCAD 颜色＝6(洋红色)
Red	AutoCAD 颜色＝1(红色)	White	AutoCAD 颜色＝7(白色)

（2）aspect_ratio 属性：指定图像按钮的长宽比，数据类型为实型数，没有默认值。若值为 0，控件将按照图像实际大小显示。

7. 列表框（1ist_box）

（1）label 属性：指定列表框的提示标记，显示在列表框的上方。

（2）multiple_select 属性：指定是否可选择多项，值为 true 或 false，默认值为 false，即只能选择一项。若为 true，表示可以同时选择多个表项。

（3）list 属性：以字符串的形式给定列表框的初始选择集，表项按行组织，行与行之间由换行符"\n"分隔，一行内可以有制表符"\t"。

8. 下拉列表（popup_list）

（1）edit_width 属性：指定下拉列表框的宽度（不包括列表左边文本和右边箭头），值为整型数或实型数。

（2）value 属性：用于指定下拉列表的初始选择项，其值为一整型数（类型为字符串），该整型数为当前表项的索引值。

（3）list 属性：与列表框中的 list 相同，指定下拉列表的初始选择集。

9. 行（row）和列（column）

行或列中可以包含任何控件，各控件按照 DCL 文件中出现的次序水平或垂直地布局。具有标准布局属性和尺寸属性，即 alignment、children_alignment、height、width 、fixed_height、fixed_width、children_fixed_height、children_fixed_width 和 label。

这些标准布局属性和尺寸属性在其他组合控件中均可使用。

10. 加框行（boxed_row）加框列（boxed_column）

这两控件除了可以使用标准布局属性和尺寸属性外，应该指定 label 属性，该属性值作为标题显示在框的左上角。若值为空或不指定，则显示空框。注意空格标号和空标号在布局时会有差别。

11. 单选行（radio_row）和单选列（radio_column）

这两控件除了可以使用标准布局属性和尺寸属性外，应该指定 value 属性，其值为当前被选中的单选按钮关键字（key）的值。

12. 加框单选行（boxed_radio_row）和加框单选列（boxed_radio_column）

这两控件除了可以使用标准布局属性和尺寸属性外，应该指定：

（1）label 属性：其值作为提示标题显示在控件方框的左上角。

（2）value 属性：其值为当前选中的单选按钮关键字的值。

13. 对话框（dialog）

（1）label 属性：指定对话框的标题，显示在对话框窗口顶部的标题栏中。

（2）initial_focus 属性：指定对话框中接受初始键盘聚焦控件的关键字。

14. 图像（image）

图像控件的属性及其含义与图像按钮控件相同。同时还必须指明 width 属性和 height 属性或二者之一。

15. 文本（text）

（1）label 属性：指定欲显示的文本。注意该属性和 width 属性必须指定其中的一个。当两者都给出时，布局时将使用二者中的较大者。

（2）value 属性：功能类同于 label。如想动态地显示文本，应当用 value 属性指定，因为它在程序运行时可以用 set_title 函数来改变。

（3）is_bold 属性：指定是否用黑体字显示文本，其值为 true 或 false，默认值为 false。

16. 空白（space）

空白控件是一个空控件，用于对话框的布局，可以使用标准布局属性和尺寸属性。

15.3　对话框控制语言

对话框实际上是由控件所组成的树状结构，而对话框控制语言（dialogue contral language，DCL）就是描述树的 ASCII 文本文件（扩展名为 .dcl），它包括一个对话框（或多个对话框）的描述及其控件或子控件的定义，也可包含来自其他 DCL 文件的控件定义。由于 DCL 文件是可读的文本文件，因此，可以由任何文字编辑器来创造和维护。

15.3.1　DCL 文件结构

DCL 文件通常分成以下三部分，并且可以任意顺序出现：

（1）引用其他 DCL 文件。由 include 命令实现，如 @INCLUDE "USER. DCL"。在未指明路径的情况下，系统首先在当前目录搜索文件，再到 DCL 所在目录搜索文件。

（2）典型控件以及组合控件的定义。

（3）对话框定义。

AutoCAD 系统有许多为对话框而创建的 DCL 文件，这些文件在 AutoCAD 目录下的 support 子目录中，这里只介绍两个重要的 DCL 文件。

1. BASE.DCL

BASE.DCL 文件包括了所有预定义的控件及其子控件的定义，由于它被所有其他的 DCL 文件自动引用，不要修改 BASE.DCL 文件，因为该文件的任何错误均可能使 AutoCAD 及应用程序的对话框无法显示。

2. ACAD.DCL

ACAD.DCL 文件包含了 AutoCAD 所使用的大部分标准对话框定义，尽管可以通过修改此文件来改变对话框的显示方式，但由于相应的驱动程序（除 AutoLISP 编程部分外）无法更改，因此无法改变其功能，也不宜对其进行修改。

用户应用程序不能直接引用 ACAD.DCL 文件,若想创建类似的对话框,可将 ACAD
.DCL 中的相应定义剪贴到用户定义的 DCL 文件中。

15.3.2　DCL 语法

1. 一个简单例子

在学习 DCL 语法之前,先来看一个简单的对话框示例,如图 15-10 所示。

```
Hello: dialog {
label="简单对话框示例";
: text {
        label="你好,希望你成功!";
    }
    : button {
        key="accept";
        label="退出";
        is_default=true;
    }
}
```

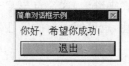

图 15-10　简单对话框示例

将上述程序存为 Hello.dcl 文件,同时为了测试一下该对话框的执行情况,请再输入以
下一段程序并存盘为 Hello.lsp。

```
(defun c: test_hello()
(if   (> setq index_value (load_dialog "hello.dcl")) 0)
    (progn
            (if (new_dialog ("hello",index_value))
            (progn
            ;此处可加入各种控件的动作
            (start_dialog)
            );end first progn
        (alert "不能正常显示对话框")
        );end first if
    );end second progn
    (alert "不能载入 DCL 文件")
);end second if
);end function
```

现在在 AutoCAD 的命令行输入(load "hello.lsp"),并继续输入 test_hello,就可显示如
图 15-10 所示的对话框。

在 Hello.dcl 文件中,设计了三个控件:dialog、text、button;并未包含布局的其他信息,
系统根据默认值自动对上述控件进行了布局,如图中的按钮长度几乎与对话框等长。

上面这个简单的示例说明了设计对话框的基本方法,通过增加新的控件并赋以相应的
属性,就可以设计出具有相当复杂程度的对话框。

2. 语法规则

1) 控件的定义方式

```
name: item1 [: item2 : item3…] {
    attribute1=value1;
```

```
    attribute2=value2;
    ……; }
```

其中,name 为控件的名称,可以由字母、数字和下划线组成,但必须以字母开头,不能为汉字;item1〔：item2：item3…〕表示控件的原型名称,与 C 语言中的类名或结构相仿,〔…〕内的内容为可选项表示有多个控件原型被同时引用;attribute 是对控件的属性赋值,若与原型的属性相比无变化的属性可不必完全列出;控件除了直接定义之外,还可以通过引用的方式来继承,这一点与 C++ 中的类引用十分相似,新控件可以根据需要修改或继承原先的属性,也可加入新的属性。

例如,标准控件 button 的内部定义为:

```
button: tile {
    fixed_height=true;
    is_tab_stop=true;
}
```

而 Base. dcl 中 default_button 引用了 button 的定义如下:

```
default_button: button {
    is_default=true;
}
```

例中 default_button 不仅继承了 button 的 fixed_height 及 is_tab_stop 属性,而且加入了新的属性 is_default。

2) 控件的引用

控件的引用包括对原始控件的直接引用及组群的引用,其引用方式有两种:

```
:name        /* 被引用原始控件或组群名称 */
:name {
    attribute=value;
    ……;
}            /* 被引用原始控件名+修改或增加属性 */
```

后一种引用只是一种继承,其属性变化只适用于子体而不会影响到父体的引用属性,因组群的属性不能修改,故后者的引用只适用于对原始控件的引用,而不适用于对组群的引用。

3) 属性赋值

```
attribute=value;
```

attribute 为相应控件的有效属性关键字,value 为赋给属性的值,注意数据类型的对应,句末必须以“;”来结束。

4) 注释

DCL 保持了 C 及 C++ 的注释风格,可用“//”或“/ * ”与“ * /”的配合来注释。

现在再回头看一下前面的示例,对话框 Hello 引用了两个控件 text 及 button,又对 text 及 button 的部分属性进行了重新赋值。

15.4　对话框驱动程序设计

DCL 语言只定义对话框的外观，对话框的功能则是由 AutoLISP 或其他应用程序来驱动的。这里介绍 AutoLISP 对话框驱动程序的设计。

15.4.1　驱动程序的结构

如图 15-11 所示给出了对话框驱动程序的常规流程，通常应包含以下内容：

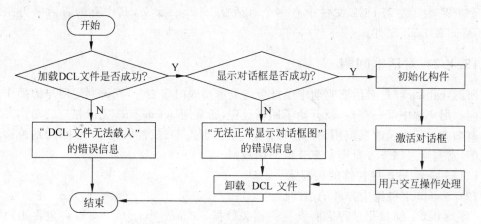

图 15-11　对话框驱动程序的常规流程

1. 加载对话框 DCL 文件（load_dialog filename）

使用对话框的第一件事就是通过 load_dialog 函数载入 DCL 文件（可省略扩展名.dcl），若加载成功则返回一个大于零的整数值，通常该值应由一内存变量保存以便将来被 New_dialog 和 unload_dialog 函数所调用。同时可以检测该值是否大于零，以便及时显示出错信息并返回系统。

2. 显示特定的对话框（new_dialog dialog_name load_dcl_id ）

该函数中 dialog_name 指 DCL 文件中所包含的某一对话框名称（不是 label），不是 DCL 文件名（一个 DCL 文件可以同时定义多个对话框）；load_dcl_id 是（load_dialog）的返回值。当对话框显示成功时，该函数返回 TRUE，否则返回 FALSE。在调用这一函数时，检测该返回值状态很重要，因为当 new_dialog 调用失败而又试图调用 start_dialog 激活对话框时，将会产生不可预料的后果。

3. 设置必要的控件初始值

new_dialog 成功后，系统自动根据 DCL 文件中的内容对控件进行初始化，此时用户也可根据自己的需要利用程序对控件作相应的初始化设置，如函数 set_tile 和 mode_tile 可改变控件的初始值及控件的初始状态；函数 start_list、add_list、endlist 可以变更列表框表项内容；函数 start_image、vector_image、fill_image、slide_image 和 end_image 均用于初始化图像控件的显示内容。同时用户可以通过函数 action_tile 对控件设置动作和回调函数，也可通过调用 client_data_tile 将应用程序中的特定数据与对话框中某些组成部分相联系。

4. 激活对话框（start_dialog）

此函数将控制权交给对话框，并可开始交互操作。此时对话框中的控件均成为可选择

（用 mode_tile "禁止"的控件除外），并始终处于活动状态，直至执行 done_dialog 关闭对话框为止，对话框选中的控件会自动执行由 action_tile 设定的动作。

5. 处理用户操作

激活对话框后，根据用户的交互动作，应同时执行相应的动作函数，此过程被称为回调（callback）。通常用户需使用 get_tile、get_attr 函数返回控件的 value 及相应的属性值，再通过 set_tile、mode_tile 进行相应的处理。

6. 卸载对话框文件（unload_dialog）

对话框完成操作并且不再使用时，应从内存中释放对话框文件。这是对话框操作的最后一个步骤，注意：若 DCL 文件中有多个对话框（dialog）定义，其中有的对话框仍在使用时，不应卸载 DCL 文件。

15.4.2 对话框回调

回调（callback）是对话框驱动中最复杂也最重要的内容之一，回调判定用户的操作并与之响应。用户选中某一控件，就开始了回调过程，通常用 action_tile 完成相应的动作。为了在回调响应过程中及时获取用户的操作信息，如是否连击、控件关键字是什么、是否移动了滑块等，常需通过以下 6 个变量来获取回调数据。

（1）$key：被选中控件的关键字。

（2）$value：被选中控件的当前值。

（3）$data：初始化过程中所设置的相关数据。client_data_tile 可以将包含用户数据的字符串赋给某个控件，以便该控件选用时，通过 $data 变量送至 action_tile 函数使用。这种方式有助于对话框设立一个固定的表，并将该表与控件相连接。例如可以构造这样一个对话框：包含可变控件（如编辑框）及一组带有用户数据的按钮，每个按钮有相应的用户数据，当用户按某一按钮时，回调函数利用相应用户数据对可变控件赋值。

（4）$reason：指明用户操作细节，常用于处理编辑框、列表框、图像和滑块。对不同的控件其值也有不同的含义：

=1：用户选中了该控件。

=2：用户退出编辑框，但尚未作最后决定，此时聚焦已在其他的控件上，但编辑框的内容仍有可能再次被修改，因此，此时不能将编辑框中的内容存为永久性全局变量。

=3：用户已改变滑块值，但尚未作最后决定。此时也不宜将滑块的值保存为永久性全局变量。

=4：用户在该控件（列表框、图像按钮）上连击，连击的意义由用户设定。

（5）$x：返回图像控件中的 x 坐标值。该值以图像内部坐标系为参照系，介于 0～dimx_tile-1 之间。

（6）$y：返回图像控件中的 y 坐标值。该值以图像内部坐标系为参照系，介于 0～dimy_tile-1 之间。

对话框通常包含两组变量：随控件回调而变化的局部变量以及对应于对话框最终控件取值的全局变量。当用户选择接受键以后，应用程序需调用一个函数将局部变量永久性地赋给相应的全局变量。

接受键的另一个重要调用函数是（done_dialog 1）。

接受键的回调函数可按以下两种方式进行：

```
(action_tile "accept" "(set_variables)(done_dialog 1)")
(action_tile "cancel" "(done_dialog 0)")
```

或：

```
(action_tile "accept" "(done_dialog 1)")
(action_tile "cancel" "(done_dialog 0)")
(setq result (start_dialog))
(if (1= result) (set_varibles))
```

其中 set_variables 是用户自定义的将局部变量赋给永久性全局变量的函数。

15.4.3　对话框驱动函数

AutoLISP 提供了驱动对话框的函数，这些函数可完成有关对话框的各种操作。具体可分为对话框打开和关闭、控件（Tile）和属性处理、列表框和下拉列表处理、图像控件处理以及特定应用数据处理等类型。

1. 对话框打开和关闭函数

1）（load_dialog dclfile）函数

该函数用来将一个 DCL 文件加载到内存。应用程序可多次调用该函数来装入多个 DCL 文件。它按照 AutoCAD 库搜索路径来搜索指定的 DCL 文件。

参数 dclfile 为要装入的 DCL 文件名（可省略扩展名.dcl）。若函数调用成功，则返回一个正整数，否则返回一个负整数。实际使用时可将这个返回值赋给一个变量，该变量将作为随后调用 new_dialog 和 unload_dialog 时的句柄。例如：

```
(setq dcl_id (load_dialog "user"))
```

2）（unload_dialog dcl_id）函数

该函数用于卸载与文件句柄 dcl_id 相关联的 DCL 文件。它总是返回 nil。

3）（new_dialog dlgname dcl_id[action [screen_pt]]）函数

该函数用于初始化一个新对话框并显示该对话框，还可指定隐含的动作。

其中 dlgname 为对话框名，dcl_id 是调用 load_dialog 时获得的句柄，action 为一字符串，包含表示隐含动作的 AutoLISP 表达式。如果不想定义隐含动作，可以用空字符串（""）表示。screen_pt 是一个 2D 点表，用来指定对话框左上角在屏幕上的 x、y 坐标。如果函数调用成功，则返回 T，否则返回 nil。例如：

```
(new_dialog "user" dcl_id)
```

4）（start_dialog）函数

该函数用于显示一个对话框，并开始接受用户的输入。调用本函数后，对话框一直保持激活状态，直到调用了 done_dialog 函数。start_dialog 函数调用时不带参数，返回一个传递给 done_dialog 函数的状态代码，其值与用户按下的按钮有关，如果按下"确认"按钮，则返回隐含值 1；若按下"撤消"按钮，则返回 0。

在应用程序中，调用本函数之前，必须先调用 new_dialog 函数。所有对话框的初始化工作（如设置控件值、生成图像、生成列表框的表项以及指定控件的回调操作等）都必须在调用 new_dialog 函数之后,调用 start_dialog 函数之前进行。

5)（done_dialog [status]）函数

该函数用来终止一个对话框。参数 status 是可选的,为一正整数,其值由 start_dialog 函数返回。done_dialog 函数返回一个 2D 点表,这是退出对话框时该对话框左上角的 x、y 坐标。可以将这个点传给随后调用的 new_dialog 函数,用于指定对话框的显示位置。

2. 控件和属性处理函数

1)（action_tile key action_expression）函数

该函数为控件指定一个动作。参数 key 和 action_expression 都是字符串。action_expression 为 AutoLISP 表达式,也是参数 key 指定控件的动作。例如:

```
(action_tile "accept" "(done_dialog)")
```

它表示当选中与 accept 关键字相关联的确定按钮时,就执行（done_dialog）的动作,即退出对话框。

在动作表达式中,可通过变量 $value 获得控件的当前值;通过 $key 获得当前控件的关键字属性;通过 $data 获得当前控件的特定应用数据;通过 $reason 获得控件的回调原因;若控件是一个图像按钮,可通过 $x 和 $y 获得图像按钮选取点的坐标。注意这些变量均是只读变量,其名由系统保留,只有在一个动作表达式中访问它们才有意义。

2)（get_tile key）函数

该函数用来获取控件的当前值。参数 key 用来标识一控件。该函数以字符串的形式返回控件的当前值,较多地用于回调函数中。

3)（mode_tile key mode）函数

该函数用来设置对话框控件的显示状态。参数 key 含义同上,参数 mode 是一整型数,取值范围 0～4,其中 0 表示使控件成为启用状态;1 表示使控件成为禁用状态,即将控件"置灰",使其无效;2 表示聚焦于指定的控件;3 表示选择编辑框的内容;4 代表图像高亮显示的触发开关。例如:

```
(mode_tile "text" 1)                     /* 将 text 指定的控件置灰 */
```

4)（set_tile key value）函数

该函数用来设置和修改控件属性值,它与控件的类型有关。参数 value 是指定新值的一个字符串(控件的初始值由 value 属性设置)。例如:

```
(set new_text "look for change")         /* 初始化一个字符串变量 */
(set_lite "text" "new_text")             /* 将关键字为 text 的控件赋新值 */
```

3. 列表框和下拉列表处理函数

1)（add_list string）函数

该函数用来向列表框或下拉列表的选择列表中增加选项或者修改表中的选项。string 字符串为增加或修改的内容。在使用该函数之前,必须用 start_list 函数打开一个表。

2)（start_list key [operation [index]]）函数

该函数的功能是开始处理由参数 key 指定的列表框或下拉列表中的选择列表。参数 operation 取值 1、2、3,指定对控件的三种操作方式;index 为列表中需处理表项的索引值,取值从 0 开始。

（1）operaion 为 1 时，可修改所选列表中的表项。修改的内容由随后调用的 add_list 函数决定。修改的表项由 index 指定，如不指定，则取默认值 0。如：

```
(start_list "selection" 1 5)        /* 改变表中的第 6 项 (注意其索引值应是 5) * /
(add_list "SUPPRISE")               /* 将第 6 项内容改为 SUPPRISE * /
(end_list)                          /* 结束修改 * /
```

（2）operation 为 2 时，表明可以添加新的表项。且只能从列表的最后添加表项，不允许从表中删除一项或插入一项。因此不必指定 index 参数。

（3）operation 为 3 时，将删除旧表，生成一个新表，这是 operation 的默认操作，其值不必指定。由于是逐一生成新表项，故不必指定 index 参数。新表生成时只需重复调用 add_list 函数，每调用一次表中就增加一个新项。

该函数应当与 end_list 函数成对使用，在 start_list 和 end_list 函数之间，可以调用 add_list 函数来处理选择列表。

3）(end_list)函数

该函数用来结束当前列表框或下拉列表的表项处理，是 start_list 的配套函数。

4. 图像控件处理函数

1）(dimx_tile key)和(dimy_tile key)函数

这两个函数用于获得图像控件的宽度和高度。dimx_tile 函数返回控件的宽度，dimy_tile 函数返回控件的高度。参数 key 指定一个控件。

2）(start_image key)函数

该函数使图像控件开始生成图像，参数 key 指定一个图像控件。此函数与 end_image 函数配对使用，在这两个函数之间可以调用各种图像控件处理函数。

3）(end_image)函数

该函数用来结束当前图像控件的生成，这是 start_image 函数的配套函数。

4）(fill_image x1 y1 wid hgt color)函数

该函数用来在当前激活的图像控件上画一个填充矩形。其中(x1,y1)指定填充矩形左上角的坐标，右下角由(wid,hgt)指定，相当于左上角的一个相对距离，其值必须是正值。原点(0,0)是该图像控件的左上角，通过调用(dimx_tile key)和(dimy_tile key)函数可以获得图像控件右下角。参数 color 可以是 AutoCAD 的某个颜色代码，也可以是表 15-4 中的某个逻辑颜色代码之一。

表 15-4　逻辑颜色代码

颜色代码	ADI 记忆代码	说　明
−2	BGLCOLORAutoCAD	图形屏幕的当前背景色
−15	DBGLCOLOR	当前对话框背景颜色
−16	DFGCOLOR	当前对话框前景颜色（文本）
−18	LINECOLOR	当前对话框线的颜色

5）（slide_image x1 y1 wid hgt sldname）函数

该函数用来在当前激活的图像控件上显示一个 AutoCAD 幻灯片。（x1,y1),（wid, hgt)指定幻灯片的左上角、右下角的位置,类似于 fill_image 函数。sldname 用于指定要显示的幻灯片名,它可以是幻灯片文件(.sld),也可以是幻灯片库(.slb)中的一个幻灯片。可以用如下两种格式指定：

sldname　　　　　　　　指定幻灯片文件

libname(sldname)　　　指定幻灯库 libname 中的幻灯片文件 sldname

幻灯片是透明的,用户可以将多个幻灯片叠加起来构成一个复杂的图像。

6）（vector_image xl y1 x2 y2 color)函数

该函数用来在当前激活的图像控件上从(x1,y1)到(x2,y2)画一条矢量线。参数 color 指定该矢量所使用的颜色代码,用法与 fill_image 函数相同。

5. 特定应用数据处理函数

（client_data_tile key clientdata)函数把应用程序专用数据与由参数 key 指定的对话框控件联系起来。参数 clientdata 是应用程序专用数据。

15.5　对话框应用实例

在第 13 章的图标菜单设计中,介绍了圆柱齿轮结构选择图标菜单的设计方法,如图 13-3 所示。单击凸缘式齿轮图标,系统进入圆柱齿轮结构参数对话框,如图 15-12 所示。以下以该对话框的设计为例,说明对话框的具体设计过程。

图 15-12　"齿轮结构参数"对话框

1. 确定需要输入的数据及其使用的控件

齿轮设计时模数、齿数、变位系数、齿宽是其最基本的参数,齿轮各部分的尺寸都可根据这些参数计算得到,而各种齿轮还有结构上的差别。因此在对话框中主要输入两大类的数据：一是输入基本参数,二是确定结构尺寸。

基本参数中的模数国家标准已有规定,根据计算结果选用相近的数值。为此用下拉列表控件列出常用的模数供选择。其余参数均计算所得,选用编辑框输入。

图像控件显示了凸缘式齿轮的形状结构和结构参数代号,这样能够更好地理解每一个结构尺寸的含义。

2. 确定各控件的布局

根据所选控件的特点,并考虑参数的类别,对各控件进行合理的布局。

3. 编写 DCL 程序

该对话框的 DCL 文件如下：

```
gear:dialog{
    label="齿轮结构参数";
    :row{
      :image{ key="tyscl";width=16; aspect_ratio=1.2; color=0; }
      :boxed_column{ label="齿轮参数";
          :popup_list{ label="模数"; key="moshu";
                      width=16; fixed_width=true; }
          :edit_box{ label="齿数";key="cishu";
                      width=16;fixed_width=true;}
          :edit_box{ label="压力角"; key="yalijiao";
                      value="20"; width=16; fixed_width=true;}
          :edit_box{ label="变位系数"; key="bwxs";
                      width=16;fixed_width=true; value=0;}
          :edit_box{ label="精度等级"; key="jddj";
                      width=16;fixed_width=true;}
      }
      :column{
      :boxed_column{label="结构尺寸";
          :edit_box{label="凸缘直径 D";key="tyzj";
                      width=16;fixed_width=true;}
          :edit_box{label="凸缘长度 L";key="tycd";
                      width=16;fixed_width=true;}
          :edit_box{label="齿轮宽度 B";key="clkd";
                      width=16;fixed_width=true;}
          :edit_box{label="轴孔直径 d";key="zkzj";
                      width=16;fixed_width=true }
      }
          :button{label="强度校核";key="check";}
      }
    }
    :row{
      :text_part{label="凸缘式圆柱齿轮";key="type";}
      ok_cancel;
    }
}
```

说明：

（1）定义一个标题为"齿轮结构参数"的对话框 gear，保存为纯文本文件，文件名为 clcs.dcl。

（2）将文件 clcs.dcl 保存在 D：\AutoCAD 2008\support 目录下，以备 AutoLISP 驱动程序调用。

（3）制作凸缘式圆柱齿轮的幻灯片文件 tysgear.sld，并将它保存在 D：\ AutoCAD

2008\support 目录下，以备 AutoLISP 驱动程序调用显示图像。

4. 编写 AutoLISP 驱动程序

```
(defun c: tysgear(/dcl_id ms_list what_next)
  (defun get_val(  /id)   ;;子程序,其功能是获取对话框中的输入值
    (setq id(atoi (get_tile "moshu")))
    (setq m(atof (nth id ms_list)))
    (setq z(atoi (get_tile "cishu")))
    (setq a(atof (get_tile "yalijiao")))
    (setq bwxs(atof (get_tile "bwxs")))
    (setq jddj(atof (get_tile "jddj")))
    (setq tyzj(atof (get_tile "tyzj")))
    (setq tycd(atof (get_tile "tycd")))
    (setq clkd(atof (get_tile "clkd")))
    (setq zkzj(atof (get_tile "zkzj")))
  )
  (if (and (not dcl_id) (< (setq dcl_id (load_dialog "clcs.dcl")) 0) )
      (exit)
  )
  (if (not (new_dialog "gear" dcl_id)) (exit) )
  (setq x (dimx_tile "tyscl"))
  (setq y (dimy_tile "tyscl"))
  (start_image "tyscl")
  (slide_image 0 0 x y "tysgear.sld")
  (end_image)
  (setq ms_list(list "2.5" "3" "4" "5" "6" "8" "10" "12" "16" "20"))
  (start_list "moshu")
  (mapcar 'add_list ms_list)
  (end_list)
  (action_tile "check" "(get_val) (check)")
  (action_tile "accept" "(get_val) (done_dialog 1)")
  (action_tile "cancel" "(done_dialog 0)")
  (setq what_next (start_dialog))
  (unload_dialog dcl_id)
  (if (= what_next 1) (draw_tysgear m z bw tyzj clkd zkzj))   ;调用 14.1 中的凸缘式
                                                              ; 柱齿轮程序
  (princ)
)
```

以上是"齿轮结构参数"对话框的驱动程序，具体说明如下：

(1) 首先定义一个 AutoCAD 命令 tysgear，用来启动绘制凸缘式圆柱齿轮的对话框。

(2) 定义一函数 get_val( )，目的是提取对话框中的输入值，并将它们转换为整型数或实型数。

(3) 将 D：\ AutoCAD 2008\support\clcs.dcl 文件装入内存，再初始化对话框，在屏幕上显示该对话框。

（4）将幻灯片文件 tysgear. sld 显示在图像控件中。

（5）定义一个常用模数表 ms_list，并将它们添加模数列表框中。

（6）为"强度校核"按钮定义动作。拾取该按钮，调用 get_val()函数提取齿轮结构参数，并调用 check()函数进行强度校核。

（7）为"确定"按钮定义动作。拾取该按钮，调用 get_val()函数提取齿轮结构参数，并关闭对话框返回图形屏幕，将参数 1 传递给变量 what_next，最后调用 draw_tysgear()函数画出齿轮的图形。

（8）该 AutoLISP 程序的文件名为 tysgear.lsp，保存在 D：\AutoCAD 2008\support 目录下。

第 16 章 AutoCAD 设计中心和网络功能

16.1 AutoCAD 设计中心

设计中心(design center)是 AutoCAD 2000 开始新增的一个强大的功能。对于一个工程项目,要涉及许多设计人员和大量的设计内容,为了使设计人员协同工作,必须遵循一定的规范和标准,并且设计结果可以互相参照和共享。

用户使用设计中心可以浏览图形中的许多内容,如块、图层定义、布局、外部参照、文本样式、标注样式等,也可以浏览本地计算机、局域网中的计算机,甚至是 Internet 站点。通过设计中心可以非常方便地从任何图形中复制数据。设计中心另一个重要功能就是管理块、外部参照、渲染的图形以及其他设计资源文件的内容。

16.1.1 浏览资源功能

AutoCAD 设计中心可以从命令行、下拉菜单或标准工具条中启动,操作方法如下:

(1) 在命令行输入命令 adcenter;

(2) 从菜单中选择"工具"→"选项板"→"设计中心";

(3) 单击标准工具条上的[设计中心]按钮▥;

设计中心由两个窗口组成,左边窗口称为树状视图区,显示系统的树形结构,右边窗口称为列表区,显示视图区所浏览资源的有关内容,如图 16-1 所示,设计中心的外观很像 Windows 资源管理器。

用鼠标可以拖动边框改变设计中心树状视图区、列表区和图形区的大小,但列表区的最小宽度应能显示两列大图标。如果要改变设计中心的位置,可以用鼠标拖动变为一个浮动窗口,此时也可用鼠标改变设计中心及其内部窗口的大小,操作与改变 Windows 资源管理器的大小一样。

树状视图区用以浏览、选择本地或网络资源,可以显示打开的图形、桌面和历史记录。在该区域中可用＋、－显示或者隐藏下一级的内容。浏览和选择操作与资源管理器的操作相同。

如图 16-1 所示的设计中心窗口,其上工具栏内有 11 个按钮,依次是:"加载"、"上一页"、"下一页"、"上一级"、"搜索"、"收藏夹"、"主页"、"树状图切换"、"预览"、"说明"和"视图"。

各按钮的功能如下:

"加载":浏览本地和网络驱动器或 Web 上的文件,然后选择内容加载到内容区域。

"上一页":返回到历史记录列表中最近一次的位置。

"下一页":返回到历史记录列表中下一次的位置。

"上一级":显示当前容器的上一级容器的内容。

图 16-1　启动 AutoCAD 设计中心

"搜索"：显示"搜索"对话框，从中可以指定搜索条件以便在图形中查找图形、块和非图形对象。"搜索"也显示保存在桌面上的自定义内容。

"收藏夹"：在内容区域中显示"收藏夹"文件夹的内容。"收藏夹"文件夹包含经常访问项目的快捷方式。要在"收藏夹"中添加项目，可以在内容区域或树状图中的项目上右击鼠标，然后单击"添加到收藏夹"。要删除"收藏夹"中的项目，可以使用快捷菜单中的"组织收藏夹"选项，然后使用快捷菜单中的"刷新"选项。

"主页"：将设计中心返回到默认文件夹。安装时，默认文件夹被设置为 …\Sample\DesignCenter。可以使用树状图中的快捷菜单更改默认文件夹。

"树状图切换"：显示和隐藏树状视图。如果绘图区域需要更多的空间，便可隐藏树状图。树状图隐藏后，可以使用内容区域浏览容器并加载内容。在树状图中使用"历史记录"列表时，"树状图切换"按钮不可用。

"预览"：显示和隐藏内容区域窗格中选定项目的预览。如果选定项目没有保存的预览图像，"预览"区域将为空。

"说明"：显示和隐藏内容区域窗格中选定项目的文字说明。如果同时显示预览图像，文字说明将位于预览图像下面。如果选定项目没有保存的说明，"说明"区域将为空。

"视图"：为加载到内容区域中的内容提供不同的显示格式。可以从"视图"列表中选择一种视图，或者重复单击"视图"按钮在各种显示格式之间循环切换。默认视图根据内容区域中当前加载的内容类型的不同而有所不同。

16.1.2　打开文件功能

选择列表区中文件的方法有三种：一是从树状视图区中选择要显示的文件；二是从Windows 资源管理器中选择该文件，然后按住鼠标右键将它拖到设计中心内；三是用"加载"按钮利用"加载"对话框来选择。单击设计中心上方工具条的"加载"按钮，弹出"加载"对话框，选择所需文件，单击"打开"按钮，AutoCAD 自动在列表区显示该文件的信息。

在设计中心内可以非常方便地把所选图形文件打开，显示在图形窗口中。具体操作方法是在列表区右击图形文件的图标，从快捷菜单中选择"在窗口中打开"项，如图 16-2所示。

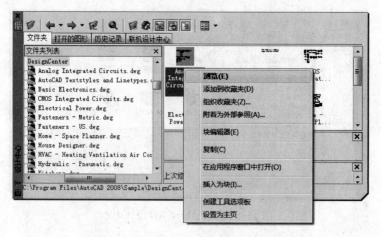

图 16-2　从设计中心的列表区打开图形文件

16.1.3　插入对象功能

通过 AutoCAD 设计中心，可以从列表区或查找结果列表中直接将图块、图层、光栅图像、外部参照等对象添加到打开的图形文件。

1. 插入块

AutoCAD 设计中心提供了两种插入图块的方法，一种是按默认比例和旋转角度插入，另一种是指定坐标、比例和旋转角度插入。

1) 按默认比例和旋转角度插入

按默认比例和旋转角度插入时，系统对图块自动缩放，AutoCAD 比较图形与插入图块的单位，根据两者之间的比例自动插入。操作步骤如下：

（1）从列表区或搜索对话框的结果列表框中选择要插入的图块，按住鼠标左键将其拖动到图形窗口；

（2）当选择适当的插入位置时，图块就根据当前图形的比例和角度插入到图形中。

2) 指定坐标、比例和旋转角度插入图块

从列表区或查找对话框的结果列表框中选择要插入的图块，右击鼠标，在弹出的快捷菜单中选择"插入块"菜单项，打开插入对话框，设置插入参数后就可进行插入。

除可插入图块外，设计中心列表区中显示的图层、布局、尺寸样式、文本样式等对象都可以插入到当前打开的图形中，其操作方法与图块插入类似。

2. 插入光栅图像

利用 AutoCAD 设计中心还可将光栅图像（BMP、JPG 等格式）插入到图形中，其操作方法有如下两种：

（1）从列表区选择需要插入的光栅文件的图标，将其拖动到绘图区，然后按命令行的提示输入插入基点的坐标、比例和旋转角度即可。

（2）使用快捷菜单，右击光栅文件图标，打开快捷菜单，选择"附着图像"项打开"图像"对话框，在对话框内设置各项参数，完成插入操作。

另外，利用 AutoCAD 设计中心还可插入外部参照、图层等到当前打开的图形中。

16.2　AutoCAD 网络功能

网络已成为获取信息、数据交换的重要工具，是资源和文件共享的理想方法。Auto-CAD R14 开始提供了一种安全的、适宜在网络上发布的图形文件格式 DWF，使用网络浏览器可在网络上打开和存储 AutoCAD 图形文件。

AutoCAD 的网络功能中所说的网络可以是 Internet（国际互联网），也可以是 Intranet（企业内部网）。

要使用 AutoCAD 网络功能，用户计算机上安装的网络浏览器 Microsoft Internet Explorer 的版本应不低于 7.0，否则应在系统中安装 AutoCAD 提供的网络工具组件。

16.2.1　从网络上打开和保存图形文件

用户可以利用 AutoCAD 直接从网络打开和保存图形文件。AutoCAD 中的文件输入和输出命令包括 open、appload、export 等，都有了增强的网络功能，可以识别图形文件名中任何有效的 URL（uniform resource locator，统一资源定位器）路径，即通常所说的 Internet 地址。用户指定的图形文件将被下载到用户计算机上，并在 AutoCAD 绘图区域中打开该文件，可以对图形进行编辑，并且可以把图形文件保存在本地计算机上或保存到任何一个用户具有访问权限的网络地址上。

如果已知要打开的图形文件的 URL，可以直接在选择文件对话框中输入该地址，也可以用网络浏览对话框浏览到保存图形文件的 Internet 地址。

1. 用选择文件对话框从网络上打开图形文件

操作步骤如下：

（1）选择菜单"文件"→"打开"；

（2）在"文件名"文本框中输入 URL；

（3）单击"打开"按钮，就可将所选图形打开到图形区域。

注意，在文件名文本框中必须输入文件传输协议（例如 http：//或 ftp：//）和文件名后缀（如.dwg 或.dwt）。如图 16-3 所示，文件名文本输入框中输入的完整 URL 是 http：//www.autodesk.com/public/x.dwg。

2. 把图形文件保存到网络上

操作步骤如下：

（1）选择菜单"文件"→"存盘"；

（2）在"文件名"文本框中输入 URL；

（3）在"文件类型"列表框中选择文件类型；

（4）单击"保存"按钮，完成保存。

16.2.2　网络浏览对话框

用网络浏览对话框可以很快地浏览到特定的网络地址来打开或保存文件。用户可以为网络浏览对话框指定一个默认的网络地址，每次运行 AutoCAD 时都使用这个默认的地址。指定或修改默认网络地址的步骤如下：

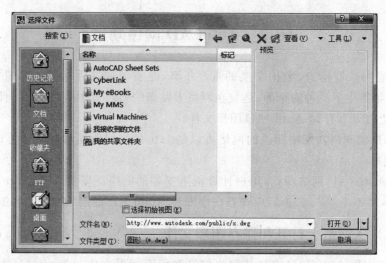

图 16-3　从网络上打开图形文件

（1）选择下拉菜单"工具"→"选项"，打开"选项"对话框；

（2）在"文件"选项卡上，选择"帮助和其他文件名称"选项；

（3）选择"默认 Internet 网址"选项，点黑其下内容，单击"删除"按钮，然后输入新的默认地址：http：//www.autodesk.com，再单击"确定"按钮，完成设置，如图 16-4 所示。

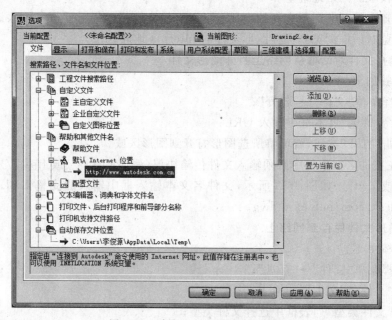

图 16-4　默认 Internet 网址的设置

在打开或保存文件的对话框中都有搜索 Web 按钮图标，单击该按钮就能打开网络浏览对话框。在图 16-3 所示的打开文件对话框中单击"搜索 Web"按钮图标，AutoCAD 将按所设置的默认地址打开网络浏览对话框，如图 16-5 所示，在加载的 HTML 页面中选择超链接，找到需要打开的文件，单击"打开"按钮，完成打开文件的操作。

在网络上保存文件的操作与打开文件类似，在保存文件对话框中单击"搜索 Web"按钮

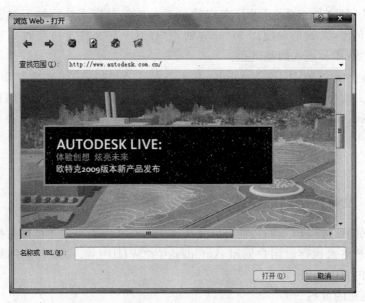

图 16-5　网络浏览对话框

打开网络浏览对话框,该对话框界面与图 16-5 几乎一样,找到保存文件的网络地址,在文件名文本框中输入文件名,单击"保存"按钮,完成文件的网络保存。必须强调只能用 FTP 协议把图形文件保存到网络上。

16.2.3　启动网络浏览器

如果用户计算机将网络浏览器(例如 IE)设置为系统的默认浏览器,则 AutoCAD 通过 browser 命令可直接启动 IE。其操作方法如下:

命令: browser ↙
输入网址 (URL)<默认地址>: 按回车或输入一个新的网址

按回车后显示网络浏览器界面,并自动连接到用户指定的网址。系统变量 INETLO-CATION 保存用户最后一次连接的网址,其初始值为 www.autodesk.com。

除命令启动网络浏览器外,还可以用工具条启动。

通过网络 Autodesk 公司为用户提供了更加全面的支持,用"帮助"→"网上 Autodesk"可以直接在网上获取产品信息和技术支持。

以下是 AutoCAD 的常用网址:

AutoCAD 主页网址为 http: //www. autodesk. com/autocad;

AutoCAD 技术出版物页面网址为 http: //www. autodesk. com/techpubs/autocad;

Autodesk 公司主页网址为 http: //www. autodesk. com;

Autodesk 产品支持主页网址为 http: //www. autodesk. com/support;

Autodesk(中国)有限公司网址为 http: //china. autodesk. com。

16.2.4　网络图形文件 DWF

DWF(drawing web format)是 Autodesk 公司为在 Internet 上浏览和发布 AutoCAD

图形而开发的一种文件格式。DWF 文件是基于一种矢量格式并经过压缩了的文件格式，比较适合网络传输，尤其是对使用 Modem 的用户。DWF 文件支持实时平移和缩放，以及显示图层、命名视图和嵌入的超链接。

    标准 Web 浏览器如 IE 和 Netscape 并不支持 DWF 格式，因此要在 Internet 上浏览 AutoCAD 图形，必须安装一个"WHIP!"插件，它是 Autodesk 专门开发的用户可在 Web 网站 http：//www.autodesk.com 上免费下载。

16.3   网络图形和数据传输

16.3.1   发布网络图形文件

    使用 AutoCAD 的 ePlot 的特性可以直接在 Internet 上发布电子图形数据文件，所发布的文件以 DWF 格式保存。用户使用 Autodesk 的"WHIP! 4.0"插件和网络浏览器，就可以打开、查看和打印 DWF 文件。

1. 网络图形的发布

    AutoCAD 提供了两个预先设置好的文件 ePlot.pc3 和 Classic.pc3 来创建 DWF 文件，用电子绘图方式发布 DWF 文件的基本步骤如下：

    (1) 选择菜单命令"文件"→"打印"，打开"打印"对话框，如图 16-6 所示。

图 16-6 "打印"对话框

    (2) 打开"打印机/绘图仪"选项组中的"名称"下拉列表，从中选择一个 ePlot 绘图仪。

    (3) 单击"确定"按钮，打开"浏览打印文件"对话框，如图 16-7 所示，在"文件名"文本框中输入一个文件名。

    (4) 单击"确定"按钮，完成操作。

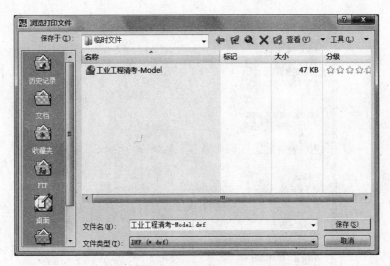

图 16-7 "浏览打印文件"对话框

2. 设置 DWF 文件的分辨率

用户可以设置 DWF 文件的分辨率。如果 DWF 文件的分辨率越高,文件的精度越高,文件的容量也越大,一般情况下 DWF 文件采用中等分辨率就可以了。分辨率的设置步骤如下:

(1) 选择菜单命令"文件"→"打印",在"打印"对话框中激活"打印设备"选项卡。

(2) 在"名称"下拉列表框中选择一个 ePlot 绘图设备,然后单击"特性"按钮,打开"打印机配置编辑器"对话框,选取"设备和文档设置"选项卡,如图 16-8 所示。

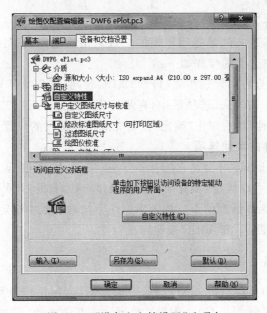

图 16-8 "设备和文档设置"选项卡

(3) 从树形窗口中选择"自定义特性"选项,单击"自定义特性"按钮,打开"DWF6 电子打印特性"对话框,如图 16-9 所示。

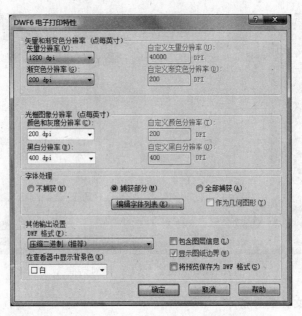

图 16-9 "DWF6 电子打印特性"对话框

（4）在"DWF6 电子打印特性"对话框中，设置矢量图形和光栅图形的分辨率，然后单击"确定"按钮，回退到"绘图仪配置编辑器"对话框，再单击该对话框中的"确定"按钮，返回"打印"对话框。

（5）在"打印"对话框中的"位置"列表中，指定 DWF 文件的位置，然后单击"确定"按钮完成文件分辨率的设置。

3. 设置 DWF 文件压缩选项

按照默认设置，DWF 文件都是用压缩的二进制格式输出的。用户也可以创建压缩的二进制文件。设置压缩选项的步骤如下：

（1）与 DWF 文件分辨率设置步骤（1）、（2）、（3）相同，打开"DWF 特性"选项卡。

（2）如图 16-9 所示，在格式选项区中，有两种压缩方式：压缩二进制、压缩的 ASCII 编码二维流，选择其中一种，然后单击"确定"按钮完成压缩选项的设置。

4. 设置 DWF 文件的其他选项

在创建 DWF 文件时，还可设置它的背景颜色、图层、图纸边框。这些设置在创建和编辑 ePlot 设置文件时均可以指定，步骤同前面的操作一样，打开"DWF6 电子打印特性"对话框，如图 16-9 所示，在该对话框的下方的背景颜色下拉列表框中选定一种背景色，在复选框中指定图层、边框等设置，单击"确定"按钮完成设置。

16.3.2 超链接

超链接（hyperlink）是在 AutoCAD 图形中创建指针，用该指针可以从图形文件跳转到相关联的文件。超链接把 AutoCAD 图形文件同许多其他文档（例如其他图形文件、材料清单或 Word 文档等）快速关联起来，用户可以给图形文件中的任意一个图形对象附加超链接，通过超链接启动相关联的工作。

在 AutoCAD 图形文件中可以创建绝对超链接和相对超链接。绝对超链接保存了链接文件地址的全部路径,相对链接则保存了链接文件的部分地址。超链接指向的文件可以保存在本地计算机上,也可以保存在网络驱动器或 Internet 上。

1. 创建超链接

(1) 创建一个与其他文件关联的绝对超链接的步骤如下:

① 在当前绘图区中选取一个或多个需要附加超链接的图形对象;

② 选择菜单命令"插入"→"超链接",弹出"插入超链接"对话框,如图 16-10 所示。

③ 在"输入文件或 Web 页名称"文本框中输入需要超链接关联的文件名和路径,或单击"文件"按钮,打开"浏览 Web-选择超链接"对话框,在对话框中选择需要关联的文件名,然后单击"打开"按钮返回插入超链接对话框,再单击"确定"按钮,完成超链接的设置。

使用绝对超链接关联一组数目较少的文档是一种行之有效的方法,但是,当被关联文件的路径发生变化,例如从这一目录移动到了另一目录,则重新编辑超链接是相当费时繁琐的。此时,使用相对路径的相对超链接更灵活方便。

(2) 创建相对超链接的步骤如下:

① 设置图形文件的相对路径。选择菜单"文件"→"图形属性",打开"图形.dwg 属性"对话框,如图 16-11 所示。在"概要"选项卡上的"超链接基地址"文本框中输入一个相对路径,单击"确定"按钮,完成相对路径的设置。

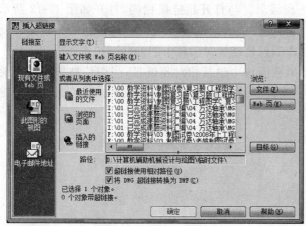
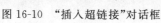

图 16-10　"插入超链接"对话框

图 16-11　设置图形文件的相对路径

② 与创建绝对超链接相同,在图 16-10 所示的"插入超链接"对话框中输入关联文件的文件名,此时不能输入任何路径信息,只能输入文件名,否则建立的是绝对超链接。

2. 打开超链接

超链接定义完成后,当用户把鼠标移动到附加有超链接的图形对象上,光标附近将出现一个超链接的图标。单击鼠标选中一个附加有超链接的图形对象,再右击鼠标,弹出快捷菜单,如图 16-12 所示。在超链接子菜单中选择"打开"选项,系统将打开关联文件。

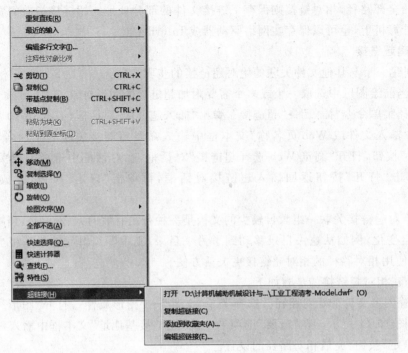

图 16-12　超链接快捷菜单

3. 编辑超链接

对已经定义了的超链接可方便地进行编辑。与打开超链接相同，打开如图 16-12 所示的快捷菜单后，选择"编辑超链接"子菜单，打开"编辑超链接"对话框，输入新的关联文件及其路径，或设置新的超链接对象，也可单击编辑超链接对话框中的"删除"按钮撤消超链接。

另外，超链接也可附加到图块上，如果在图块中包括相对超链接，当图块被插入到当前图形文件中时，系统自动修改相对路径。当选中的图块中包括多个超链接时，有效的超链接都列在超链接快捷菜单中。

第17章　AutoCAD 二次开发实例

随着计算机软硬件性能的不断提高,提供给软件设计师的开发环境功能越来越强大,资源越来越丰富,操作越来越方便,人们对计算机绘图技术的应用提出了更高的要求,特别是随着 Windows 技术的风行和普及,用户在要求软件提高功能的同时,对操作界面的要求也越来越重要,软件的操作界面在很大程度上影响着软件的生命力和市场竞争力。因此,软件设计师们必须考虑采用最新的开发环境去研制全新的软件产品。

17.1　齿轮减速器 CAD 系统

齿轮减速器是一种常用的变速传动机械,广泛应用于各行各业的机械设备中。为适应不同的应用场合,齿轮减速器有多种不同的形式,但每一种减速器结构相对比较固定,零部件的结构也基本相似,非常适合采用参数化方法开发实用的齿轮减速器 CAD 系统。下面简单介绍齿轮减速器 CAD 系统的开发。

17.1.1　系统总体结构

齿轮减速器 CAD 系统由项目管理、任务管理、方案选取、计算模块、结构设计、材料数据、常用件库、系统配置和使用帮助 8 个模块组成,如图 17-1 所示。

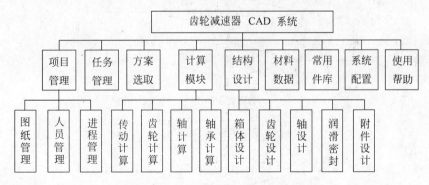

图 17-1　齿轮减速器 CAD 系统结构

各模块功能如下:

(1) 项目管理模块负责项目、设计人员、项目进程管理和图纸文档管理。

(2) 任务管理模块负责减速器的基本参数的输入和管理,如额定功率、输入转速、传动比、传动效率以及工作环境和性能要求等。

(3) 方案选取模块主要用于确定减速器的传动级数以及每一级的传动形式。

(4) 计算模块负责减速器设计计算过程。如传动计算、齿轮计算、轴计算、轴承计算等。

(5) 结构设计模块是减速器辅助设计与绘图系统的核心模块,主要完成减速器主要零件的结构设计,包括箱体设计、齿轮设计、轴设计、润滑密封件和附件设计等。

（6）材料数据模块主要负责有关设计参数、材料数据的管理和维护，包括材料的主要参数和性能指标等。

（7）系统配置模块负责设置系统的环境和基本配置。

（8）使用帮助模块提供系统操作帮助。

17.1.2　系统工作流程

系统工作流程如图 17-2 所示。

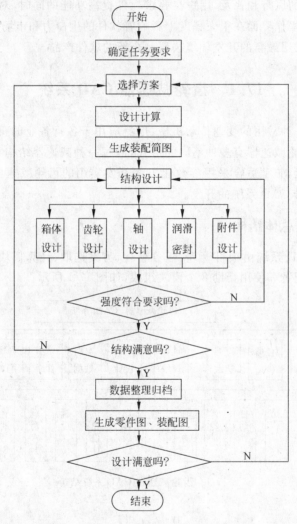

图 17-2　系统的工作流程

17.1.3　系统功能实现

本系统以 Visual LISP 语言和 DCL 语言作为程序开发工具，充分利用 ODBC 和 ADO（actiyeX data object）数据库接口，建立 Visual LISP 与外部数据库的连接，实现数据的存取操作。限于篇幅，下面仅有代表性地选择部分功能模块来介绍减速器 CAD 系统的功能设计、界面设计。

1. 任务管理

图 17-3 所示为"任务管理"对话框,根据工作需求确定减速器的基本参数。

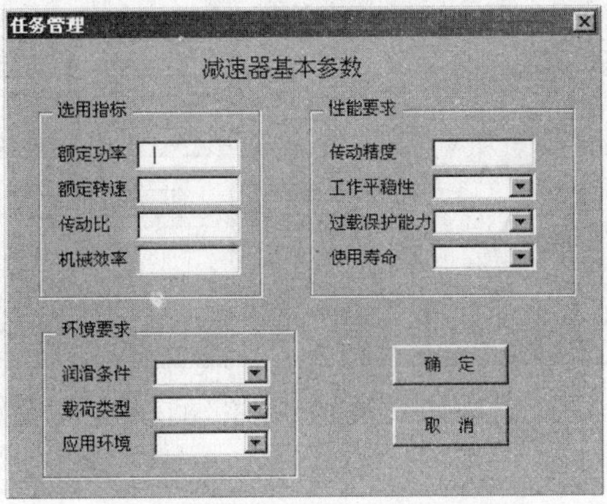

图 17-3　"任务管理"对话框

2. 方案选取

减速器常用类型如表 17-1 所示,设计减速器首先要根据减速器的工作需求拟定减速器的设计方案,确定减速器的类型、级数和传动形式。设计方案决定具体结构设计,它的好坏直接影响到减速器的工作性能,是设计成败的关键。

表 17-1　常用减速器的型式

类　型	传 动 形 式
圆柱齿轮减速器	单级圆柱齿轮减速器
	两级展开式圆柱齿轮减速器
	两级分流式圆柱齿轮减速器
	两级同轴式圆柱齿轮减速器
	三级展开式圆柱齿轮减速器
圆锥及圆锥-圆柱齿轮减速器	单级圆锥齿轮减速器
	两级圆锥-圆柱减速器
	三级圆锥-圆柱减速器
蜗杆减速器	单级蜗杆减速器
	两级蜗杆减速器
蜗杆-齿轮减速器	蜗杆-齿轮减速器
行星齿轮减速器	单级 NGW 型
	双级 NGW 型
	N 型

图 17-4 为减速器方案选择对话框,单选开关列出了减速器的各种类型,图像按钮列出了该类型的各种传动形式。

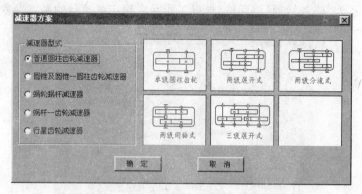

图 17-4　"减速器方案"对话框

3. 计算模块

减速器计算包括传动计算、齿轮计算、轴计算和轴承计算。图 17-5 为二级圆柱齿轮传动计算对话框。用户通过交互方式设定其中一级的传动比,系统自动计算出另一级的传动比。单击"计算"按钮,系统计算出每一根轴的转速、功率和转矩,为齿轮计算、轴和轴承计算提供依据。

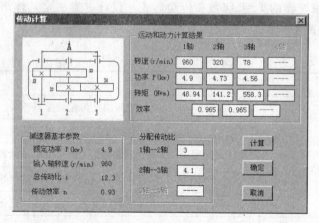

图 17-5　"传动计算"对话框

图 17-6 为"齿轮设计计算"对话框。用户选择齿轮的材料、热处理方式,给定小齿轮的齿数和几何约束条件,系统自动进行优化处理,寻找最优方案,计算出齿轮的模数。

4. 结构设计

减速器的基本结构由传动零件(齿轮或蜗轮、蜗杆)、轴和轴承、箱体、润滑和密封装置及减速器的附件等组成。结构设计是在总体方案、主要参数已经拟定的基础上,进行零件的具体设计。减速器 CAD 系统的结构设计模块包括箱体设计、齿轮设计、轴设计、润滑密封和附件设计 5 个部分,这里仅以齿轮设计为例介绍减速器的结构设计。

齿轮是减速器的主要传动零件,齿轮的结构直接影响减速器的性能。按照传动形式,齿轮分为圆柱齿轮、圆锥齿轮、蜗轮蜗杆几种形式;按照齿轮的齿向又分为直齿、斜齿和人字

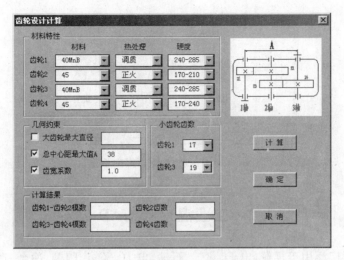

图 17-6　"齿轮设计计算"对话框

齿;按照结构又可以分为整体式、凸缘式、轮辐式和辐板式。本 CAD 系统通过下拉菜单方式和图像菜单方式,让用户自由选择齿轮的形式和结构。

图 17-7 所示是齿轮设计子模块的菜单项。选择"圆柱齿轮"菜单项,系统进入齿轮结构选择界面,图 17-8 所示为"圆柱齿轮的结构"对话框,列出了几种常用的圆柱齿轮结构,选择一种合适的齿轮结构,系统进入齿轮的具体参数设计界面。如图 17-9 所示为凸缘式圆柱齿轮参数化设计对话框,要求用户输入齿轮的各个参数。

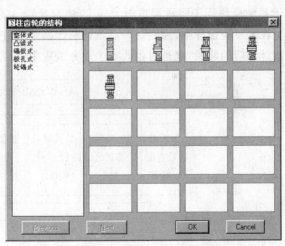

图 17-7　系统菜单　　　　　　　　　　图 17-8　"圆柱齿轮的结构"对话框

本系统提供了齿轮强度校核功能。输入圆柱齿轮结构参数后,单击齿轮强度校核按钮,即可校验设计的齿轮是否符合强度要求。单击"确定"按钮,系统自动保存齿轮的设计数据,并生成圆柱齿轮的零件图。

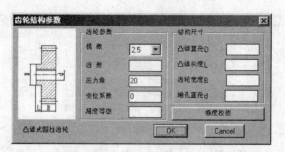

图 17-9　"齿轮结构参数"对话框

17.2　工业温度计 CAD 系统

工业温度计广泛用于机械、电子、化工、石油、电力、轻纺、印染、冶金、造船等工业领域，是一种典型的系列化机电产品，规格繁多，但结构基本定型，多以单件、小批量生产为主。

17.2.1　系统总体结构

温度计 CAD 系统总体结构主要由产品参数查询模块、零部件参数化图库、总装图设计模块、报价子系统模块、技术要求标注、系统帮助模块等组成。产品参数查询模块用于各种温度计产品生产规格、性能参数的查询，零部件参数化图库提供温度计产品零部件的参数化设计；总装图设计模块提供液体压力式温度计中常见几种形式温度计的总装图设计功能，报价子系统模块用于完成温度计产品的快速报价。图 17-10 所示为温度计 CAD 系统总体结构。在本系统设计中，我们将产品设计与产品销售报价集成在同一系统中，这有利于销售部门与设计部门的联系，也是对企业整个业务流程中各环节工作联系、信息集成的一种有效尝试。

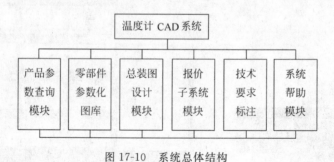

图 17-10　系统总体结构

17.2.2　参数查询模块实现

温度计的型号、规格非常多，各种附加配置和各配置间的相互制约关系也比较复杂，用户通过参数查询模块随时可以对工业温度计的型号、规格、各种附加配置及各配置间的相互制约关系进行查询。

WTY 温度计参数查询由两级对话框构成，第一级对话框列出了 WTY 温度计各系列的名称及相应的编号、WTY 温度计的几个测温范围、技术参数，如图 17-11 所示。选取型号，按 OK 键，即弹出此型号温度计的第二级对话框，如图 17-12 所示。

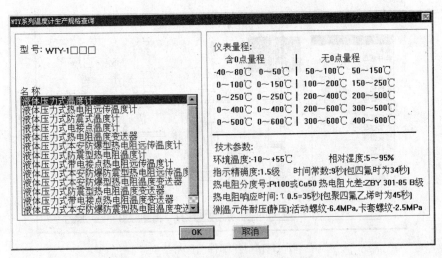

图 17-11　温度计查询第一级对话框

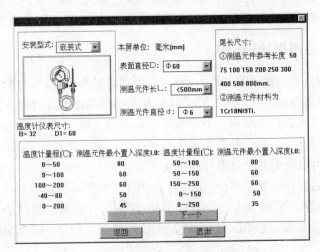

图 17-12　温度计查询第二级对话框

第二级对话框列出了温度计规格、各种附加配置及各配置间的相互制约关系。安装型式指温度计表头的安装类型。它的选择将影响到表面直径的选择范围,从而影响到温度计仪表尺寸。确定好安装类型后,选择不同的表面尺寸或测温元件长度将得到相应的温度计仪表尺寸。

选择测温元件的直径将得到相应的测温元件最小置入深度列表。此列表分两屏显示,按"上一个"/"下一个"进行转换。

17.2.3　零部件参数化图库建设

由于温度计产品结构比较简单,大部分零部件结构基本定型,所以,设计相对比较简单。温度计零件一般分为标准件和非标准件,因为非标准零件同样简单,所以我们可以利用Visual LISP 和 DCL 实现温度计零部件的参数化图库设计。图 17-13 所示为温度计零部件参数化设计图库对话框。

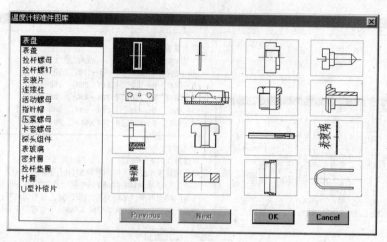

图 17-13　零部件图库对话框

利用参数化零部件图库,用户可以交互添加,修改图库,建立新的零部件,如厂标件、非标准件等,也可直接选用已有零部件,修改变量尺寸值,以得到新的零部件。

17.2.4　总装图设计模块实现

由于工业温度计是一种成熟的机电产品,它的结构基本定型,不会发生大的变化。通过对温度计产品的图纸分析,可以发现不同规格、相同型号的温度计或同一型号、同一规格、不同附加配置的温度计,它们在结构上十分相似。如相同规格、都是单指示、相同的安装型式,但其他配置不同的温度计,它们的表头部分是相同的。我们只需确定温度计的规格、指示方式和安装型式,就可以决定一个温度计的表头部分。

这样,我们将温度计分成几部分,如表头、连接杆、卡套、硬尾、软尾等。首先,根据不同的型号、规格、安装型式等,建立每一部分的图块;再编写合适的控制程序,根据不同的产品,进行图块的组合和装配,就可以得到产品的总装配图。图 17-14 所示为总装图模块对话框。

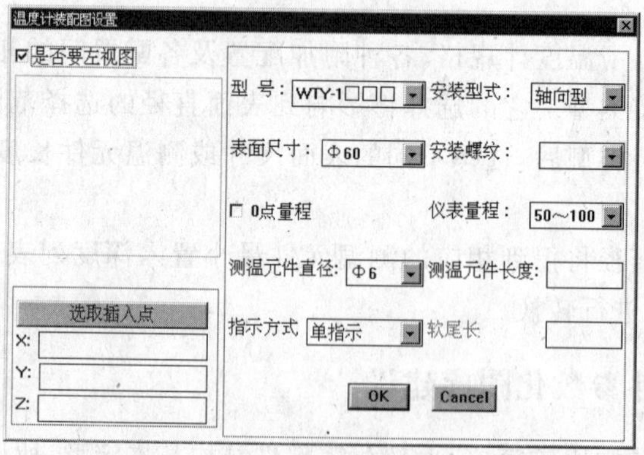

图 17-14　总装图模块对话框

17.2.5　报价子系统实现

通常工业温度计产品规格比较多,而各系列、各规格的温度计中,客户常常由于使用环境的不同对温度计零部件及其附加配置和工艺会有不同的要求,因此,温度计产品的设计、制造及其价格需要根据客户具体的订货要求才能确定,而客户订货的同时往往希望能立即得到产品的价格,本子系统正是为了满足这样的实际需求设置的,以实现温度计产品的快速报价。

1. 价格模型

目前温度计产品的价格分为基本价、附加价、总价格和浮动价格。

基本价指各型号温度计在基本组合(测温范围为 0~200℃内、硬尾长为 80~500mm、无软尾、选用安装螺丝、安装形式为非万向型)情况下,各规格(仪表表面直径)温度计的报价,也即常规温度计产品的价格。

附加价指在选好型号和规格的情况下,客户提出特殊要求所需的特别加价,如选任意长的软尾、不定长的硬尾、选用安装螺纹或在其上加 F4 螺纹、加卡套、要求特别的测温范围、要求用万向型、选用双上限或加最高指示、航空插头改用接线盒等,有些是以单位尺寸加价。这也就是定制温度计产品所需要增加的价格。

基本价和附加价两部分相加即为温度计产品的总价格。

在实际销售活动中,产品的最终报价通常不是总价格,而需要考虑价格浮动比例,考虑价格浮动比例后的温度计价格即为浮动价格。

图 17-15 所示为温度计产品报价系统的功能模块组成。报价系统由基本价格表编辑程序、附加价格表编辑程序、价格计算程序、价格数据文件和特殊价格数据文件组成。

图 17-15　报价系统功能模块组成

价格表编辑程序让用户编辑新价格表,并把它们存入相应的价格数据文件中。价格计算程序让用户根据最新的价格表计算出价格总值,根据定单情况,可以对总价格实行价格浮动比例。对老客户可以按习惯给予价格调动(上浮)前的报价表或临时修改价格表进行报价,并存入特殊价格数据文件中去。

2. 基本价模块

图 17-16 所示是 WTY 系列液体压力式基本价编辑模块的操作对话框。温度计的基本价格主要与产品的型号、仪表表面的直径有关,系统设置有默认值,利用该对话框,操作人员可以根据市场情况预先进行设置或编辑修改。该对话框主要利用了 PDB 中的编辑框控件进行设计。

对话框中各项操作说明如下。

(1) 编辑框:用于修改各型号、各规格温度计的基本价。编辑框中只能输入数字,如果有非数字字符时,保存新表及覆盖原表时系统会显示出错信息提示。

(2) 恢复设置按钮:按下此按钮将使所有的编辑框恢复到修改前的价格表设置。

(3) 覆盖原表按钮:按下此按钮将以修改后的价格覆盖原价格表,相当于确认键。

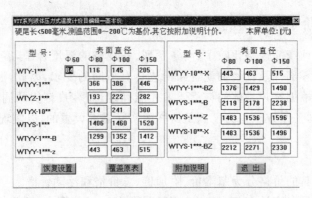

图 17-16　基本价格表编辑对话框

（4）附加说明按钮：按下此按钮将调出附加价编辑对话框，用于对产品的附加价格表进行修改。

3．附加价模块

图 17-17 所示是 WTY 系列液体压力式附加价编辑模块的操作对话框。温度计的附加价格主要与客户提出的特殊要求有关，如要求特别的测温范围、定制的软尾/硬尾长度、选用安装螺纹或在其上加 F4 螺纹、加卡套、要求用万向型、选用双上限或加最高指示、航空插头改用接线盒等，有些是以单位尺寸加价的，系统设置有默认值，利用该对话框，操作人员可以根据市场情况预先进行设置或编辑修改。对话框中各项操作说明与基本价编辑对话框相同。

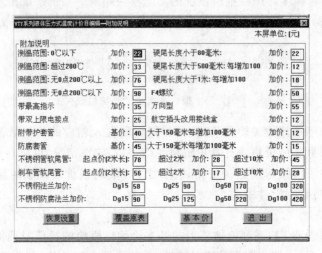

图·17-17　附加说明价格表编辑对话框

4．价格计算模块

基本价格表和附加价格表的设置是进行产品价格计算的前提，图 17-18 所示 WTY 系列液体压力式温度计价格计算模块的操作对话框。对话框包含温度计的基本型号和规格、附加要求、价格浮动比例等。该对话框主要利用了 PDB 中的下拉式列表框、编辑框、选择开关、滑动条等控件进行设计。

对话框中各项操作说明如下。

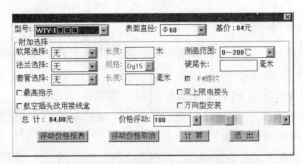

图 17-18　价格计算对话框

(1) 基本选择: 在下拉式列表框中选择温度计的型号和规格, 基本价相应地出现在右上角。

(2) 附加选择: 附加选择内容与附加价编辑模块中内容对应, 包含软尾有无、类型、长度, 法兰有无、类型、规格, 套管有无、类型、长度, 测温范围, 硬尾长度, 最高指示开关, 航空插头改用接线盒开关, F4 螺纹开关, 双上限电接头, 万向型安装开关等选择项目。

附加选择中很多是相斥的或相互联系的。如在套管选择中只有选择防腐型的才能使 F4 螺纹单选按钮变黑并进行选择。选择最高指示就不能选择双上限电接点, 反之, 选择双上限电接点就不能选择最高指示。

在可输入尺寸的编辑框中, 如硬尾长、软尾选择为非无状态下的长度以及套管选择为非无状态下的长度, 其默认值为它们的基本价范围的尺寸, 如硬尾长为 80~500 mm、软尾长为 2 m 以内和套管长为 150 mm 以内。

(3) 计算按钮: 单击"计算"按钮, 程序进行价格计算, 并把温度计总价格显示于左下方。

(4) 价格浮动比例: 价格浮动比例可由滑动块或编辑框设置。拖动滑动块, 编辑框内数字将在 50%~200% 之间作相应的增大或减小。这时, 由计算按钮计算获得的温度计总价也随着价格浮动比例作相应的调整。

温度计产品报价系统是在开发温度计 CAD 系统的过程中提出来的, 是独立进行开发还是在 CAD 环境下进行开发, 从技术角度都可以实现, 但是, 基于 CAD 环境开发温度计产品报价系统, 既有利于 CAD 系统本身, 也有利于报价系统的实际操作。一方面, 产品设计与产品报价之间存在着内在的必然联系。产品价格要根据产品的设计结构、制造加工等成本才能确定, 产品的结构是根据客户的定单要求进行设计的, 也就是说客户的定单提供了设计人员进行产品设计的原始数据, 同时也提供了产品的报价依据。另一方面, 利用 CAD 环境提供的开发资源, 可以比较方便地实现温度计产品报价系统的开发。

17.3　标准件图库系统

在产品设计中, 经常会用到各种各样的标准件, 画标准件要花费大量的时间, 又很容易出差错, 直接影响了产品设计效率。由于标准件的结构和尺寸都是标准的, 国家有统一的标准手册, 所以, 在 CAD 系统中, 通常将标准件建成标准件参数化图库, 当产品设计中需要用到标准件时, 可直接从图库调用, 避免了重复性的工作。

17.3.1　图库系统总体结构

标准件图库的系统结构由标准件数据库、数据库管理子系统和标准件绘图子系统三个部分组成,如图 17-19 所示。

(1) 标准件数据库用来存放各种标准件的尺寸数据。

(2) 数据库管理子系统用来管理标准件的数据,包括库的管理,记录的添加、删除和修改,提供数据的统计和查询等功能。

(3) 标准件绘图子系统又分成轴承、螺母、螺栓、螺钉、垫圈、销、键、弹簧等参数化绘图模块。

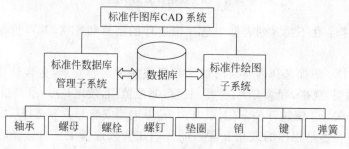

图 17-19　标准件图库系统结构

17.3.2　图库系统功能实现

1. 数据库管理子系统

数据库管理子系统以 Visual FoxPro 6.0 为开发平台,选用 VFP 数据库。充分利用 Visual FoxPro 的可视化的开发环境、强大的数据处理能力和应用程序开发功能,生成标准件数据库管理系统,标准件数据库管理系统的主界面如图 17-20 所示。数据库系统作为独立的数据库管理,有利于数据库资源的共享和管理。

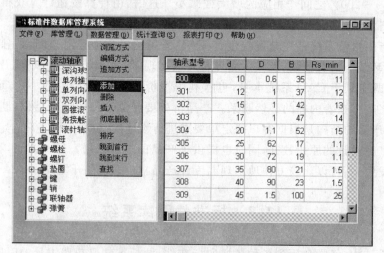

图 17-20　标准件数据库管理系统

2. 标准件绘图子系统

该子系统以 AutoCAD 提供的 Visual LISP 语言和 DCL 语言,实现系统界面设计和各

标准件零件的绘图程序设计,利用 Windows 的 ODBC 数据库编程接口和 Microsoft Ac-
tiveX Data Object（ADO）数据库对象接口,实现 Visual LISP 程序和数据库的连接,使各标
准件图形生成程序能够从标准件数据库提取标准件的尺寸数据进行参数化绘图。

　　标准件的种类很多,在系统菜单设计时,可以分别列出每一种类别,用户通过下拉菜单
选择需要的标准件类别。例如,在下拉菜单中选择滚动轴承菜单项,系统打开"滚动轴承"对
话框,如图 17-21 所示。对话框中列出各种系列的滚动轴承,根据产品设计需要可以选择相
应的轴承,如深沟球轴承（0000 型）。打开"深沟球轴承"对话框,如图 17-22 所示,对话框中
列出了深沟球轴承的各种类型。选取"0000 型",系统进入"选择轴承型号"对话框,如
图 17-23 所示。列表框中列出了轴承的型号和结构参数,这些数据是由 Visual LISP 程序根
据选定的轴承类型从标准件数据库中提取出来的,可供用户选择。单击"确定"按钮,系统调
用深沟球轴承绘图程序在光标指定位置输入该轴承的图形。

　　其他标准件的实现过程与滚动轴承基本相同,在此不一一介绍。

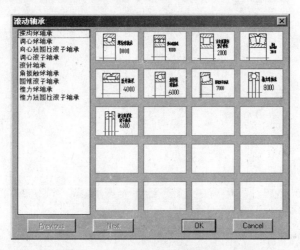

图 17-21　"滚动轴承"对话框

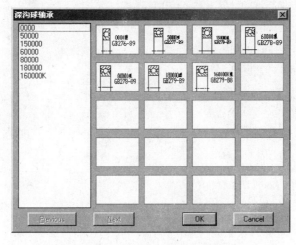

图 17-22　"深沟球轴承"对话框

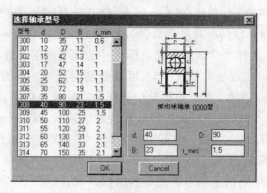

图 17-23　"选择轴承型号"对话框

参 考 文 献

[1]   肖刚,李学志,李俊源.机械 CAD 原理与实践.第 2 版.北京：清华大学出版社,2006

[2]   肖刚,李俊源.计算机辅助机械设计与绘图.成都：电子科技大学出版社,2001

[3]   陆润民,计算机图形学教程.北京：清华大学出版社,2003

[4]   崔建成.中文版 AutoCAD 2008 标准教程.北京：电力出版社,2008

[5]   李学志.Visual LISP 程序设计(AutoCAD 2006).北京：清华大学出版社,2006

[6]   童秉枢,李学志,吴志军,张春凤.机械 CAD 技术基础.北京：清华大学出版社,1996

[7]   唐泽圣,周嘉玉,李新友.计算机图形学基础.北京：清华大学出版社,1995

[8]   周济.CAD 基础及应用.北京：机械工业出版社,1995

[9]   童秉枢,李学志,吴志军,张春凤.微型计算机绘图理论与实践.北京：清华大学出版社,1995

[10]   孙家广,陈玉健,黄汉文.计算机辅助设计技术基础.北京：清华大学出版社,1990

[11]   许隆文.计算机绘图.北京：机械工业出版社,1989

[12]   黄尧民.机械 CAD.北京：机械工业出版社,1995

[13]   陈亦望.计算机辅助设计基础.南京：东南大学出版社,1996

[14]   曾芬芳.计算机辅助设计与绘图.上海：上海交通大学出版社,1996